普通高等教育"十一五"国家级规划教材

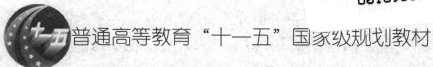

数据结构——C 语言描述

（第四版）

陈慧南　　编著

西安电子科技大学出版社

内 容 简 介

本书第三版及其配套的学习指导教材为普通高等教育"十一五"国家级规划教材。本次修订除保留前三版中的经典数据结构知识外，还增加了红黑树等新内容。本书结构严谨，内容深入浅出，反映了抽象、封装和信息隐蔽等现代软件设计理念，重视算法的时间和空间分析，包括搜索和排序时间的下界分析。本书使用 C 语言描述。

本书重视实践性和程序设计。书中算法都有完整的 C 程序，程序代码构思精巧、结构清晰、注释详细，所有程序都已在 TC 2.01 下编译通过并能正确运行。这些程序既是学习数据结构和算法的很好示例，也是很好的 C 程序设计示例。本书最后一章是实习指导和实习题，指导学生按软件工程学的方法设计算法、编写程序和书写文档。本书配有大量的实例和图示，并有丰富的习题，易教易学。本书涵盖计算机学科专业考研大纲数据结构部分的考查内容。

本书可作为计算机类、电子信息类、电气类、自动化类、电子商务、信息管理与信息系统等相关专业数据结构课程的教材和考研参考书，也可供从事计算机软件和应用工作的工程技术人员参考。

图书在版编目(CIP)数据

数据结构：C 语言描述 / 陈慧南编著. —4 版. —西安：西安电子科技大学出版社，2021.12
ISBN 978-7-5606-6301-2

Ⅰ. ①数… Ⅱ. ①陈… Ⅲ. ①数据结构—高等学校—教材 ②C 语言—程序设计—高等学校—教材 Ⅳ. ①TP311.12 ②TP312.8

中国版本图书馆 CIP 数据核字(2021)第 242627 号

策划编辑 马乐惠
责任编辑 宁晓蓉
出版发行 西安电子科技大学出版社(西安市太白南路 2 号)
电　　话 (029)88202421　88201467　邮　编　710071
网　　址 www.xduph.com　　电子邮箱　xdupfxb001@163.com
经　　销 新华书店
印刷单位 陕西天意印务有限责任公司
版　　次 2021 年 12 月第 4 版　2021 年 12 月第 1 次印刷
开　　本 787 毫米×1092 毫米　1/16　印张 20.75
字　　数 490 千字
印　　数 1～3000 册
定　　价 48.00 元

ISBN 978-7-5606-6301-2 / TP

XDUP 6603004-1

＊＊＊ 如有印装问题可调换 ＊＊＊

本社图书封面为激光防伪覆膜，谨防盗版。

前 言

作者在南京邮电大学的从教生涯中，编写出版了多本教材，其中《数据结构——使用C++语言描述》《数据结构——C语言描述》《〈数据结构——C语言描述〉学习指导和习题解析》以及《算法设计与分析》均为普通高等教育"十一五"国家级规划教材。本书初次出版是在2003年，此次第四版依据ACM/IEEE的《计算机科学课程体系规范2013》，对教材内容作了更新和增添。

"数据结构"作为计算机学科的一门基础课，不仅讲授经典数据结构和算法，而且强调在现代编程环境中实现这些算法，此外，还应让学生学习和理解问题分解、抽象、封装和信息隐蔽、规范与实现分离、递归和算法效率等概念和方法，为学生进一步学习计算机科学技术打下良好的基础。

本次再版秉承作者以往的做法，采用抽象数据类型讨论数据结构，并直接采用C程序设计语言描述数据结构和算法。书中算法有完整的C程序，程序结构清晰，构思精巧。所有C程序都在Dev-C++环境下编译通过并能正确运行。它们既是学习数据结构和算法的很好示例，也是很好的C程序设计示例。同时，本书强化了算法分析，书中多数算法作了时空效率分析，对超出本书范围的也不加证明地给出了结论，还引入了更多实用的高级数据结构。

本书条理清晰，内容翔实，深入浅出，书中对算法作了较详细的解释，尽可能做到可读易懂，并配有大量的实例和图示，有利于读者理解算法的实质和编程思想。每章引言和结尾处的小结可帮助读者了解本章的要点，每章后还配有丰富的习题，有助于读者对重点知识及时复习巩固。

本书满足高等院校计算机科学与技术专业和其他相关专业"数据结构"课程84学时的教学安排。对于学时数少于84学时的授课计划，可根据实际学时对书中内容加以取舍。作者已在目录中对难度较大或非基本的章节标注*号，供读者选取时参考。除标*号部分外的基本内容适合48～56学时授课计划。

书中若有不当之处，敬请读者批评指正。

编　者
2021年7月于上海

第 一 版 前 言

有关数据结构与算法的研究是计算机科学与技术的基础性研究之一。美国计算机协会(ACM)和美国电气和电子工程师学会计算机分会(IEEE-CS)在《计算学科教学计划 1991》(简称 CC1991)报告中,将算法与数据结构定义为计算学科研究的 9 个主领域之一。该组织在 2001 年 12 月递交的 CC2001 报告中,调整了计算学科研究领域的划分,最终将计算学科划分为 14 个主领域。数据结构与算法方面的知识包含在程序设计基础(PF)、算法与复杂性(AL)和程序设计语言(PL)等领域中。

掌握该领域的知识对于我们利用计算机资源,开发高效的计算机程序是非常必要的。因此,CC2001 把其中的大多数知识单元规定为计算机及相关学科的本科学生必须掌握的核心知识单元,如基本数据结构(PF3)、递归技术(PF4)、数据类型和数据抽象(PL4 和 PL9)、面向对象的程序设计(PL6)、算法分析的基本方法(AL1)、基本的计算算法(AL3)等。其中,基本数据结构包括数组、字符串、堆栈、队列、树、图和散列表等,基本的计算算法包括查找、排序、哈希表算法、搜索树及图算法。目前,国内外所有的计算机专业都开设一到两门相关的课程讲授这方面的知识。

一般来讲,"数据结构"课程涉及的知识单元有 PF3、PF4、PL4、PL6、PL9、AL1 和 AL3。从课程性质来看,"数据结构"是计算机科学与技术专业的一门核心课程,也是计算机软件和应用工作者必备的专业基础。近年来,"数据结构"课程的内容和讲授体系有了很大的变革,在介绍数据结构与算法知识的同时,普遍重视程序设计方面的训练,如 C/C++ 程序设计、Java 程序设计等。

本书在内容上注意兼顾广度和深度,不仅系统地介绍了各种传统的数据结构和各种搜索、内外排序方法,还引入了一些比较高级的数据结构,如伸展树和跳表。本书重视算法的时间和空间分析,包括对搜索和排序时间的下界分析。

本书既注重数据结构和算法原理,又十分强调程序设计训练。书中各算法都配有完整的 C 程序,程序结构清晰,构思精巧。所有程序都已在 TC 2.01 下编译通过并能正确运行,它们对 C++环境(如 Borland C++、Visual C++)同样适用。这些程序既是很好的学习数据结构和算法的示例,也是很好的程序设计示例。

书中使用 C 语言描述数据结构。C 语言是一种主要的软件开发语言,目前很多高校将其作为第一门程序设计语言讲授。选择 C 语言描述数据结构,使学习过 C、C++语言的读者能够很容易地学习本书。对于只学过 PASCAL 语言的读者来说,也可将本书作为学习教材或参考资料。

本书采用抽象数据类型的观点讨论数据结构。面向对象方法是在抽象数据类型的基础上发展起来的软件方法。采用抽象数据类型的观点讨论数据结构与用面向对象的观点讨论数据结构本质上是一致的。学生通过本书的学习,就可以掌握数据抽象的原理。因此,学习本书的读者如果具有 C++语言的知识就能方便地阅读用 C++语言描述的数据结构书籍。

全书条理清晰,内容翔实且深入浅出,书中对算法都作了较详细的解释,尽可能做到可读易懂,并配有大量的实例和图示,有利于读者理解算法的实质和编程思想。各章结尾处的小结可帮助读者了解本章的要点。各章配有丰富的习题,适于自学。

作者多年在南京邮电学院从事"数据结构"和"算法设计与分析"课程教学，曾使用多种教材讲授数据结构和算法，其中包括 C 语言和 C++语言描述的《数据结构》英文原版教材。作者与他人合作编写了《数据结构》，1994 年由人民邮电出版社出版。2001 年作者主编了《数据结构——使用 C++语言描述》一书，由东南大学出版社出版。此外，作者还于 1998 年主编了《计算机软件技术基础》一书，由人民邮电出版社出版。本书是作者在从事"数据结构"课程教学和教材编写的基础上，参考了近年来国外出版的多种数据结构和算法的优秀教材编写而成的。

全书共分 12 章。

第 1 章是预备知识，首先给出传统的数据结构的概念，继而介绍算法规范和数据抽象，最后讨论算法的效率和算法分析的基本方法。

第 2 章介绍两种实现数据的顺序和链接存储的基本数据结构：数组和链表，它们是实现本书中各种抽象数据类型的基础。

第 3、4 章我们定义了几种线性数据结构：堆栈、队列、线性表、数组和矩阵，讨论它们的顺序表示和链接表示，并给出若干应用实例，如表达式计算、多项式的算术运算和稀疏矩阵算法。第 3 章中还讨论了递归和递归过程以及测试数据结构所必需的演示驱动程序的编写方法。

第 5 章简要介绍字符串和广义表的定义、存储表示及典型算法，如字符串匹配等内容。

第 6 章讨论树形数据结构，包括树和森林、二叉树、堆和优先权队列、哈夫曼树和哈夫曼编码、并查集和等价关系等内容。

第 7 章讨论集合和表的搜索，如顺序搜索、二分搜索(包括对半搜索和斐波那契搜索)，搜索算法的二叉判定树以及搜索算法的时间下界等内容。

第 8 章内容包括二叉搜索树、二叉平衡树、伸展树、B 树、键树等。

第 9 章讨论跳表和散列表。

第 10 章讨论图数据结构，着重讨论几种图算法：图的遍历、拓扑排序、关键路径、最小代价生成树和最短路径算法。

第 11 章介绍若干内排序算法。

第 12 章讨论文件和外排序。

附录 A 介绍软件工程的基本概念，包括软件开发方法和系统测试方法。

附录 B 对实习目的、实习要求、实习步骤、实习报告和实习题作了说明和规定。

附录 C 是书中出现的专用名词的中英文对照表。

本书可作为高等院校计算机科学与技术专业和其他相关专业的"数据结构"课程 80 学时的教材。对于学时数少于 80 学时的教学计划，可根据实际学时对本书内容加以剪裁。作者已将难度较大或非基本的章节标上了*号，供读者参考。

本书的编写得到南京邮电学院计算机科学与技术系领导的推荐和关心，并得到了西安电子科技大学出版社的支持，在此表示衷心感谢。

书中若有不当之处，敬请读者批评指正。

编　者
2003 年 3 月于南京

目　　录

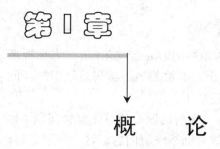

概　　论

　　"数据结构"是计算机学科的重要基础课程。本章首先介绍传统的数据结构概念，同时扼要介绍问题求解、数据抽象和抽象数据类型等概念，然后给出基于抽象数据类型描述数据结构的方法，最后讨论算法和算法分析的基本方法。

1.1　问题求解方法

　　进入 21 世纪以来，随着计算机科学与技术的飞速发展，计算学科和其他学科日益融合，已成为其他学科不可或缺的方法和工具，并逐步渗透到社会生活的方方面面，成为对人类生活影响最大的学科，是推动社会进步的重要引擎，乃至形成了"计算思维"和"计算文化"。今天，计算机科学与技术作为现代技术的标志，已成为世界各国经济增长的主要动力。

　　问题求解无疑是探究计算机科学与技术的根本目的。随着计算机技术的发展，很多问题都可以用计算机求解。计算机科学被应用于解决许多学科领域的问题。

　　计算思维(computational thinking)是一种运用计算机科学的基础概念进行问题求解、系统设计和人类行为理解等的思维活动，已被列为计算机人才的专业基本能力之一。在计算机科学课程的教学过程中，应强化计算思维能力的培养。

1.1.1　问题和问题求解

　　什么是**问题**(problem)？只要目前的情况与人们所希望的目标不一致，就会产生问题。例如，排序问题是"任意给定一组记录，排序的目的是使得该组记录按关键字值非减(或非增)次序排列。"

　　问题求解(problem solving)是寻找一种方法来实现目标。问题求解是一种艺术，没有一种通用的方法能够求解所有问题。有时，人们不得不一次又一次地尝试可能的求解方法，直到找到一种正确的求解途径。一般说来，问题求解中存在着猜测和碰运气的成分。然而，当我们积累了问题求解的诸多经验后，这种对问题解法的猜测就不再是完全盲目的，而是形成了某些问题求解的技术和策略。**问题求解过程**(problem solving process)是人们通过使用问题领域知识来理解和定义问题，并凭借自身的经验和知识去选择和使用适当的问题求解策略、技术和工具，将一个问题描述转换成问题求解的过程。

1.1.2　问题求解过程

匈牙利数学家乔治·波利亚(George Polya)在 1957 年出版的 *How to solve it* 一书中概括了如何求解数学问题的技术。这种问题求解的四步法对于大多数其他科学也是适用的，同样也可用于求解计算机应用问题。问题求解的四步法简述如下。

(1) **理解问题**(understand the problem)。毫无疑问，为了求解问题必须首先理解问题。如果不理解问题，当然就不可能求解它。对问题的透彻理解有助于求解问题。这一步很重要，它看似简单，其实并不容易。在这一步，还必须明确定义所需求解的问题，并以适当的方式表示问题。对于简单问题如排序问题，不妨直接用自然语言描述问题。

(2) **设计方案**(devise a plan)。求解问题时，首先考虑从何处着手，考虑以前有没有遇到类似的问题，是否解决过规模较小的同类问题。此外，还应选择该问题的一些特殊例子进行分析。在此基础上，考虑选择何种问题求解策略和技术进行求解，得到求解问题的算法。

(3) **实现方案**(carry out the plan)。实现求解问题的算法，并使用问题实例进行测试、验证。

(4) **回顾复查**(look back)。检查该求解方法是否确实求解了问题或达到了目的，最后还需评估算法，考虑该解法是否可简化、改进和推广。

1.1.3　计算机求解问题的过程

狭义的计算思维立足于计算机学科的基本概念，研究将问题求解过程映射成计算机程序的方法。计算机求解问题的关键之一是寻找一种**问题求解策略**(problem solving strategy)，得到求解问题的算法，从而得到问题的解。例如，求解排序问题是指设计一种排序算法，能够把任意给定的一组记录排成有序的记录序列。

可见，借助计算机求解问题的过程与上述传统的问题求解过程在本质上是类似的，都要经过以下步骤：

(1) 分析理解问题，从待求解的问题中抽象出适当的模型，并以适当方式表述之。

(2) 提取和合理组织数据，设计求解问题的有效算法。

(3) 选择适当的程序设计语言，编程实现数据结构与算法。

(4) 评估和改进。

计算机求解问题的过程是指从一个问题的描述开始，直到编写解决问题的计算机程序并得到问题解的全过程。对于大型复杂问题，人们必须考虑程序设计方法学、系统设计原则以及其他相关理论。一个复杂系统的开发是分阶段进行的，每个阶段完成相对独立的任务，各阶段都有相应的方法和技术，每个阶段都有明确的目标，要有完整的文档资料。这种做法有助于降低程序开发和维护的困难程度，保证软件质量，提高开发大型软件的成功率和生产率。

1.1.4　算法与数据结构

如上所述，计算机求解问题时必须把对客观事物的描述抽象为数据，把问题求解步骤抽象为算法，这样才能由计算机处理。每个程序都会隐式或显式地使用数据，程序中的数据常常需要组织成数据结构，由算法操纵和管理得到结果。粗略地说，算法一词用于描述一个可用计算机实现的问题求解方法，算法是程序的灵魂。此外，通常还需根据问题组织数据，数据的组织结构方式直接影响求解问题的算法及其效率。算法和数据结构最终必须使用某种程序设计语言来编程实现，这样才能在计算机上实际运行得到问题的解。算法、数据结构与程序三者的关系恰如 Niklaus Wirth 教授所著的一本书的书名《算法+数据结构=程序》。 因此，算法与数据结构的理论和方法对计算机学科是至关重要的。

　　数据结构和算法的内容主要被包括在 ACM/IEEE-CS 的《计算机科学课程体系规范2013》(*Computer Science Curricula 2013*, 简称 CS2013)的**软件开发基础**(Software Development Fundamentals，SDF)和**算法与复杂性**(Algorithms and Complexity，AL)两个知识领域中。该书中关于经典数据结构和算法的知识点和要求见"SDF/基本数据结构"和"AL/基本数据结构和算法"知识单元；"AL/高级数据结构和算法"涵盖了平衡树、B-树、拓扑排序、键树等内容；算法分析基本方法的相关知识点可见"AL/基本分析"；"SDF/算法与设计"知识单元涉及问题求解、算法及其效率、抽象、封装和信息隐蔽、行为和实现分离等诸多知识点；递归技术可见"SDF/程序设计基本概念"。

1.2　什么是数据结构

1.2.1　基本概念

　　数据结构是计算机科学与技术领域中广泛使用的术语，然而，究竟什么是数据结构，在计算机科学界至今没有标准的定义。

　　我们已经看到，随着计算机科学与技术的发展，计算机应用已远远超出了单纯进行科学计算的范围。从传统的应用领域，如工业控制、情报检索、企业管理、商务处理、图形图像、人工智能等诸多的数据处理领域，发展到电子政务、电子商务、办公自动化、企业资源管理、电子图书馆、远程教育、远程医疗等更广泛的领域。计算机技术已渗透到国民经济的各行各业和人们日常生活的方方面面。

　　计算机由硬件和软件组成，硬件通过软件发挥效用。硬件是躯体，软件是灵魂，软件的核心是程序。学习程序设计需要掌握一门程序设计语言，它是学习计算机后续课程所必需的技能。但程序设计不等于编码，为了充分利用计算机资源，开发高效的程序，计算机技术人员还必须掌握计算机学科多方面知识，如数据的组织、算法的设计和分析、软件工程技术等。

　　现实世界各领域中的大量信息都必须转换成数据才能在计算机中存储、处理。数据是信息的载体，应用程序可以处理各种各样的数据。笼统地说，所谓**数据**(data)，就是计算机加工处理的对象。数据一般分为两类：**数值数据**(numerical data)和**非数值数据**(non-numerical data)。数值数据是一些整数、实数或复数，主要用于工程计算、科学计算、商务处理等。非数值数据包括字符、文字、图形、图像、语音、表格等，这类数据的特点是量大，而且往往有着复杂的内在联系。单纯依靠改进程序设计技巧，是无法编制出高效可靠的程序的，必须对数据本身的结构加以研究。数据的组织和表示方法直接影响使用计算机求解问题的效率。算法设计通常建立在所处理数据的一定组织形式之上。在许多应用中，对于相同数据的同样的处理要求，如果选择不同的数据结构，会有不同的处理效率，即运算时间和存储空间不同。

数据结构主要是为研究和解决如何使用计算机处理这些非数值问题而产生的理论、技术和方法。

如前所述，计算机处理的对象称为数据。一个数据可以由若干成分数据构成，并具有某种结构。在这里，我们称组成数据的成分数据为**数据元素**(data element)。数据元素可以是简单类型的，如整数、实数、字符等，也可以是结构类型的，如记录。如果把每个学生的记录看作一个数据元素，那么该数据元素包括学号、姓名、性别等**数据项**(data item)。一个班学生的记录组成了表 1-1 所示的学生情况表。

表 1-1　学生情况表

学　　号	姓　　名	性　　别	其他信息
B02040101	王小红	女	…
B02040102	林　悦	女	…
B02040103	陈菁菁	女	…
B02040104	张可可	男	…
⋮	⋮	⋮	⋮

从概念上讲，一个**数据结构**(data structure)是由数据元素依据某种逻辑联系组织起来的。对数据元素间的逻辑关系的描述称为数据的**逻辑结构**(logical structure)。数据必须在计算机内存储，数据的**存储结构**(storage structure)是数据结构的实现形式，是其在计算机内的表示。此外，讨论一个数据结构必须同时讨论在该类数据上执行的运算(operation)才有意义。表是一个数据结构。

1.2.2　数据的逻辑结构

根据数据结构中数据元素之间的结构关系的不同特征，可将其分为四类基本的逻辑结构。图 1-1 给出了它们的示意图。图中用小圆圈表示数据元素，用带箭头的线表示元素间的次序关系。两个不同元素的连线称为**边**，边的起点称为**前驱**(predecessor)元素，终点称为**后继**(successor)元素。这四种基本逻辑结构是：

(1) **集合**(set)结构。集合结构中，元素间的次序是随意的。元素之间除了"属于同一个集合"的联系之外没有其他关系。由于集合结构的元素间没有固有的关系，因此往往需要借助其他结构才能在计算机中实际表示此结构。

(2) **线性**(linear)结构。线性结构是数据元素的有序序列，其中，第一个元素没有前驱只有后继，最后一个元素只有前驱没有后继，其余元素有且仅有一个前驱和一个后继。数据元素之间形成一对一的关系。

(3) **树形**(tree)结构。树中，除一个称为**根**的特殊元素没有前驱只有后继外，其余元素都有且仅有一个前驱，但后继的数目不限。对于非根元素，都存在着一条从根到该元素的**路径**。树中的数据元素之间存在一对多的关系。树是层次数据结构。

　　(4) **图状(graph)结构**。图是最一般的数据结构，图中每个元素的前驱和后继的数目都不限。图中数据元素之间是多对多的关系。

　　上述四种基本结构关系可分为两类：**线性结构**(linear structure)和**非线性结构**(non-linear structure)。我们把除了线性结构以外的几种结构关系——树、图和集合都归入非线性结构一类。

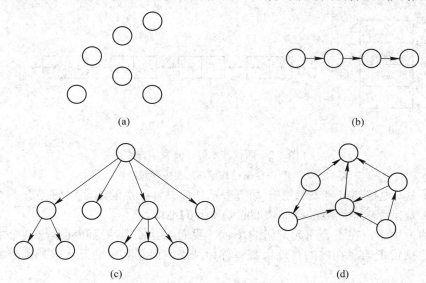

图 1-1　四种基本逻辑结构示意图

(a) 集合结构；(b) 线性结构；(c) 树形结构；(d) 图状结构

1.2.3　数据的存储结构

　　数据的逻辑结构是面向应用问题的，是从用户角度看到的数据结构。数据的存储结构是数据在计算机内的组织方式，是逻辑数据的存储映像，它是面向计算机的。

　　我们知道，计算机内存是由有限个存储单元组成的一个连续存储空间，这些存储单元或者是按字节编址的，或者是按字编址的。从存储器角度看，内存中是一堆二进制数据，它们可以被机器指令解释为指令、整数、字符、布尔数等，也可以被数据结构的算法解释为具有某种结构的数据。

　　为一个数据结构找到一种有效的表示方法，使它适于计算机存储和处理是十分重要的。**顺序**(sequential)存储结构和**链接**(linked)存储结构是两种最基本的存储表示方法。

　　顺序(或称**连续**(contiguous))表示方法需要一块连续的存储空间，并把逻辑上相关的数据元素依次存储在该连续的存储区中。例如由 4 个元素组成的线性数据结构(a_0, a_1, a_2, a_3)存储在某个连续的存储区内，设存储区的起始地址是 102，假定每个元素占 2 个存储单元，则其顺序存储表示如图 1-2(a)所示。

　　顺序表示方法并不仅限于存储线性数据结构。对于非线性数据结构，如树形结构，有时也可采用顺序存储的方法表示。这将在以后讨论。

另一种基本的存储表示方法是链接存储结构。在链接存储结构下，为了在计算机中存储一个元素，除了需要存放该元素本身的信息外，还需要存放与该元素相关的其他元素的位置信息。这两部分信息组成存放一个数据元素的**结点**(node)。图 1-2(b)给出了线性结构(a_0, a_1, a_2, a_3)的链接存储表示。其中每个结点的存储块分成两部分，一部分存放元素自身，另一部分存放包含其后继元素的结点的存储位置。这种关于其他结点的位置信息被称为**链**(link)。

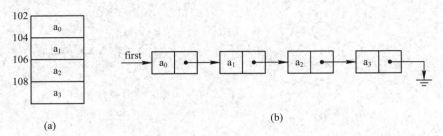

图 1-2   两种基本的存储表示方法

(a) 顺序存储结构；(b) 链接存储结构

图 1-2 中，电接地符号表示空链(即不表示任何具体结点的地址)。注意，一个结点的存储位置通常是指存放该结点的存储块的起始单元的地址。

以后的讨论中，在不会引起混淆的场合，我们混合使用结点和元素这两个术语。但必要时，将包括位置信息在内的存储块整体称为结点，而将其中的元素信息部分称为该结点的元素。

除顺序和链接表示外，还可以有其他存储数据的方法，如**索引**(index)方法和**散列**(hash)方法。关于这两种方法，请参看以后相关章节。这些基本的存储表示方法以及它们的组合，可衍生出各种数据的存储结构。

1.2.4 数据结构的运算

数据和操纵数据的运算是研究数据结构不可分割的两个方面。所以我们讨论数据结构时不但要讨论数据的逻辑结构和存储结构，还要讨论在数据结构上执行的运算以及实现这些运算的**算法**(algorithm)。通过对运算及其算法的性能分析和讨论，我们在求解应用问题时能选择和设计适当的数据结构，编写出高效的程序。

数据结构的最常见的运算有：

(1) 创建运算——创建一个数据结构。

(2) 清除运算——删除数据结构中的全部元素。

(3) 插入运算——在数据结构中插入一个新元素。

(4) 删除运算——将数据结构中的某个指定元素删除。

(5) 搜索运算——在数据结构中搜索满足一定条件的元素。

(6) 更新运算——修改数据结构中某个指定元素的值。

(7) 访问运算——访问数据结构中某个元素。

(8) 遍历运算——按照某种次序，系统地访问数据结构的各元素，使得每个元素恰好被访问一次。

如果一个数据结构一旦创建，其结构不会发生改变，则称为**静态数据结构**(static data structure)，否则称为**动态数据结构**(dynamic data structure)。也就是说，如果一个数据结构上定义了插入和删除运算，则该数据结构被认为是动态数据结构。

本书讨论数据的结构技术以及在数据结构上定义的运算及其算法。

1.3　数据抽象和抽象数据类型

随着软件规模的不断扩大，软件的开发难度越来越大。抽象、封装和信息隐蔽是控制软件开发复杂度、提高软件可靠性的重要手段。本书采用抽象数据类型的观点讨论数据结构。一个数据结构被作为一个抽象数据类型来描述和实现。

1.3.1　抽象、数据抽象和过程抽象

抽象(abstraction)可以理解为一种机制，其实质是抽取共同的和本质的内容，忽略非本质的细节。抽象可以使一个问题的求解过程采用自顶向下的方式分步进行：首先考虑问题的最主要方面，然后再逐步细化，进一步考虑问题的细节，并最终实现之。

在程序设计中，抽象机制被用于两个方面：数据和过程。**数据抽象**(data abstraction)使程序设计者可以将数据元素间的逻辑关系和数据在计算机内的具体表示分开考虑。而**过程抽象**(procedual abstraction)可使程序设计者将一个运算的定义与实现运算的具体方法分开考虑。抽象的好处主要在于降低了问题求解的难度，也有助于提高程序的可靠性。

1.3.2　封装和信息隐蔽

封装(encapsulation)是指把数据和操纵数据的运算组合在一起的机制。使用者只能通过一组允许的运算访问其中的数据。原则上，数据的使用者只需知道这些运算的定义(也称规范)便可访问数据，而无需了解数据是如何组织、存储的，以及运算算法如何。也就是说，封装对使用者隐藏了数据结构以及程序的实现细节。这种设计数据结构或程序的策略称为**信息隐蔽**(information hiding)。

通常可将数据和操纵数据的运算组成**模块**(module)。每个模块有一个明确定义的**接口**(interface)，模块内部信息只能经过这一接口被外部访问。一个模块的接口是实现运算的一组**函数**(functions)。模块应采用封装和信息隐蔽原则来设计，这样的模块被称为**黑盒子**(black box)。一个模块可以被其他程序或模块调用，它们是该模块的**客户**(client)。

封装和信息隐蔽是把错误局部化的有效措施，有助于降低问题求解的复杂度，提高程序的可靠性。

1.3.3　数据类型和抽象数据类型

读者已熟悉 C 语言的基本数据类型，它们包括字符型、整型、实型、指针类型等原子类型。原子数据类型的值是不可分割的。现实世界的信息最终可以用这些原子数据来表示。另一类是结构类型。结构类型数据的值是由若干成分按某种结构组成的，因此是可以分解的。

数据类型是程序设计语言中的概念，它是数据抽象的一种方式。一个**数据类型**(data type)

定义了一个值的集合以及作用于该值集的运算集合。程序设计语言中，一个数据类型不仅规定了该类型的变量(或常量)的取值范围，还定义了该类型允许的运算。例如一个类型为 int 的变量的取值范围是 −32 768～32 767，在整型数上的算术运算有 +、−、*、/、%，关系运算有 <、>、<=、>=、==、!=，赋值运算有 = 等。图 1-3 的上半部分规定了 int 的取值范围及允许的运算，图的下半部分描述与该类型的实现有关的方面，包括数据的表示和运算的实现。两者是分离的。

```
类型： int
值的范围： −32 768～32 767
运算：
    算术运算: +、−、*、/、%
    关系运算: <、>、<=、>=、==、!=
    赋值运算: =
─────────────────────────────
整型数的表示：16比特二进制补码
运算的实现： ……
```

图 1-3 C 语言的数据类型 int

了解一个数据类型的对象(变量、常量)在计算机内的表示是有用的，但往往也是危险的。这使得应用程序可以直接编写算法操纵该类型对象，而不是严格使用预先定义的运算进行访问，这会滋生不可预知的错误。而且一旦改变该类型的存储表示，则必须改变所有使用该类型对象的应用程序。目前普遍认为对使用者隐藏一个数据类型的存储表示是一个好的设计策略，用户程序只能使用该类型提供的运算(函数)访问该类型对象，这就是抽象数据类型。

一个**抽象数据类型**(Abstract Data Type，ADT)是一个数据类型，其主要特征是数据对象及其运算的规范独立于它们的实现，实行封装和信息隐蔽，使 ADT 的使用与实现分离。那么，在一个抽象数据类型上应当定义哪些运算呢？这取决于应用。如果我们使用的一个抽象数据类型上定义的一组运算足以对该类型对象实施所需要的全部操作，则这组运算可以认为是完备的。

其实，C 语言的类型 int 就是一个抽象数据类型，我们只能通过类型 int 所规定的运算操纵整型变量或常量。然而仅在面向对象程序设计语言出现后，才提供了必要的机制，如 C++ 语言的**类**(class)，使用户有可能真正实现抽象数据类型。但这并不意味着当我们使用 C 语言描述数据结构时，不能运用抽象数据类型的原则。

1.3.4 数据结构与抽象数据类型

对于一个数据结构，一方面要声明它的逻辑结构，同时还应定义一组在该数据结构上执行的运算。逻辑结构和运算的定义组成了数据结构的**规范**(specification)，而数据的存储表示和运算算法的描述构成了数据结构的**实现**(implementation)。规范是实现的准则和依据，规范指明"做什么"，而实现解决"怎样做"。从规范和实现两方面来讨论数据结构的方式是抽象数据类型的观点。本书中，一种数据结构被作为一个抽象数据类型来加以讨论。

1.4 描述数据结构

1.4.1 数据结构的规范

前面的讨论认为，数据结构的规范是指它的逻辑结构和运算的定义，数据结构的实现是指它的存储表示和运算的算法实现。

一个运算的规范是在概念层次上或从用户角度对运算的精确定义，它既能精确描述运算又不涉及运算的实现细节。本书中，我们从语法和语义两方面描述一个运算。一方面使用 C 语言的**函数原型**(function prototype)规定该运算的使用格式，包括运算名称、运算的输入参数、输出参数和返回值，另一方面规定了使用一个运算应当满足的先决条件和运算执行后应有的结果，即运算的功能。这里需说明一点，数据结构的运算是较抽象层次上的概念，当我们实际用 C 语言函数实现一个运算时，有时还需要辅助函数，也就是说实现一个运算可能需要设计不止一个 C 语言函数。

下面以复数数据结构为例，说明本书所采用的数据结构的描述方法。在 ADT 1-1 中，复数被定义为一个抽象数据类型 Complex。一个复数由一对实数(x，y)构成，x 为实部，y 为虚部。在复数 ADT Complex 上定义了构造函数(CreateComp)及加(Add)、减(Sub)、乘(Mul)、除(Div)四个运算。

ADT 1-1 Complex{

数据：

由一对实数(x, y)构成，x 为实部，y 为虚部。

运算： 设两个复数分别为 $a = (a_1, a_2)$ 和 $b = (b_1, b_2)$。

Complex CreateComp(float x, float y)

构造函数，函数返回复数(x, y)。

Complex Add(Complex a, Complex b)

设和的实部和虚部分别不超过实型值的允许范围，返回复数 (a_1+b_1, a_2+b_2)。

Complex Sub(Complex a, Complex b)

设差的实部和虚部分别不超过实型值的允许范围，返回复数 (a_1-b_1, a_2-b_2)。

Complex Mul(Complex a, Complex b)

设积的实部和虚部分别不超过实型值的允许范围，返回复数 $(a_1b_1-a_2b_2, a_1b_1+a_2b_2)$。

Complex Div(Complex a, Complex b)

设除数 b 不为 0，且商的实部和虚部分别不超过实型值的允许范围，返回复数

$((a_1b_1+a_2b_2)/(b_1^2+b_2^2), (a_2b_1-a_1b_2)/(b_1^2+b_2^2))$。

}

1.4.2 实现数据结构

实现一个数据结构必须首先确定数据的存储表示，然后在给定的存储方式下实现相应的运算。本书中，C 语言的结构、数组、指针等被用于描述数据的存储表示。这里，不妨假定 C 语言的数组和结构都是顺序存储的：认为数组元素具有相同的数据类型，按照下标的

次序存储在连续的存储区；结构可以由不同类型的域(成分)组成，按照域表的次序顺序存放。借助于 C 语言的数组、结构和指针可以描述和实现本书讨论的数据结构的各种不同的存储表示。

　　C 语言也被用于描述运算的算法。当一个算法采用程序设计语言描述时，需要了解算法足够多的实现细节，这有些麻烦。所幸的是书中算法的 C 程序都较短，不至于掩盖算法实质，由此带来的好处是有助于提高学生 C 语言程序设计的能力。

　　程序 1-1 是复数 ADT 的 C 语言实现。代码可分为两部分：复数结构类型和实现复数运算的 C 函数。注意区分 Complex 和 complex。此处 complex 是结构名，不是类型名，它只是一个结构标记。程序 1-1 首先采用 typedef 将复数 ADT Complex 的存储表示描述为一个 C 语言的结构，然后给出实现各个运算的算法。程序 1-1 中，运算 Add 由一个 C 函数实现。用同样的方法可以写出其他运算的实现代码。

　　【程序 1-1】　Complex 的实现。

```
#include <stdio.h>
#include <stdlib.h>
typedef struct complex
{
    float x,y;
}Complex;
Complex CreateComp(float x,float y)
{
    Complex c;
    c.x=x;c.y=y;
    return c;
}
Complex Add (Complex a,Complex b)
{
    Complex c;
    c.x=a.x+b.x;
    c.y=a.y+b.y;
    return c;
}
    ⋮
```

　　一旦实现 Complex 的全部运算，我们便可在主函数或其他应用程序中使用 Complex 的运算进行复数计算。一个简单的测试程序见程序 1-2。程序 1-2 中还需要使用函数 void PrintComplex(Complex a)。从封装和信息隐蔽的角度看，也应将这一运算添加到 ADT 1-1 中，并在程序 1-1 中实现之。

　　【程序 1-2】　测试复数加法运算。

```
void PrintComplex(Complex a)
```

```
{
    printf("%3.2f+ %3.2fi \n",a.x,a.y);
}
void main()
{   Complex a,b,c;
    a=CreateComp(1.0f,2.0f);                                    /*构造复数 a=(1+2i) */
    b=CreateComp(3.0f,4.0f);                                    /*构造复数  b=(3+4i)*/
    c=Add(a,b);                                                 /*复数 c=a+b */
    PrintComplex(a); PrintComplex(b);
    PrintComplex(c);
}
```

1.5　算法和算法分析

1.5.1　算法及其性能标准

什么是算法？笼统地说，算法是求解一类问题的任意一种特殊的方法。较严格的说法是：一个**算法**(algorithm)是对特定问题的求解步骤的一种描述，它是指令的有限序列。此外，算法具有下列五个特征：

(1) 输入(input)：算法有零个或多个输入。

(2) 输出(output)：算法至少产生一个输出。

(3) 确定性(definite)：算法的每一条指令都有确切的定义，没有二义性。

(4) 能行性(effective)：算法的每一条指令都足够基本，它们可以通过执行有限次已经实现的基本运算来实现。

(5) 有穷性(terminative)：算法总能在执行有限步之后终止。

凡是算法，都必须满足以上五条特征。对于书中讨论的数据结构上定义的运算，我们将讨论实现它们的相应算法。

描述一个算法有多种方法，可以用自然语言、流程图或程序设计语言来描述。当一个算法直接使用计算机程序设计语言描述时，该算法便成为程序。算法必须可终止，但计算机程序并没有这一限制，比如操作系统是一个程序，但不是一个算法。本书中，我们使用 C 语言描述算法，当然只有了解了算法的足够多的实现细节后，才能写成程序，同时，这也使得对算法的性能分析往往成为对相应程序的性能分析。

衡量一个算法的性能，主要有以下几个标准：

(1) 正确性(correctness)：算法的执行结果应当满足预先规定的功能和性能要求。

(2) 简明性(simplicity)：一个算法应当思路清晰、层次分明、简单明了、易读易懂。

(3) 健壮性(robustness)：当输入不合法数据时，应能作适当处理，不至于引起严重后果。

(4) 效率(effeciency)：有效使用存储空间，并有高的时间效率。

算法的正确性是指在合法的输入下，算法应实现预先规定的功能和计算精度要求。对于大型程序，我们无法奢望它是"完全正确"的，而且这一点也往往无法证实，但我们要求它是健壮的，其含义是当程序万一遇到意外时，能按某种预定的方式作出适当的处理。正确性和健壮性是相互补充的。正确的程序并不一定是健壮的，而健壮的程序并不一定绝对正确。一个可靠的程序应当能在正常情况下正确地工作，而在异常情况下亦能作出适当的处理，这就是程序的可靠性。

算法的效率是指算法执行的时间和所需的存储空间。算法的简明性要求算法的逻辑清晰，简单明了，是结构化的，这样使算法容易理解、容易阅读。牺牲算法的可读性换取一定的效率在现代程序设计中是不明智的做法。

1.5.2　算法的时间复杂度

一个程序的**时间复杂度**(time complexity)是指程序运行从开始到结束所需的时间。

程序的一次运行是针对所求解问题的某一特定**实例**(instance)而言的。例如，求解排序问题时排序算法的每次执行是对一组特定个数的元素进行排序。对该组元素的排序是排序问题的一个实例。元素个数可视为该实例的**特征**(characteristics)，它直接影响排序算法的执行时间和所需的存储空间。因此，判断算法性能要考虑的一个基本特征是问题实例的**规模**(size)。规模一般是针对输入量(有时也涉及输出量)。

程序的运行时间与实例的特征有关。使用相同的排序算法对 100 个元素进行排序与对10 000 个元素进行排序所需的时间显然是不同的。当然，算法自身的好坏直接影响程序所需的运行时间。不同的排序算法对同一组元素(即相同的实例)进行排序，程序运行的时间一般是不相同的。

程序的运行时间不仅与问题实例的特征和算法自身的优劣有关，还与运行程序的计算机软、硬件环境相关。它依赖于编译程序所产生的目标代码的效率，以及运行程序的计算机的速度及其运行环境。

一般来说，我们希望能对算法(程序)作**事前分析**(priori analysis)，在排除程序运行环境的因素后再来讨论算法的时间效率。当然这不是程序运行时间的实际值，而是算法运行时间的一种事前估计。算法的**事后测试**(posterori testing)是测试一个程序在所选择的输入数据下运行时实际需要的时间。

为了实施算法的事前分析，通常使用程序步的概念。

一个**程序步**(program step)是指在语法上或语义上有意义的程序段，该程序段的执行时间与问题实例的特征无关。下面我们以求一个数组元素的累加之和的迭代程序(见程序 1-3)为例，来说明如何计算一个程序的程序步数。其中，n 个元素存放在数组 list 中，count 是全局变量，用来计算程序步数。程序中，语句 count++; 与数组求和的算法无关，只是为了计算程序步数而添加的。去掉所有有此语句，便是数组求和程序。可以看到，这里被计算的每一程序步均与问题实例的规模 n(数组元素的个数)无关。该程序的程序步数为 2n+3。

【**程序 1-3**】　求一个数组元素的累加之和的迭代程序。

```
float Sum(float list[], int n)
{
    float tempsum=0.0;
    count ++;                        /*针对赋值语句*/
    for (int i=0; i<n; i++ ){
```

```
            count ++;                                        /*针对 for 循环语句*/
             tempsum += list[i];
            count ++;                                            /*针对赋值语句*/
        }
        count ++;                                     /*针对 for 的最后一次执行*/
        count ++;                                          /*针对 return 语句*/
        return tempsum;
    }
```

我们还可以将求数组元素之和的程序写成如程序 1-4 所示的递归程序。

【程序 1-4】 求一个数组元素的累加之和的递归程序。

```
    float RSum(float list[], int n)
    {   count ++;                                          /*针对 if 条件*/
        if (n){
            count ++;                           /*针对 RSum 调用和 return 语句*/
            return RSum(list, n-1)+list[n-1];
        }
        count++;                                         /*针对 return 语句*/
        return 0;
    }
```

为了确定这一递归程序的程序步，首先考虑当 n = 0 时的情况。很明显，当 n = 0 时，执行 if 条件语句和第二句 return 语句，所需的程序步数为 2。当 n > 0 时，执行 if 条件语句和第一句 return 语句。

设程序 RSum 的程序步数为 T(n)，则有

$$T(n) = \begin{cases} 2 & (n = 0) \\ 2 + T(n-1) & (n > 0) \end{cases}$$

这是一个递推公式，可以通过下面的方式计算：

$$
\begin{aligned}
T(n) &= 2 + T(n - 1) \\
&= 2 + 2 + T(n - 2) \\
&= 2 + 2 + 2 + T(n - 3) \\
&\vdots \\
&= 2 * n + T(0) \\
&= 2 * n + 2
\end{aligned}
$$

同样，移去程序 1-4 中的所有 count++; 语句，便是数组求和的递归程序。

虽然计算所得到的程序 1-4 的程序步数为 2n+2，少于程序 1-3 的程序步数 2n+3，但这并不意味着前者比后者快。请注意两者使用的程序步是不同的。语句 return tempsum;与语句 return RSum(list, n-1) + list[n-1];的时间开销显然是不同的。

鉴于对算法的事前分析的需要，我们引入了程序步的概念。正如我们看到的，不同的程序步在计算机上的实际执行时间通常是不同的，程序步数并不能确切地反映程序运行的

实际时间。而且，事实上要获得一个程序的一次执行所需的程序步数的精确计算往往也是困难的。那么，引入程序步的意义何在？

下面定义的渐近时间复杂度使我们有望使用程序步在数量级上估计一个程序的执行时间，从而实现算法的事前分析。

1.5.3 渐近时间复杂度

定义：设有非负函数 $f(n)$ 和 $g(n)$，如果存在常数 $c(c > 0)$ 和 n_0，使得当 $n \geq n_0$ 时，有 $f(n) \leq cg(n)$，则记作 $f(n) = O(g(n))$，被称为大 O 记号(big-Oh notation)。

大 O 记号用以表达一个算法运行时间的上界。当我们说一个算法具有 $O(g(n))$ 的运行时间时，是指该算法在计算机上的实际运行时间不会超过 $g(n)$ 的一个常数倍。

例如，设一个程序的实际执行时间 $T(n) = 3.6n^3 + 2.5n^2 + 2.8$，下面的定理表明 $T(n) = O(n^3)$。这就是说，如果我们只能知道 $T(n) = O(n^3)$，并不能得到 $T(n) = 3.6n^3 + 2.5n^2 + 2.8$ 的计算公式，从算法事前分析的角度，我们认为已经有了满意的对算法时间复杂度的估计结果。使用大 O 记号表示的算法的时间复杂度，称为算法的**渐近时间复杂度**(asymptotic complexity)。渐近时间复杂度也常简称为时间复杂度。通常用 $O(1)$ 表示常数计算时间，即算法只需执行有限个程序步。

定理：如果 $f(n) = a_m n^m + a_{m-1} n^{m-1} + \cdots + a_1 n + a_0$ 是 m 次多项式，则 $f(n) = O(n^m)$。

证明：取 $n_0 = 1$，当 $n \geq n_0$ 时，有

$$f(n) = a_m n^m + a_{m-1} n^{m-1} + \cdots + a_1 n + a_0$$
$$\leq |a_m| n^m + |a_{m-1}| n^{m-1} + \cdots + |a_1| n + |a_0|$$
$$\leq (|a_m| + |a_{m-1}|/n + \cdots + |a_1|/n^{m-1} + |a_0|/n^m) n^m$$
$$\leq (|a_m| + |a_{m-1}| + \cdots + |a_1| + |a_0|) n^m$$

可取 $c = |a_m| + |a_{m-1}| + \cdots + |a_1| + |a_0|$。定理得证。

常见的渐近时间复杂度按从小到大顺序排列为：$O(1) < O(\text{lb } n)$[①] $< O(n) < O(n \text{ lb } n) < O(n^2) < O(n^3)$。

我们可用大 O 记号表示的程序步来估计算法的时间复杂度，即得到算法的渐近时间复杂度。程序 1-3 和程序 1-4 的渐近时间复杂度均为 $O(n)$，即 $O(2n+3) = O(n)$ 和 $O(2n+2) = O(n)$。

很多情况下，我们可以通过考察一个程序中的关键操作(关键操作被认为是一个程序步)的执行次数来计算算法的渐近时间复杂度，有时也需要同时考虑几个关键操作，以反映算法的执行时间。例如程序 1-3 中，语句 tempsum+=list[i];可认为是关键操作，它的执行次数为 n，由此得到算法的渐近时间复杂度也是 $O(n)$。

程序 1-5 是实现两个 $n \times n$ 矩阵相乘的程序段，每行的最右边表明该行语句执行的次数，我们将它们视为程序步。整个程序中所有语句的执行次数为

$$T(n) = 2n^3 + 3n^2 + 2n + 1$$

语句 c[i][j]+=a[i][k]*b[k][j];可看成关键操作，它的执行次数是 n^3。所以，算法的渐近时间复杂度为 $O(n^3)$。

---

① lbn 即 $\log_2 n$，是以 2 为底的对数。

【程序 1-5】 矩阵乘法。

```
for(i=0; i<n; i++)                                    /*n+1*/
    for(j=0; j<n; j++){                               /*n(n+1)*/
        c[i][j]=0;                                    /*n²*/
        for(k=0; k<n; k++)                            /*n²(n+1)*/
            c[i][j]+=a[i][k]*b[k][j];                 /*n³*/
    }
```

1.5.4 最坏、最好和平均情况时间复杂度

对于某些算法，即使问题实例的规模相同，如果输入数据不同，算法所需的时间开销也会不同。例如，在一个有 n 个元素的数组中找一个给定的元素，从第一个元素开始依次检查数组元素。如果我们要找的元素是第一个元素，则所需的查找时间最短，这就是所谓的算法的**最好情况**(best case)。如果待查的元素是最后一个元素，则是算法的**最坏情况**(worst case)。如果我们多次在数组中查找元素，并且假定以某种概率查找每个数组元素，最典型的是以相等的概率查找每个数组元素，这种情况下，就会发现程序需平均检索 n/2 个元素，我们称之为算法时间代价的**平均情况**(average case)。

对应于三种不同的情况，我们有关于算法的三种时间复杂度：最好情况、最坏情况和平均情况时间复杂度。在三种情况下，我们都可以得到它们的渐近时间复杂度表示。

程序 1-5 的例子对于三种情况的时间复杂度都是一样的，三种情况下有不相同的时间复杂度的例子我们将在后面的章节中给出。

1.5.5 算法的空间复杂度

一个程序的**空间复杂度**(space complexity)是程序运行从开始到结束所需的存储量。

程序运行所需的存储空间包括两部分：

(1) 固定部分(fixed space requirement)。这部分空间与所处理数据的大小和个数无关，或者说与问题的实例的特征无关。它主要包括程序代码、常量、简单变量、定长成分的结构变量所占的空间。

(2) 可变部分(variable space requirement)。这部分空间大小与算法在某次执行中处理的特定数据的大小和规模有关。例如，将有 100 个元素的两个数组相加，与将有 10 个元素的两个数组相加，所需的存储空间显然是不同的。这部分存储空间包括数据元素所占的空间，以及算法执行所需的额外空间，如递归栈所用的空间。

对算法的空间复杂度的讨论类似于对时间复杂度的讨论，并且一般来说，空间复杂度的计算比起时间复杂度的计算来得容易。此外，应当注意的是空间复杂度一般按最坏情况来分析。

小 结

本章的内容对全书来说是重要的。本章涉及问题求解、抽象数据类型以及算法和数据结构的基本概念。讨论数据结构应讨论数据的逻辑结构、存储结构以及在数据结构上定义

的一组运算和实现这些运算的算法。数据结构上的运算是在逻辑结构上定义的，而只有当存储结构确定后才能给出其实现的算法。本章介绍的使用抽象数据类型描述数据结构的方式将贯穿全书。一个数据结构的 ADT 描述是用户使用数据结构的规范，它应严格定义，它的实现与使用分离，实行封装和信息隐蔽。数据结构的任何实现必须严格符合其 ADT 规范，这是程序设计的基本原则之一。本章最后介绍的算法效率和算法分析的基本方法将在以后各章中用以分析算法的时间和空间效率。

习　题　1

1-1　什么是问题求解？了解问题求解过程，了解计算机求解问题的一般过程。

1-2　简述下列术语的含义：数据、数据元素、逻辑结构、存储结构、线性数据结构和非线性数据结构。

1-3　什么是数据结构？有关数据结构的讨论应包括哪些方面？

1-4　从概念上讲，有哪些基本的逻辑结构关系？

1-5　有哪两种常见的存储表示方式？

1-6　什么是抽象、数据抽象和过程抽象？

1-7　什么是封装和信息隐蔽？

1-8　什么是抽象数据类型和类属抽象数据类型？

1-9　为什么说 C 语言的类型 int 是抽象数据类型？

1-10　一个数据结构的 ADT 描述是 ADT 的接口，它包括哪几部分？

1-11　如何书写一个运算的规范？

1-12　为字符串定义一个 ADT，要求包含常见的字符串运算，每个运算定义成一个函数。请给出其 ADT 描述。

1-13　什么是算法？说明算法和程序的区别。

1-14　简述衡量一个算法的主要性能标准。

1-15　什么是算法的时间复杂度和空间复杂度？

1-16　什么是程序步？引入程序步概念对算法的时间分析有何意义？

1-17　什么是算法的事前分析和事后测试？

1-18　什么是渐近时间复杂度？

1-19　确定下列各程序段的程序步，确定划线语句的执行次数，计算它们的渐近时间复杂度。

(1)　i=1; k=0;
　　do {
　　　　k=k+10*i; i++;
　　　　} while(i<=n-1)

(2)　i=1; x=0;
　　do{
　　　　x++; i=2*i;
　　　} while i<n;

(3) for(int i=1; i<=n; i++)

　　　for(int j=1; j<=i; j++)

　　　　　for (int k=1; k<=j; k++)　x++;

(4) x=n; y=0;

　　while(x>=(y+1)*(y+1)) y++;

1-20　程序设计题。

(1) 实现 ADT 1-1 Complex 除加法以外的其他运算。

(2) 设计主函数 main,它使用复数类型 Complex 实现复数运算。

1-21　程序设计题。

(1) 设计一个 C 程序实现一个 n × m 矩阵的转置。原矩阵及其转置矩阵均保存在二维数组中。

(2) 使用全局变量 count(类似程序 1-3 的做法),改写矩阵转置程序,并运行修改后的程序以确定此程序所需的程序步。

(3) 计算此程序的渐近时间复杂度。

数 组 和 链 表

　　本书介绍多种数据结构，如线性表、栈和队列、树、集合和图等。它们通常被作为抽象数据类型加以讨论。实现这些数据结构最常用的存储方式是顺序存储和链接存储。当使用 C 语言实现它们时，我们往往使用数组实现顺序存储，而使用链表实现链接存储。这里，数组和链表作为抽象数据类型的实现形式，几乎是实现所有 ADT 的基础。在开始各种数据结构的讨论之前，先对数组和链表作必要回顾，对全书的学习十分重要。

2.1　结构与联合

2.1.1　结构

　　结构(structure)是 C 语言提供的聚合数据的机制。使用结构可以将不同类型的数据组合成一个整体，便于使用。

　　一个结构(在许多其他程序设计语言中称为**记录**(record))是数据项的**聚集**(collection)。每个数据项有名称和类型，它们可以是不同的数据类型。

　　例如：

```
struct student
{
    char name[20];
    char sex;
    int age;
}
```

　　该语句定义了一个结构类型 struct student，可以使用它作为定义结构变量的类型，如struct student studA;。这里，变量 studA 是一个结构。可以使用成员运算符"."对结构变量的成员赋值。如：

```
strcpy(studA.name, "Wang");                            /*字符串赋值函数*/
studA.age=19;
studA.sex='M';
```

对成员变量可以像对普通变量一样进行其类型所允许的各种运算。

ANSI C 允许将一个结构变量整体赋值给另一个具有相同结构的结构变量，但不能将一个结构变量作为一个整体进行输入和输出，也不能直接判定两个结构是否相同。

为了能像使用 C 语言类型 int 一样使用一个结构类型，我们可以用 typedef 创建自己的结构类型 Student 如下：

```
typedef struct student
{
    char name[20];
    char sex;
    int age;
} Student;
```

这里，student 是结构名，Student 是结构类型名，我们可以像使用类型 int 一样用 Student 定义结构变量。定义变量的语句为 Student studA;，无需加保留字 struct。事实上，结构名称与结构类型的名称可以相同。

2.1.2　联合

联合(union)是一个变量，它可以存放不同类型的数据对象。例如在编译程序的符号表管理中，假定常量可以是 int、float 或 char 类型。一种最简单的管理方法是不考虑它们的类型，而是分配相同大小的空间存放各种常量。联合的目的是使用单一变量，存放多个类型的值。显然任何时候只能存放其中之一。

定义一个联合的方法类似于结构，见下面的例子：

```
union u_tag {
    int ival;
    float fval;
    char chval;
};
```

这里，union u_tag 是一个联合类型，可以用来定义联合变量，如 union u_tag a,b;。分配给联合变量使用的存储块的大小是它的最大变量所需的存储块的大小。

联合可以放在结构或数组中，反之亦然。访问一个结构中的联合的成员等同于访问嵌套的结构变量。例如：

```
struct {
    char name[20];
    int flags;
    int utype;
    union {
        int ival;
        float fval;
        char chval;
    } u;
} symtab [maxsize];
```

引用联合的成员 ival 的方式是：symtab[i].u.ival。

我们也可以像创建结构类型一样用 typedef 创建自己的联合类型，如下面的定义：

```
typedef union u_tag {
    int ival;
    float fval;
    char chval;
} Constval;
```

2.2　数　　组

数组(array)是大家熟悉的一种数据类型，几乎所有的程序设计语言都包含数组类型。C 语言的数组是连续存储的，因此很自然地，我们可以使用 C 语言数组描述数据的顺序存储结构。

数组与结构不同的是，数组的元素具有相同的数据类型，而结构的元素(域)可以是不同类型。所以，数组元素用**下标**(index)标识，而结构的域由**域名**(field name)引用。

2.2.1　一维数组

一维数组(one-dimensional array)常用于顺序存储的线性数据结构中。让我们先来看 C 语言中的一维数组。例如，int one[5]; 定义了 5 个整数组成的一个数组，下标从 0 到 4。数组元素可以在定义时赋值，也可以通过引用数组元素对元素赋值。例如：

```
int one[5]={0, 1, 2, 3, 4};
```

或

```
for ( i=0; i<5; i++) one[i]=i;
```

数组通常采用顺序表示，即数组中的元素按一定顺序存放在一个连续的存储区域。一个一维数组可以直接映射到一维的存储空间。由于数组元素具有相同类型，每个元素占有相同数量的存储单元，因此根据数组元素的下标可以方便地计算元素的存放地址。

设给长度为 n 的一维数组 a 所分配的存储块的起始地址是 Loc(a[0])，若已知 a 的每个元素占 k 个存储单元，则下标为 i 的数组元素 a[i] 的存放地址 Loc(a[i]) 为

$$Loc(a[i]) = Loc(a[0]) + i*k \qquad (0 \leqslant i < n) \tag{2-1}$$

2.2.2　二维数组

二维数组(two-dimensional array)的下标是二维的。可以认为二维数组是每个元素都是一维数组的一维数组。将一个二维数组映射到一维的存储空间一般有两种顺序：**行优先顺序**(row major order)和**列优先顺序**(column major order)。大多数语言如 PASCAL、BASIC、C 和 C++等都是按行优先顺序存储二维数组元素的，FORTRAN 语言是按列优先顺序存储二维数组元素的。

现考察采用行优先顺序存放二维数组时，数组元素的地址计算公式。

设有 m 行 n 列的二维数组 a[m][n]，每个元素占 k 个存储单元，第一个数组元素 a[0][0] 的存储地址是 Loc(a[0][0])，则数组元素 a[i][j] 的存储地址 Loc(a[i][j]) 为

$$Loc(a[i][j]) = Loc(a[0][0]) + (i*n+j)*k \quad (0 \leqslant i < m, \ 0 \leqslant j < n) \tag{2-2}$$

其中，Loc(a[0][0])被称为**基地址**(base address)，它是存储数组的存储块的起始地址。由此我们可以看到，对于数组，一旦规定了它的维数和各维的长度，便可为它分配存储空间，并且只要给出数组元素下标，就可根据相应的地址计算公式求得数组元素的存储位置来存取元素。这种方式下，存取数组中任何一个元素所需的时间是相同的，我们称具有这一存取特点的存储结构为**随机存取的存储结构**(random access storage structure)。

图 2-1 显示了二维数组 a 在计算机内的两种顺序存储方式。

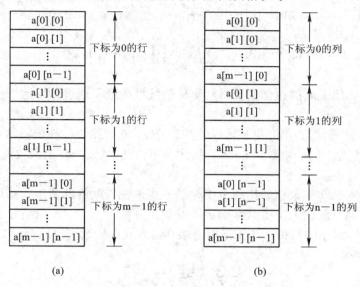

(a)   (b)

图 2-1 二维数组的顺序存储

(a) 行优先顺序存储；(b) 列优先顺序存储

下列语句定义了一个静态二维数组 a，并对其初始化，两维的长度分别为 3 和 4。

    static int a[3][4]={{1}, {0, 6}, {0, 0, 11}};

每一行中不足的元素自动为 0，这样，初始化后的数组 a 的元素为

$$\begin{bmatrix} 1 & 0 & 0 & 0 \\ 0 & 6 & 0 & 0 \\ 0 & 0 & 11 & 0 \end{bmatrix}$$

此处，数组 a 被定义成静态存储变量。静态存储变量存放在静态存储区中，在程序执行期间，它们占据固定的存储单元。

下面是定义一个二维数组类型的两种方法，后者将一个二维数组定义为其成员类型是一维数组的一维数组类型。两者是等价的。

    typedef int atype[3][4];

或

    typedef int at[4];

    typedef at atype[3];

使用类型 atype 定义二维数组 a 的语句为

    atype a={{1},{0,6},{0,0,11}};

2.2.3 多维数组

可以将二维数组的地址计算方法推广到多维数组的情况。多维数组的地址映射方式也可以有类似于二维数组的行优先和列优先两种做法。设有 n 维数组 a，各维的长度分别为 m_1，m_2，…，m_n，每个元素占 k 个单元，则在行优先方式(亦称字典编排顺序)下，数组元素 $a[i_1][i_2]\cdots[i_n]$ 的存储地址的计算公式为

$$Loc(a[i_1][i_2]\cdots[i_n]) = Loc(a[0]\cdots[0]) + (i_1*m_2*m_3*\cdots*m_n + i_2*m_3*m_4*\cdots*m_n + \cdots + i_{n-1}*m_n + i_n)*k$$

$$= Loc(a[0]\cdots[0]) + \left(\sum_{j=1}^{n-1}(i_j * \prod_{k=j+1}^{n} m_k) + i_n\right)*k \tag{2-3}$$

容易看出，数组元素的存储位置是其下标的线性函数。通过计算地址便可实现对数组元素的随机存取。

注意，C 语言中数组是不允许整体赋值的。另外，对数组下标超出正常范围的访问并不限制，例如对长度为 5 的一维数组 a，编译程序对不合法的访问 a[-3]、a[7]等并不给予警告，提请读者在使用时注意。

顺序存储表示是实现数据结构的重要存储方式，它一般借助数组来描述。数组是静态数据结构，其存储空间的大小需具体确定，并预先分配，一旦分配则难以扩充。对于事先无法预知所需空间大小的应用，通常采用链接存储方式存储数据更适合。

2.3 链   表

除了顺序存储表示外，另一种重要的存储表示方式是链接存储表示。本小节中我们将介绍多种用以实现线性数据结构的链表：单链表、循环链表和双向链表。用以表示非线性数据结构(如树、图等)的链接方式将在以后的章节中介绍。指针是 C 语言提供的构造链接结构的数据类型。使用指针可以有效地构造许多复杂的链接存储结构。但指针概念比较复杂，使用十分灵活，初学者往往不易掌握，所以在讨论链表之前，我们先对 C 语言的指针类型作一个简单的回顾。

2.3.1 指针

1. 指针

C 语言中，**指针**(pointer)也称为**链**(link)或**引用**(reference)。C 语言使用下列语句定义一个整型变量 i 和一个指向整型变量的指针变量 pi：

        int i, *pi;

事实上，对任意类型 T，都可定义指向该类型的指针类型。指针类型变量的值是一个存储地址。C 语言中有两个十分重要的与指针类型相关的运算符：即**取地址运算符**(address operator)&和**间接引用运算符**(dereferencing operator)*。间接引用运算符用来对指针变量所指示的变量进行操作。

看下面的程序段：

        int i, *pi;   /*定义整型变量i和指向整型的指针变量pi */

```
pi=&i;                          /*将变量 i 的地址赋给指针(变量)pi */
i=5;                            /*对变量 i 赋整数值 5 */
printf("%d，", i);              /*输出 i 的值 5 和逗号 */
*pi=10;                         /*对指针 pi 所指示的存储位置(变量 i)赋值 10 */
printf("%d", *pi);             /*输出 i 的当前值 10 */
```

运行上面的程序段将显示：5，10。

C 语言有一个特殊的指针值 NULL，它不指向任何数据对象和函数。一般地，NULL 由整数 0 表示。上述程序段的执行过程可以对照图 2-2 来理解。应注意的是：指针变量 pi 的值是整型变量 i 的地址，这里假定分配给变量 i 的地址是 254。

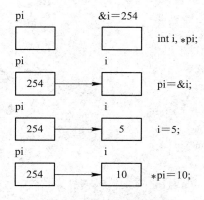

图 2-2   指针定义和运算

2．指针和数组

C 语言中，指针和数组密切相关，任何在数组上执行的运算都可以使用指针实现。C 语言规定数组名代表数组的首地址(起始地址)，那么如果我们定义了数组 a：int a[5];，则语句 int *p=a;和 int *p=&a[0];是等价的，如图 2-3 所示。我们看到一个指向数组的指针实际上是指向数组元素 a[0]的指针。

引用一个数组元素可以使用以下的方法：

(1) 下标法，如 a[3]=7;。

(2) 指针法，如*(a+3)=7; 或*(p+3)=7;。

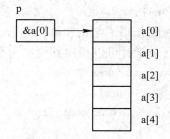

图 2-3   指针和数组

由于数组名仅代表数组的首地址，因此当数组名作为函数的参数传递时，实际上是将数组的首地址传给了形式参数(并不是把数组的值传给了形式参数)。这样，实参数组和形参数组占有同一段内存空间，改变形参数组元素的值也将使实参数组元素发生变化。

程序 2-1 定义了 5 个元素的一维整型数组，函数 main 调用函数 f，函数 f 输出每个数组元素，并对每个数组元素加 2。由于参数 p 是指向整数的指针，函数 main 中以数组 one 和数组长度 5 为实参调用之，其运行结果为

```
*(p+i)：  0  1  2  3  4
*(one+i)：  2  3  4  5  6
```

可以看到，在函数 f 中对数组元素都作了加 2 的修改，使实参数组 one 也随之改变。

【程序 2-1】 数组和指针。

```
int one[5]={0, 1, 2, 3, 4};
void f( int *p, int n)
{
    int i;
    printf("\n*(p+i)：  ");
    for (i=0; i<n; i++){
        printf("%d    ", *(p+i));
        * (p+i)+=2;
    }
}
void main()
{
    int i;
    f(one, 5);
    printf("\n*(one+i)：  \n");
    for (i=0; i<5; i++)
        printf("%d    ", *(one+i));
}
```

3. 指向结构的指针

指向数组的指针类型实际上是指向数组元素类型的指针类型，同样我们也可以定义指向结构的指针类型。

前面介绍了结构和结构类型。一个结构的成员可以是多种类型的，也可以是指针类型的。这个指针可以指向其他结构类型，也可以指向它所在的结构类型。例如：

```
struct node{
    int Data;
    struct node *Link;
};
```

Link 是结构的成员名，它是指向 struct node 类型的指针。当一个结构中有一个或多个成员是指向它自身的指针时，称这种结构为**自引用结构**(self-referential structure)。

定义一个指向结构的指针可以使用定义语句：struct node *p；。使用 typedef 定义指向结构的指针类型的方法更灵活。例如：

```
typedef struct node *Nodeptr;
typedef struct node{
    int Data;
    Nodeptr Link;
}Node;
```

这里，我们定义了一个结构类型 Node(node 为结构名称)，以及指向该结构类型的指针类型 Nodeptr。

4. 动态存储分配

C 语言中的变量可分为两类：**静态变量**(static variable)和**动态变量**(dynamic variable)。我们这里所说的静态变量，与 C 语言中由关键字 static 定义的静态存储类变量是两个不同的概念。静态变量是指在书写程序时定义和命名的变量，它的存储空间在它所在的程序一开始运行时便存在。C 语言的存储类为 static 的变量是在定义该变量的函数中使用的，在程序整个运行期间都不释放。动态变量在程序编译时并不存在，只在程序运行时才创建，所以在程序书写时无法事先对其命名，因而，动态变量只能通过指针访问。如同其他变量一样，动态变量是具有类型的。**动态存储分配**(dynamic memory allocation)是指在运行时根据程序要求为变量等对象分配存储空间的方法。C 语言使用一种称为**堆**(heap)的数据结构，在运行时为动态变量分配存储空间。我们可以使用 C 语言的标准函数 malloc 和 free 动态地创建和撤销一个动态变量。如下面的语句：

```
p=(Node*)malloc(sizeof(Node));
if (IS_FULL(p)){
    fprintf(stderr, "The memeny is full\n");
    exit(1);
}
```

其中，IS_FULL(p)可由宏定义 #define IS_FULL(ptr) (!(ptr))来定义，stderr 是出错信息输出流文件，语句 exit(1);终止程序执行。上述程序段创建一个 Node 类型动态变量，并将它的地址赋给指针变量 p。换句话说，p 指向所创建的动态变量。其中，sizeof 运算符计算 Node 类型的结构所需的存储空间的大小，从而确定应当分配给新变量的存储空间的大小。如果内存耗尽，则函数 malloc 返回 NULL，表示内存已不足，程序终止运行。

当一个动态变量不再需要时，可以使用函数调用 free(p)回收该变量所占用的空间。注意，执行函数 free 后，指针变量 p 的值是无定义的。

请看程序 2-2 所示的例子，程序运行的示意图见图 2-4(a)。

【**程序 2-2**】 静态变量和动态变量。

```
void main()
{
    char c='a';
    char *p=&c;
    int *y;
    y=(int *)malloc(sizeof(int));
    *y=10;
    printf("\n%d,  %c ", *y, *p);
    free(y);
}
```

图中，y、p 和 c 均为静态变量，只有指针变量 y 所指向的地址为 126 的整型变量是动态变量，它由函数 malloc 在程序运行时分配。虽然变量 c 也由指针 p 指示，但它不能用 free

语句释放。y 所指向的变量可以用 free 语句回收所占用的空间，执行 free 语句后指针变量 y 的值不确定(见图 2-4(b))。图 2-4 中变量的存储地址是假定的。

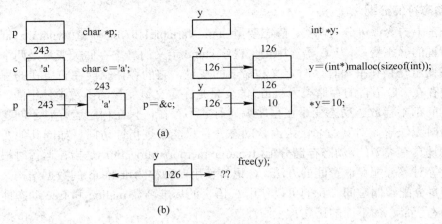

(a)

(b)

图 2-4　静态变量和动态变量

　　使用指针使 C 语言程序设计十分灵活和高效，但如果使用不当会带来很大的程序隐患。空指针 NULL 不指向任何实际的对象，间接引用一个空指针，常会带来不可预期的结果。另外一种值得注意的情况是，如图 2-4 所示，y 指向一个动态变量，在使用 free(y); 语句释放了它所指向的动态变量后，y 成为不确定的指针，那么在再次对 y 赋适当值之前不应使用 y 的值。

2.3.2　单链表

　　上面我们回顾了与 C 语言的指针有关的规则。指针类型是构造链接存储结构的基础，在基于指针的链接结构中，**单链表**(singly linked list)是最基本的。

　　在单链表中，每个结点有两个域：存放元素的域 Element 和存放指向后继结点的指针域 Link，如图 2-5(a)所示。图 2-5(c)是一个包含 n 个元素(a_0, a_1, …, a_{n-1})的单链表结构。我们称单链表的第一个结点为**起始结点**，指向起始结点的指针为**头指针**。图中指针变量 first 为头指针。头指针为 NULL 的单链表称为**空表**，这里我们使用电路的接地符号 ⏚ 表示空指针值，如图 2-5(b)所示。尾结点没有后继结点，其指针域为 NULL。图 2-5 中，用一个圆表示指针变量，其实，它与 Link 域有完全相同的数据类型。

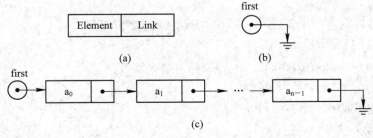

(c)

图 2-5　单链表结构

(a) 结点结构；(b) 空表；(c) 非空表

　　我们知道，数组中各元素存放在一片连续的存储区中，数组的大小是固定的，但在单链表中，各个结点的存储空间并不要求相邻，结点间的相邻关系通过指针表示。

1. 单链表的结点结构

单链表的每个结点的结构具有如下定义的结构类型：

```
typedef struct node{
    T Element;
    struct node *Link;
} Node;
```

这里，我们定义了单链表的结点类型 Node(结构名为 node)，它包括两个域：元素域 Element 和指针域 Link。这是一个自引用的结构。

值得注意的是，这里使用了由用户自定义的元素类型 T。前面提到，在大多数情况下，本书中讨论的一个抽象数据类型(ADT)代表一类具有相同结构和相同运算集的数据结构，它的元素类型通常并不重要，即所谓类属抽象数据类型。在 C++、Ada 等语言中提供了相应的语言机制来处理这一问题，但 C 语言不允许在用户自定义的数据类型中包含类型未确定的数据成分。在 C 语言环境中，这里使用的元素类型 T 必须由用户在应用时用 typedef 语句定义为具体的类型。例如，我们可以将 T 定义成 int 类型，也可将其定义为如下的 Entry 类型：

```
typedef struct entry{
    int Key;
    char Data;
}Entry;
typedef T Entry;
```

为了对元素执行输入/输出操作，可以使用下面两个运算。这两个运算应由用户根据实际使用的元素类型实现，它们的作用由如下的运算规范定义。

(1) T* InputElement()：构造一个类型为 T 的新元素对象，并赋予所需的元素值，返回新元素对象的地址。

例如，可以从数据文件输入新元素值，或从标准输入设备(如键盘)输入新元素值。

(2) void PrintElement(T e)：输出元素 e。

例如，可以将元素 e 输出到指定磁盘文件，或由标准输出设备(如显示器)输出。程序 2-3 给出从键盘输入元素，在屏幕显示元素的函数实现。该程序是当 T 为整型时，函数 InputElement 和 PrintElement 的一种可能的实现方法。

【程序 2-3】 创建和显示元素。

```
typedef int T;
T* InputElement()
{
    static T a;
    scanf("%d", &a);
    return &a;
}
void PrintElement(T x)
{
```

```
        printf("%d   ", x);
    }
```

借助 InputElement，我们来实现构造单链表的新结点的函数 NewNode。在应用程序中，可能需要以多种方式构造新结点。程序 2-4 给出了三个构造新结点的函数，其中：函数 NewNode 仅仅构造一个新结点；函数 NewNode1 调用函数 InputElement，允许用户从键盘输入元素值构造新结点；函数 NewNode2 使用由用户提供的元素值 x 来构造新结点。函数 NewNode、NewNode1 和 NewNode2 均返回指向新结点的指针。

这里，我们假定元素类型 T 是可以整体赋值的类型。

【程序 2-4】 构造新结点。

```
#define IS_FULL(ptr) (!(ptr))
Node* NewNode()
{
    Node* p=(Node*)malloc(sizeof(Node));
    if (IS_FULL(p)){
        fprintf(stderr, "The memery is full\n"); exit(1);
    }
    p->Link=NULL;
    return p;
}
Node* NewNode1()
{
    Node* p=(Node*)malloc(sizeof(Node));
    if (IS_FULL(p)){
        fprintf(stderr, "The memery is full\n"); exit(1);
    }
    p->Element=*InputElement();
    p->Link=NULL;
    return p;
}
Node* NewNode2(T x)
{
    Node* p=(Node*)malloc(sizeof(Node));
    if (IS_FULL(p)){
        fprintf(stderr, "The memery is full\n"); exit(1);
    }
    p->Element=x;
    p->Link=NULL;
    return p;
}
```

2. 单链表类型

我们可以简单地将单链表类型 List 定义为

    typedef Node *List;

这里，List 是指向 Node 类型变量的指针类型。我们可以将图 2-5(c)中的 first 定义为 List 类型，即 Node* 类型。

3. 单链表的插入和删除

在单链表的指定结点(设由指针变量 p 指示)后面插入新结点(由 q 指示)的方法很简单，只需使用指针赋值语句 q->Link=p->Link;和 p->Link=q;，即修改两个结点的指针域的值就可以了，如图 2-6 所示。

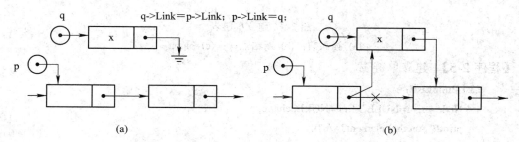

图 2-6 单链表的插入

(a) 插入前；(b) 插入后

删除操作如图 2-7 所示。删除 p 所指示的结点时，只需修改一个指针：q->Link=p->Link，但还需使用语句 free(p);回收结点占用的空间。这里，结点*q 是结点*p 的前驱结点。由此可见，在单链表中，为了删除一个结点，我们必须知道它的前驱结点。

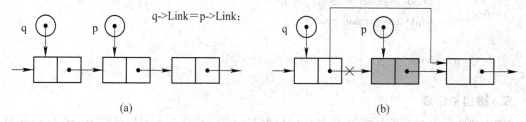

图 2-7 单链表的删除

(a) 删除前；(b) 删除后

4. 建立单链表

定义了单链表的结点类型后，我们来设计创建单链表的函数。程序 2-5 是建立单链表的函数。由于元素类型是由用户根据实际需要定义的，因此建立单链表需要使用 NewNode1 获取元素值，构造新结点。BuildList 函数在 while 循环每一次迭代时会询问是否还需输入下一个元素，在得到用户的肯定后调用 NewNode1 函数建立一个新结点，由 p 指示。开始时链表是空表，新结点成为首结点，指针 first 指向该结点，之后新结点被加到表的已建成部分的尾部。指针 r 始终指向当前表的最后一个结点。图 2-8 显示了建表过程中在已建表的尾部(由指针 r 指示)添加一个新结点*p 的操作。函数 tolower 将字母转换成小写字母，其函数原型在头文件 ctype.h 中。

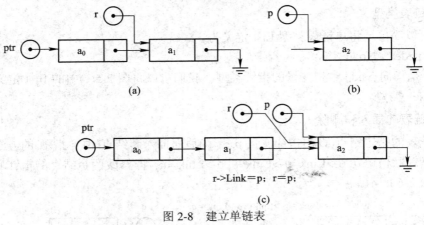

图 2-8   建立单链表

(a) 插入前；(b) 新结点*p；(c) 插入后

【程序 2-5】   建立单链表。

```
List BuildList()
{   Node *p, *r=NULL, *first=NULL; char c;
    printf("Another element? y/n");
    while ((c= getchar()) == '\n');
    while (tolower(c)!='n'){
        p=NewNode1();
        if(first!=NULL) r->Link=p; else first=p;
        r=p;
        printf("Another element? y/n");
        while ((c= getchar()) == '\n');
    }
    return first;
}
```

5. 输出单链表

输出单链表中元素的运算实现起来相对容易一些。程序 2-6 调用函数 PrintElement 显示单链表。对于不同的元素类型，用户可以设计不同的 PrintElement 函数，用于实现元素输出。

【程序 2-6】   输出单链表。

```
void PrintList(List first)
{   printf("\nThe list contains: \n");
    for (; first; first=first->Link)
        PrintElement(first->Element);
    printf("\n\n");
}
```

6. 清空单链表

单链表是由动态变量构成的数据结构，当需要删除单链表中全部元素而清空单链表时，必须使用 free 语句逐一释放每个结点占用的空间，回收后备用。如果我们只是简单地将单链表的头指针置成 NULL，单链表的结点占用的空间并没有回收，那么此时已无法再访问这些结点，这些结点便成为**垃圾**(garbage)。这是对内存的浪费，严重时会影响程序的正常运行。所以动态变量不用时应注意回收。程序 2-7 为清空单链表函数。

【程序 2-7】 清空单链表。

```
void Clear(List * first)
{   Node *p=*first;
    while (*first){
        p=(*first)->Link;
        free(*first);
        *first=p;
    }
}
```

请注意这里使用的函数参数 first 的类型为 List*。我们知道类型 List 等同于类型 Node*，是指向单链表结点的指针类型，那么类型 List*便是指向该指针类型的指针类型。List*类型的变量中保存的是 Node*类型的指针变量的地址。这就是说，如果我们使用语句 List lst=NULL; 定义了一个单链表对象，事实上我们仅定义了一个指针变量，并初始化为 NULL，即为空表，见图 2-9(a)。对于一个已构造的非空单链表(见图 2-9(b))，如果需要使用 Clear 函数清除表中元素，其调用方式为 Clear(&lst);。由于 C 语言的参数是传值的，即在函数调用时将实在参数的值传给形式参数，因此这里是将"指针变量 lst 的地址"作为实在参数传给形式参数 first 的。在 Clear 函数的函数体内，所有的操作都是通过指针变量(*first)进行的。请注意区分 first 和*first。first 是指向 lst 的指针变量，而*first 就是指针变量 lst，见图 2-9(c)。Clear 函数使用 while 循环，每一次迭代回收一个结点，直到*first 成为 NULL，显然，此时指针变量 lst 也成为 NULL。

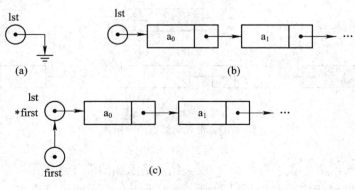

图 2-9 函数 Clear 的参数

(a) 空表；(b) 非空表；(c) 参数传递

如果函数定义为 void Clear(List first);，则相应的函数调用成为 Clear(lst);，即 lst 和 first 具有相同的类型。在函数调用发生时，指针变量 lst 的值被复制到 first，两者都指向同一单链表的起始结点。由于在 Clear 函数中，只使用形式参数 first，因此当释放了单链表的全部结点后，指针 first 成为 NULL，但在主函数 main(见程序 2-8)中定义的指针变量 lst 的值未改变，不为 NULL，且仍然保持原单链表的起始结点的地址。我们知道，事实上此时所有的结点已被释放，也许已重新分配而作他用，因此 lst 中的地址应视为无效的，如果此时使用，将导致不可预见的后果。由此可知，将形参 first 的类型定义为 List 不仅是错误的，而且是危险的。

7. 主函数 main

程序 2-8 的函数 main 是专门为测试上述单链表函数而设计的简单的主函数，在软件开发中常被称为**驱动程序**(driver)。驱动程序是软件模块化设计中为单独**调试**(debug)和**测试**(test)一个函数而设计的辅助程序。

【**程序 2-8**】 主函数 main。

```
void main()
{   List lst;
    lst=BuildList();
    PrintList(lst);
    Clear(&lst);
    PrintList(lst);
}
```

2.3.3 带表头结点的单链表

在单链表前增加一个结点，称为**表头结点**。表头结点的数据域不存放单链表的元素，它或者为空，或者用于存放实现算法所需的辅助数据。图 2-10 为带表头结点的单链表示意图，其中图 2-10(a)为空表，图 2-10(b)为非空表。空表只有一个表头结点。显然，带表头结点的单链表的结点类型与普通单链表完全相同。

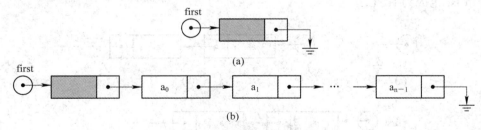

图 2-10　带表头结点的单链表

(a) 空表；(b) 非空表

请区分"表头结点"和"头结点"，表头结点是添加的额外结点，头结点是单链表的起始结点。在以后的讨论中，我们可以看到，使用带表头结点的单链表在实现某些单链表运算时，可简化算法的描述。

2.3.4 循环链表

单链表的另一种表示是**单循环链表**(singly circular linked list)。单循环链表是将单链表尾结点的指针域置为第一个结点的地址，而不再是 NULL，这样从表中任一结点出发，均可访问到表中所有结点。图 2-11 给出了单循环链表结构。单循环链表也可以带表头结点，见图 2-12。显然，单循环链表的结点类型与普通单链表完全相同。

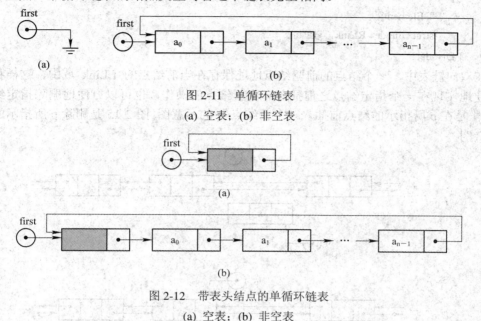

图 2-11　单循环链表
(a) 空表；(b) 非空表

图 2-12　带表头结点的单循环链表
(a) 空表；(b) 非空表

2.3.5　双向链表

我们已经看到，在各种单链表中插入一个新结点时，需知道新结点插入位置的前驱结点，而当删除一个结点时也需知道该结点的前驱结点。常常为了得到前驱结点的地址，必须从头开始查找，这一过程是费时的。此外，在实际应用中，有时需要逆向访问表中元素，这对单链表结构来说显然是困难的。为解决这类问题，可将链表设计成**双向链表**(doubly linked list)。

双向链表的每个结点包含三个域：Element、LLink 和 RLink。其中，Element 域为元素域，RLink 域为指向后继结点的指针，新增的 LLink 域用以指向前驱结点。

双向链表也可以带表头结点，并且也可构成双向循环链表。此时，表头结点的 RLink 和 LLink 分别指向双向循环链表的头结点(或表头结点)和尾结点。带表头结点的双向循环链表的结构示意图如图 2-13 所示。请注意，在示意图中，一个右边结点的 LLink 域的指针指向它左边结点的后部，这并不意味着右边结点的 LLink 域的值是其左边结点的存储块的最后一个存储单元的地址，事实上 LLink 域保存的仍是该左边结点的存储块的起始地址。在此处，指针指向一个结点的任何部分都是等价的，都是指向它所指示的结点存储块的起始位置。

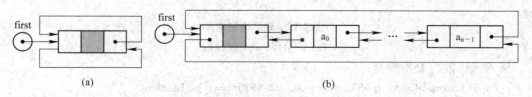

图 2-13　带表头结点的双向循环链表
(a) 空表；(b) 非空表

双向链表的每个结点的结构具有如下定义的结构类型：

```
typedef struct dnode{
        T Element;
        struct dnode* RLink，*LLink;
    } DNode;
```

在双向链表中，一个结点的前驱结点地址保存在当前结点的 LLink 域中，这样我们可以方便地实现在一个指定结点之前插入一个新结点的操作，也可以方便地删除指定结点。图 2-14 是在 p 所指示的结点前插入一个新结点*q 的示意图。图 2-15 是删除 p 所指示的结点的示意图。

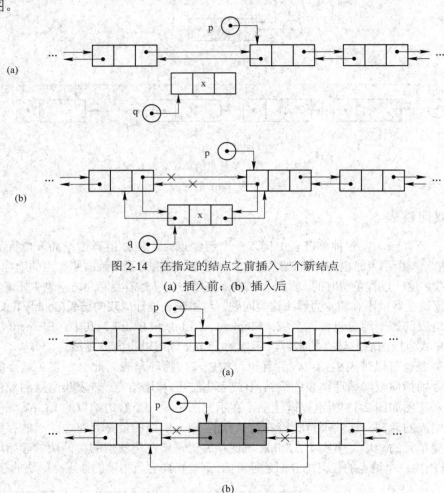

图 2-14　在指定的结点之前插入一个新结点

(a) 插入前；(b) 插入后

图 2-15　删除指定结点

(a) 删除前；(b) 删除后

插入操作的核心步骤是：

q->LLink=p->Llink；q->RLink=p；p->LLink->RLink=q；p->LLink=q；

删除操作的核心步骤是：

p->LLink->RLink=p->Rlink；p->RLink->LLink=p->LLink; free(p);

2.4　采用模拟指针的链表

在大多数应用中，链表可以利用 C 语言指针和动态存储分配实现，但采用结点数组以及用数组下标作为模拟指针的做法有时是必要和有用的。例如，有些语言不提供指针类型，而在另外场合，它可以使设计更方便、更高效。这种模拟指针的链表也称**静态链表**。

2.4.1　结点结构

与单链表的结点类型 Node 相同，静态链表的每个结点为结构类型，包括如下两个域：Element 和 Link。不同的是，静态链表的 Link 域是整型，保存作为模拟指针的数组下标。程序 2-9 定义了静态链表的结点类型 ANode。T 是元素类型，使用时用户需将其定义为具体类型。

【**程序 2-9**】　静态链表的结点类型 ANode。

```
typedef struct anode{
        T Element;
        int Link;
    }ANode;
```

2.4.2　可用空间表

C 语言使用堆来管理用于动态存储分配的存储空间，也称自由空间。现在，我们使用数组 nodes 存储 ANode 类型结点，组成可分配与回收该类型结点的**可用空间表**(available space list)。每个数组元素是一个结点，数组中的结点链接成一个单链表。初始时，可用空间表的表头指针(avail＝0)指向起始结点 nodes[0]，结点 nodes[i]的后继是 nodes[i+1]，即 nodes[i].Link=i+1，最后一个结点是 nodes[maxSpaceSize-1]=−1。

图 2-16(a)是可用空间表的初始状态，图 2-16(b)是某个可能的状态，图 2-16(c)是从(b)的链表中分配一个结点后的状态。灰色区表示已分配的空间，表明这些结点当前正用于客户程序中。

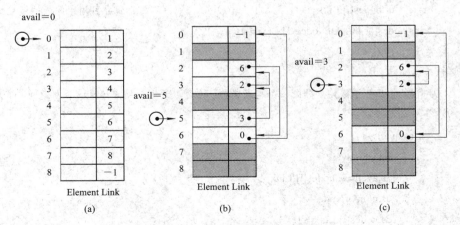

图 2-16　可用空间表

(a) 初始状态；(b) 某个状态；(c) 从(b)分配一个结点后

所谓分配一个结点，就是从可用空间链表中取下头结点，表头指针 avail 指向链表中下一个结点，被取下的结点就是被分配的新结点，它在数组 nodes 中的下标是新结点地址。如果 avail=-1，表示可用空间表已分配完，此时返回-1 表示无可用空间。回收一个结点，是将被释放的结点插回到可用空间表中，一种最简单的做法是将它插在表的最前面。

程序 2-10 定义了可用空间表 AvailSpace，它包括三个数据成员：avail、numOfNodes 和 nodes。avail 是表头指针，numOfNodes 是可用空间表当前可用的结点数，nodes 是可用空间表使用的存储空间。

我们可以简单地将可用空间表类型 AvailSpace 用程序 2-10 来定义。

【程序 2-10】 可用空间表 AvailSpace。

```
#define   MaxSpaceSize 10000
typedef   struct   aspace{
      int avail, numOfNodes;
      ANode   nodes[MaxSpaceSize];
}AvailSpace;
AvailSpace   as;                              /*创建一个可用空间表 as*/
```

函数 NewNode 和 DeleteNode 分别模拟 C 语言的 mallac 和 free 运算，用于分配和回收 ANode 类型结点。CreateAvailSpace 是可用空间表的初始化函数。请结合程序 2-11 的注释，理解静态链表结构及其申请和释放结点的方法。

【程序 2-11】 可用空间表函数。

```
void CreateAvailSpace(int maxSpaceSize)
{ /*初始化可用空间表*/
      int i;
      as.numOfNodes=maxSpaceSize;
      as.avail=0;
      for(i=0;i<as.numOfNodes-1;i++)
          as.nodes[i].Link=i+1;                           /*建立可用空间表的链接结构*/
      as.nodes[as.numOfNodes-1].Link=-1;
}
int NewNode()
{ /*模拟 malloc 函数，如分配一个结点成功，则函数返回新结点地址；否则返回-1，表示结点
分配失败*/
      if(as.avail>-1){
          int i=as.avail;
          as.avail=as.nodes[i].Link;
          as.numOfNodes--;
          as.nodes[i].Link=-1;
          return i;
```

```
        }
            else    return -1;
        }
    void DeleteNode(int   i)
    {/*模拟 free 函数，回收地址为 i 的结点 */
        as.nodes[i].Link=as.avail; as.avail=i;
        as.numOfNodes++;
    }
```

为了说明可用空间表的使用，程序 2-12 给出一个简单客户函数 Appf，它从可用空间表申请一个新结点，构造只有一个结点的单链表，表头指针为 first。如果可用空间表的当前状态如图 2-16(b)所示，执行一次函数 Appf 后，将得到图 2-16(c)所示状态。客户函数 Appf 分配到的新结点地址为 5，因而表头指针 first=5，该结点的 Link 的值应置成-1，指示表尾。

【程序 2-12】 简单客户程序和主程序。

```
    int AppF()
    {/*建立只有一个结点的链表*/
        int    k, first=-1;
        k= NewNode();
        if(k>-1){
                as.nodes[k].Element=120;
                as.nodes[k].Link=first;
                first=k;
        }
        return k;
    }
    int main()
    {   int i;
        i=AppF();
        return i;
    }
```

小   结

本章重点介绍了用以实现各种抽象数据类型的两种最基本的数据结构：数组和链表。它们几乎是实现各种 ADT 的基础。我们可以把数组和链表当成 ADT 的实现形式，而且数组本身也可以作为 ADT。我们将在第 4 章中讨论数组 ADT。

由于本章的内容与 ADT 的 C 语言描述直接相关，因此在本章中我们还回顾了有关结构、联合、数组、指针和链表等 C 语言规则和机制。

习 题 2①

2-1 定义一个结构类型，它包括年、月、日。用该结构类型定义一个结构变量。

2-2 编写一个函数 NewDate，为上题中的结构类型变量动态分配空间。此函数返回一个指针，指向结构变量的起始位置。

2-3 数组和结构有何异同？如何引用它们各自的数据元素？

2-4 已知三维数组 A[m][n][p]，m、n 和 p 是各维的长度，Loc(A[0][0][0])=134，设每个元素占 2 个单元，计算 Loc(A[i][j][k])。

2-5 设一维数组的每个元素具有前面的年、月、日结构类型，设计一个函数 Copy，用来实现数组的整体赋值。

2-6 编写一个函数 NewArray，用来创建一个最多有 MaxSize 个元素的动态一维数组，设数组元素具有前面的年、月、日结构类型。此函数返回一个指针，指向动态一维数组的起始位置。

2-7 设有长度为 n 的一维整型数组 A，设计一个算法，将该数组中所有的负数存放在数组的前部，而所有的正数存放在负数的后面。

2-8 设有长度为 n 的一维整型数组 A，数组中元素各不相同。设计一个算法，该算法以数组的第一个元素为基准元素，对各元素在数组中的位置作重新调整，将所有比该基准元素小的元素存放在基准元素的前面部分，所有比基准元素大的元素存放在基准元素的后面部分。

2-9 设有长度为 n 的一维整型数组 A，设计一个算法，将原数组中的元素以逆序排列。

2-10 设计一个算法，用来复制一个单链表②。

2-11 设计一个算法，将一个单链表链接到另一个单链表的尾部。

2-12 设计一个算法，将单链表中结点以逆序排列。逆序的单链表中的结点均为原表中的结点。

2-13 设计一个函数，用以建立一个带表头结点的单循环链表。设表中元素的类型为整型，元素值从键盘输入。

2-14 设计一个函数，用以打印一个带表头结点的单循环链表。设表中元素的类型为整型。注意循环链表的结束判断。

2-15 设计一个函数，用来清空一个带表头结点的单循环链表。请注意带表头结点的单循环链表的空表形式。

2-16 单链表中每个结点存放一个字符。设计一个算法，将该单链表按字母、数字和其他字符拆成三个单循环链表(利用原来结点)。

2-17 设计一个算法，将一个带表头结点的双向循环链表链接到另一个带表头结点的双向循环链表的尾部。注意，新链表只需一个表头结点。

---

① 对习题中要求设计的所有算法，若不加特殊说明，都必须：写出相关数据结构的 C 语言类型说明；算法用 C 语言函数表示。

② 在设计链表操作的算法时，请考虑链表可能为空表的情况。

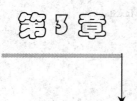

第3章

堆 栈 和 队 列

本章介绍两种最简单和最常用的线性数据结构：**堆栈**(stack)和**队列**(queue)。它们是两种限制存取点的动态数据结构。在堆栈中，用户只能在指定的一端插入元素，并在同一端删除元素，因而元素的插入和删除具有**后进先出** LIFO (Last-In-First-Out)的特性。在队列中，用户在一端插入元素而在另一端删除元素，呈现**先进先出** FIFO (First-In-First-Out)特性。

3.1　堆　　栈

3.1.1　堆栈 ADT

堆栈(或栈)是限定插入和删除运算只能在同一端进行的线性数据结构。允许插入和删除元素的一端称为**栈顶**(top)，另一端称为**栈底**(bottom)。若栈中无元素，则为空栈。若给定堆栈 $S = (a_0, a_1, \cdots, a_{n-1})$，则称 a_0 是栈底底元素，a_{n-1} 是栈顶元素。若元素 $a_0, \cdots, a_{n-1}$ 依次进栈，则出栈的顺序与进栈相反，即元素 a_{n-1} 必定最先出栈，然后 a_{n-2} 才能出栈(见图 3-1)。由于栈有这种后进先出的特点，因此栈是后进先出的线性数据结构。

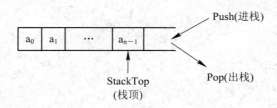

图 3-1　堆栈示意图

栈的基本运算包括构造一个空堆栈，判定一个栈是否为空栈，判定一个栈是否已满，在一个未满的栈中插入一个新元素，从一个非空的栈中删除栈顶元素等。当然我们还可以根据应用需要增加其他必要的栈运算，如求栈的长度，清除一个栈，遍历一个栈等。堆栈的抽象数据类型定义见 ADT 3-1。函数 CreateStack 是抽象数据类型的构造函数，有时可以根据需要定义多个构造函数。

ADT 3-1 Stack {

数据：

零个或多个元素的线性序列$(a_0, a_1, \cdots, a_{n-1})$，其最大允许长度为 MaxStack。

运算：

　　void CreateStack(Stack *s，int maxsize)

构造一个空堆栈。

　　BOOL IsEmpty(Stack s)

若堆栈为空，则返回 TRUE，否则返回 FALSE。

　　BOOL IsFull(Stack s)

若堆栈已满，则返回 TRUE，否则返回 FALSE。

　　void Push(Stack *s, T x)

若堆栈已满，则指示 Overflow，否则值为 x 的新元素进栈，成为栈顶元素。

　　void Pop(Stack *s)

若堆栈为空，则指示 Underflow，否则栈顶元素从栈中删除。

　　void StackTop(Stack s, T* x)

若堆栈为空，则指示 Underflow，否则在参数 x 中返回栈顶元素值。

}

3.1.2　堆栈的顺序表示

我们已经知道两种最常用的数据存储表示方式：顺序表示和链接表示。当用一维数组存储栈时，称为**顺序栈**(sequential stack)。图 3-2 是栈的顺序表示示意图。栈的链接表示在下一小节讨论。

栈的顺序实现可以用下面的 C 语言结构定义：

```
#define MaxSize   50
#define FALSE 0
#define TRUE 1
typedef int BOOL;
typedef int T;
typedef struct stack{
    int Top, MaxStack;
    T Elements[MaxSize];
} Stack
```

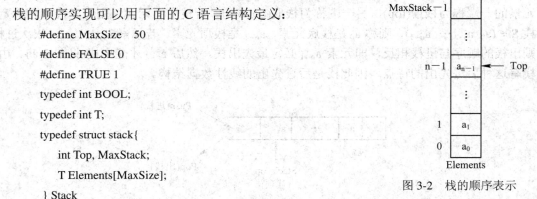

图 3-2　栈的顺序表示

在上面定义的结构类型 Stack 中，Top 是栈顶指针；MaxStack 为栈的最大允许长度，它应不大于整型常量 MaxSize；一维数组 Elements 用以存放堆栈中的元素，实现堆栈的顺序存储；标识符 BOOL 被定义为整型。

程序 3-1 是 ADT 3-1 中规定的栈运算在顺序表示下的实现。当堆栈为空时，令栈顶指针 Top=-1。栈的容量 MaxStack 由用户通过参数 maxsize 设定，但不能超过 MaxSize。

进栈操作是：首先令栈顶指针进一(++s->Top)，然后将新元素 x 存放在新的栈顶位置(s->Elements[++s->Top]=x)。出栈操作只是简单地令栈顶指针退一(s->Top--;)。所有这些运算均包含参数 s。对于那些会改变堆栈内容的运算，参数 s 为指针类型 Stack*，否则为 Stack 类型。主程序 main 用于测试已实现的栈运算，起着驱动程序的作用。请注意主程序应严格按照每个函数的参数类型调用它们。对于 Stack∗类型的参数，其对应的实参前必须加上取地址运算符&。主程序中使用的 PrintStack(Stack s)函数的功能是输出栈中元素值，我们将它留作练习，请读者自行实现。PrintElement(x)函数的功能见 2.3.2 节。

【程序 3-1】 顺序栈实现。

```
void CreateStack(Stack ∗s, int maxsize)
{
    s->Top=-1;
    s->MaxStack=maxsize;
}
BOOL IsEmpty(Stack s)
{
    return s.Top<0;
}
BOOL IsFull(Stack s)
{
    return s.Top>=s.MaxStack-1;
}
void Push(Stack∗ s, T x)
{
    if ( IsFull(∗s)) printf("Overflow");
    else s->Elements[++s->Top]=x;
}
void Pop(Stack∗ s)
{
    if (IsEmpty(∗s)) printf("Underflow");
    else s->Top--;
}
void StackTop(Stack s, T∗ x)
{
    if (IsEmpty(s)) printf("Underflow");
    else ∗x=s.Elements[s.Top];
}
void main(void)
{
    Stack s;   T x;
    CreateStack(&s, 10);                           /∗构造一个容量为 10 的空整数栈∗/
    Push(&s, 10); Push(&s, 15);                    /∗在栈中依次压入元素 10 和 15∗/
    PrintStack(s);                                 /∗显示栈中元素∗/
    x=∗InputElement();                             /∗调用 Input Element 函数接收新元素 x∗/
    Push(&s, x);                                   /∗令 x 进栈∗/
```

```
        PrintStack(s);                          /*显示栈中元素*/
        Pop(&s); Pop(&s);                       /*在栈中依次弹出两个元素*/
        if(IsEmpty(s)) printf("Is empty.");     /*判断此时栈是否为空栈*/
        else printf("Is not empty.");
        PrintStack(s);                          /*显示栈中元素*/
    }
```

3.1.3　堆栈的链接表示

　　堆栈也可用单链表实现。堆栈在链接存储方式下的实现称为**链式栈**(linked stack)，如图 3-3 所示。由于堆栈具有后进先出的特性，因此，栈顶指针 Top 指示的结点是 a_{n-1}，它是栈顶元素，堆栈的栈底元素是单链表的尾结点。链式栈的结点类型与单链表相同，Node 类型和 Stack 类型分别定义如下：

```
        typedef struct node{
            T Element;
            struct node∗ Link;
        } Node;
        typedef struct stack{
            Node∗ Top;
        }Stack;
```

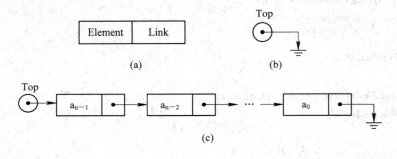

图 3-3　栈的链接表示

(a) 结点结构；(b) 空堆栈；(c) 非空栈

　　在链接存储表示下，进栈和出栈运算如程序 3-2 所示。链式栈的其他栈运算留作练习，请读者自行实现。链式堆栈的函数 Push 的实现步骤是：使用函数 NewNode2(见程序 2-4)构造一个新结点∗p，并将其插在链表的最前面，成为头结点(使用语句 p->Link=s->Top;和 s->Top=p;)。出栈函数 Pop 的实现步骤是：用局部指针 p 指示栈顶结点，令栈顶指针 Top 指向下一个结点(使用语句 s->Top=p->Link;)，最后释放结点∗p(使用语句 free(p);)。请注意，释放空间语句 free 要求的参数是指针变量 p，而不是指针所指向的结点∗p。在栈的链接存储下，可以取消容量 MaxStack 的限制，但这会导致出现不同的构造函数。

　　【程序 3-2】　链式栈的进栈和出栈运算。

```
        void Push(Stack ∗s, T x)
        {
```

```
        Node* p=NewNode2(x);
        p->Link=s->Top; s->Top=p;
}
void Pop(Stack *s)
{
        Node *p=s->Top;
        s->Top=p->Link;
        free(p);
}
```

我们可以使用与测试顺序栈完全相同的主程序作为测试链式栈的驱动程序。只要链式栈实现的各栈运算的接口(即函数原型)与 ADT 3-1 Stack 中定义的完全相同,则主程序中调用栈函数的语句可以不加任何改动。这就是所谓的使用与实现分离,实现的改变应不影响客户程序。这正是抽象数据类型的宗旨。

3.2 队 列

3.2.1 队列 ADT

队列是限定只能在表的一端插入元素,在表的另一端删除元素的线性数据结构。允许插入元素的一端称为**队尾**(rear),允许删除元素的另一端称为**队头**(front)。若队列中无元素,则为空队列。若给定队列 $Q=(a_0, a_1, \cdots, a_{n-1})$,则称 a_0 是队头元素,a_{n-1} 是队尾元素。若元素 $a_0, \cdots, a_{n-1}$ 依次入队列,则元素出队列的次序与入队列的一致,a_0 出队列后,a_1 才能出队列(见图 3-4)。由于队列具有这种先进先出的特点,因此队列是先进先出的线性数据结构。

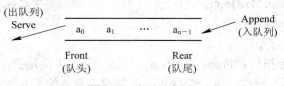

图 3-4   队列示意图

队列的基本运算包括构造一个空队列,判定一个队列是否为空队列,判定一个队列是否已满,在一个未满的队列中插入一个新元素,从一个非空的队列中删除队头元素等。当然我们还可以根据应用需要增加其他必要的队列运算,如求队列的长度,清除一个队列,遍历一个队列等。队列的抽象数据类型定义见 ADT 3-2。

```
ADT 3-2    Queue{
数据:
        零个或多个元素的线性序列(a0, a1, …, an-1),其最大允许长度为 MaxQueue。
运算:
        void CreateQueue(Queue *q, int maxsize)
        构造一个空队列。
        BOOL IsEmpty(Queue q)
```

若队列为空，则返回 TRUE，否则返回 FALSE。

BOOL IsFull(Queue q)

若队列已满，则返回 TRUE，否则返回 FALSE。

void Append(Queue *q, T x)

若队列已满，则指示 Overflow，否则值为 x 的新元素进队列，成为队尾元素。

void Serve(Queue *q)

若队列为空，则指示 Underflow，否则从队列中删除队头元素。

void QueueFront(Queue q, T* x)

若队列为空，则指示 Underflow，否则在参数 x 中返回队头元素值。

}

3.2.2　队列的顺序表示

与堆栈一样，队列可以采用顺序存储，也可以采用链接存储。当我们用一维数组存储队列时，被称为顺序队列(sequential queue)。图 3-5 是队列的顺序表示示意图。队列的链接表示在下一小节讨论。

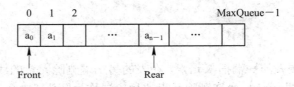

图 3-5　队列的顺序表示

队列的顺序实现可以用下面的 C 语言结构定义：

```
typedef struct queue{
    int Front，Rear, MaxQueue;
    T Elements[MaxSize];
} Queue
```

队列运算需要两个指针：Front 和 Rear。Front 指向队头元素，Rear 指向队尾元素。MaxQueue 为队列的最大允许长度，它应不大于整型常量 MaxSize。一维数组 Elments 用以存放队列中的元素，实现队列的顺序存储。

初始状态下，我们将 Front 和 Rear 两个指针均置成 -1，代表空队列，见图 3-6(a)。图中，f 和 r 分别代表 Front 和 Rear。

为了在队列中插入一个新元素，我们可以将指针 Rear 右移一个位置，在 Rear 指示的位置上存入新元素。图 3-6(b)显示当在队列中依次插入 20、30、40 和 50 以后队列的状态。此时，Rear 指示最后一个插入的元素 50 的位置，指针 Front 不动。从队列中删除元素的一种简单做法是将 Front 右移一个位置。从队列中依次删除元素 20、30 和 40 后队列的状态如图 3-6(c)所示。继续在队列中插入元素 60，此时队列的状态如图 3-6(d)所示，指针 Rear 已经移到最右边。按照这种简单的入队列和出队列运算的实现方法，此时我们已不允许再向队列中插入新元素，似乎队列已满。很明显，这种队列运算的简单实现方法有很大的弊端，它造成严重的空间浪费。我们注意到 Front 和 Rear 指针始终是右移的，Front 左边的存储空间被丢弃了。

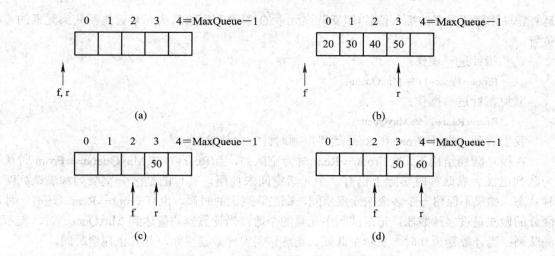

图 3-6　入队列和出队列运算的简单实现

(a) 空队列；(b) 元素 20、30、40、50 依次入队列；

(c) 元素 20、30、40 依次出队列；(d) 元素 60 入队列

如果我们将实现队列的数组从逻辑上看成是一个头尾相接的环，就能充分利用数组空间来存储队列元素了。图 3-7 显示了循环队列结构及其入队列和出队列运算后的状态。

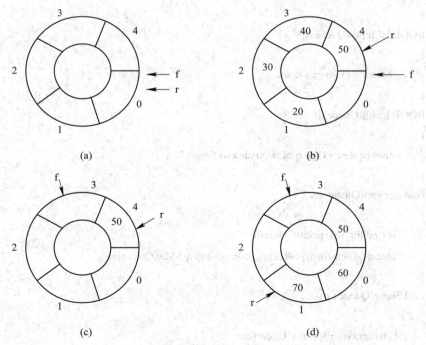

图 3-7　循环队列示意图

(a) 空队列；(b) 元素 20、30、40、50 入队列；

(c) 元素 20、30、40 出队列；(d) 元素 60、70 入队列

初始状态下，我们将 Front 和 Rear 两指针均置成 0。为了循环使用数组，可以利用取余

运算符%计算新元素的插入位置(即新队尾元素的位置)和删除队头元素后的新队头元素的位置。

队头指针进一操作:

Front=(Front+1) % MaxQueue;

队尾指针进一操作:

Rear=(Rear+1) % MaxQueue;

我们看到,指针 Front 和 Rear 始终以顺时针方向移动。

在循环队列结构下,当 Front==Rear 时为空队列,当(Rear+1) % MaxQueue==Front 时认为队列已满。满队列时实际上仍有一个元素空间未使用,其目的是区分空队列和满队列两种状态。如果不保留一个多余的元素空间,则当队列满的时候,也有 Front==Rear。还有一种区分的做法是设立计数器,记录队列中元素的个数,当计数器的值达到 MaxQueue 时,表示满队列;当计数器为 0 时,表示空队列。当然这需要计数器空间,并且也耗费时间。

程序 3-3 给出了循环队列定义及 ADT 3-2 中规定的队列运算的实现。

【程序 3-3】 循环队列实现。

```
void CreateQueue(Queue *q, int maxsize)
{
    q->Front=q->Rear=0;
    q->MaxQueue=maxsize;
}
BOOL IsEmpty(Queue q)
{
    return q.Front==q.Rear;
}
BOOL IsFull(Queue q)
{
    return (q.Rear+1) % q.MaxQueue==q.Front;
}
void Append(Queue* q, T x)
{
    if ( IsFull(*q)) printf("Overflow");
    else q->Elements[q->Rear=(q->Rear+1)%q->MaxQueue]=x;
}
void Serve(Queue* q)
{
    if (IsEmpty(*q))printf("Underflow");
    else q->Front=(q->Front+1)% q->MaxQueue;
}
void QueueFront(Queue q, T* x)
```

```
    {
        if (IsEmpty(q)) printf("Underflow");

        else *x=q.Elements[(q.Front+1)% q.MaxQueue];

    }
```

3.2.3　队列的链接表示

与链式栈类似，队列的链接表示是用单链表来存储队列中的元素的，队头指针 Front 和队尾指针 Rear 分别指向队头结点和队尾结点，见图 3-8。

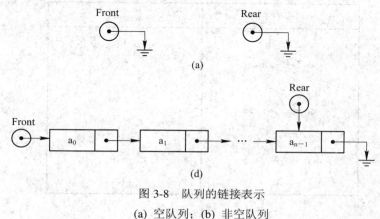

图 3-8　队列的链接表示

(a) 空队列；(b) 非空队列

链接方式表示的队列称为**链式队列**(linked queue)。有了单链表和链式栈的基础，我们不难定义链式队列：

```
typedef struct queue{
    Node* Front, *Rear;
} Queue;
```

*3.3　表达式的计算

表达式计算(expression evaluation)是程序设计语言编译中的一个最基本问题，也是早期计算机语言研究的一项重要成果，它使得高级语言程序员可以使用与数学形式相一致的方式书写表达式，如 a*b+c/d−c(x+y)。计算机科学计算语言 FORTRAN 就因 Formula Translator(公式翻译家)而得名。

计算一个表达式的难度在于它允许使用括号，并规定了运算符的优先级，这使得表达式的计算不能简单地从左向右进行。作为堆栈的应用实例，下面的方法将表达式的计算过程分成两步：第一步是通过自左向右扫描表达式，将表达式转换成另一种形式；第二步是对转换后的表达式，经自左向右扫描后计算表达式的值。我们将看到这两步都需要使用堆栈。

3.3.1　表达式

高级程序设计语言允许多种类型的表达式：算术表达式、关系表达式和逻辑表达式等。

表达式由操作数、运算符和括号组成。表达式习惯的书写形式是一个**双目运算符**(binary operator)位于两个操作数之间，如 a+b，这类表达式称为**中缀表达式**(infix expression)。除了双目运算符外，还有**单目运算符**(unary operator)，如 I++和 –a。条件运算符是 C 语言中唯一的**三目运算符**(ternary operator)。为正确计算表达式的值，任何程序设计语言都明确规定了运算符的优先级。在 C 语言中，当使用括号时，从最内层括号开始计算；对于相邻的两个运算符，优先级高的先计算；如果两个运算符的优先级相同，运算次序由结合方向决定。例如，* 与 / 是自左向右结合的，因此，a*b/c 的运算次序是先乘后除。C 语言的部分运算符的相对优先级见表 3-1(优先级大的为高优先级)。

表 3-1　部分运算符的相对优先级

运算符	优先级
–，！	7
*，/，%	6
+，–	5
<，<=，>，>=	4
==，!=	3
&&	2
‖	1

3.3.2　中缀表达式转换为后缀表达式

尽管中缀表达式是普遍使用的书写形式，但编译程序通常需将中缀表达式转换成相应的后缀表达式后才求值。运算符在两个操作数之后的表达式称为**后缀表达式**(postfix expression)，又称**逆波兰表达式**(reverse Polish form)。后缀表达式计算简便，它没有括号，运算符始终在两个操作数之后，计算表达式时无需考虑运算符的优先级，只需从左向右扫描一遍后缀表达式，便可求得表达式的值。例如，对后缀表达式 ab*c+，我们先计算 ab* (即 a*b)，得到中间结果，设为 t，然后计算 tc+(即 t+c)，就可得到该表达式的值。

表 3-2 给出了若干中缀表达式及相应的后缀表达式的例子。本小节中，我们先讨论如何将中缀表达式转换成相应的后缀表达式，而将后缀表达式求值问题留待下一小节讨论。

表 3-2　中缀表达式和后缀表达式

中缀表达式	后缀表达式
a*b+c	ab*c+
a*b/c	ab*c/
a*b*c*d*e*f	ab*c*d*f*
a+(b*c+d)/e	abc*d+e/+
a/(b–c)+d*e	abc–/de*+

中缀表达式包括三种类型的项：运算符、操作数和括号。设中缀表达式以符号"#"结

束。在处理中我们将左、右括号分别处理。观察表 3-2，我们可以看到，两种表达式的操作数的次序是相同的。下面给出将一个中缀表达式转换成后缀表达式的过程。转换算法需要用堆栈作为辅助数据结构，堆栈在算法执行中用于存放运算符。初始时，先在栈的底部压入表达式结束符"#"。为了简化算法，我们只考虑左结合的双目运算。转换算法的**输入**为中缀表达式，该中缀表达式是由运算符、操作数、")"和"#"四种不同类型的**项**(称为**记号**，token)组成的序列，左括号的处理同运算符，将其归入运算符一类，表达式以"#"号结束。转换算法的**输出**得到由这些项组成的新序列，它们按后缀表达式次序排列，也以"#"号结束。转换算法自左向右逐项扫描表达式，将所得序列作为输入的中缀表达式，根据不同类型的项，作不同的处理，产生输出项序列，生成后缀表达式。

设 A 是扫描输入中缀表达式时得到的**当前项**，对 A 的处理方式为：

(1) 若 A 为"#"，则输出栈中除栈底"#"号外剩余的运算符，算法终止。

(2) 若 A 是操作数，则将 A 加到输出序列的尾部。

(3) 若 A 为")"，则从栈中不断弹出运算符，直至遇到左括号"("为止。令左括号出栈，A(即右括号)既不进栈，也不输出。

(4) 若 A 是运算符，则将 A 的优先级与栈顶的运算符作比较，若 A 的优先级小于等于栈顶运算符的优先级，则从栈中弹出栈顶运算符，加到输出序列的尾部。重复执行这一操作，直到 A 的优先级大于栈顶运算符的优先级时，令 A 进栈，并结束这一操作。

上述算法并未包括对中缀表达式的语法错误的检查，我们假定这一过程已在表达式转换之前完成。

可以看到，上面的算法中，运算符优先级的比较决定了运算符的进、出栈操作，右括号无需进栈，左括号的处理同普通运算符，但需对左括号的优先级作特殊规定：对未进栈的左括号赋以最高优先级，对已进栈的左括号赋以最低优先级，也就是说，左括号有最高的栈外优先级和最低的栈内优先级，这样可保证左括号，连同括号内的其他运算符逐一进栈，直到遇到右括号为止。为此，我们为每个运算符(含左括号)规定了**栈内优先级**(in-stack precedence，isp)和**栈外优先级**(incoming precedence，icp)，如表 3-3 所示。表中左括号的栈内优先级为 0，栈外优先级为 8，# 号的栈内、栈外优先级均为 0。表 3-4 是中缀表达式 a/(b−c)+d∗e 转换为后缀表达式 abc−/de∗+ 的过程示意图。

表 3-3　栈内优先级和栈外优先级

运算符	栈内优先级(isp)	栈外优先级(icp)
−, !	7	7
*, /, %	6	6
+, −	5	5
<, <=, >, >=	4	4
==, !=	3	3
&&	2	2
‖	1	1
(	0	8
#	0	0

表 3-4　　中缀表达式转换成后缀表达式

当前项	操　作	栈	输出序列
	# 进栈	#	
a	a 输出	#	a
/	icp ('/') > isp('#'), '/' 进栈	/#	a
(	icp ('(') > isp('/'), ' (' 进栈	(/ #	a
b	b 输出	(/ #	ab
–	icp ('–') > isp('('), '–' 进栈	– (/ #	ab
c	c 输出	– (/ #	abc
)	因当前项是')', '–' 出栈输出	(/ #	abc–
	"(" 出栈	/ #	abc–
+	icp ('+') < isp('/'), '/' 出栈输出	#	abc–/
	icp ('+') > isp('#'), '+' 进栈	+ #	abc–/
d	d 输出	+ #	abc–/d
*	icp ('*') > isp('+'), '*' 进栈	* + #	abc–/d
e	e 输出	* + #	abc–/de
#	输出栈中剩余符号, '*' 出栈	+ #	abc–/de*
	'+' 出栈	#	abc–/de*+

程序 3-4 是将中缀表达式转换为后缀表达式的算法。为简单起见，我们只考虑操作数为一位十进制数或单字母变量，运算符为 +、–、*、/ 的情况。

函数 InfixToPostfix 完成将字符数组中保存的中缀表达式转换成后缀表达式输出的功能。函数 isp 和 icp 实现对给定字符分别返回它的栈内优先级和栈外优先级的功能。主函数 main 调用函数 InfixToPostfix 实现表达式的转换。

函数 InfixToPostfix 首先创建一个空堆栈 s，在栈底压入"#"号。for 循环依次读取(扫描)字符数组中的中缀表达式的项 ch。若当前项(即字符 ch)是字母或数字，则认为是操作数，直接输出该项到输出序列。函数 isdigit 和 isalpha 的原型包含在头文件 ctype.h 中，用于检测 ch 是否为数字或字母。若 ch 是右括号，则不断弹出栈中保存的运算符，加到输出序列，直到弹出左括号为止(左、右括号不加入输出序列)。若 ch 是运算符(含左括号)，则需与栈顶的运算符作比较，若 ch 的优先级小于等于栈顶运算符的优先级，则从栈中弹出栈顶运算符，加到输出序列。重复执行这一操作，直到 ch 的优先级大于栈顶运算符的优先级时，令 ch 进栈。for 循环在遇到输入项为 '#' 时结束。最后不断弹出栈中剩余运算符，将其加入输出序列，直到遇到栈底的 '#'，则转换算法结束。

【程序 3-4】　中缀表达式转换为后缀表达式。

```
#include <ctype.h>
#include "stack.h"                                    /*包含一个堆栈数据结构*/
#define ExpSize 30
int isp(char c)
{ /*计算运算符 c 的栈内优先级*/
    int priority;
    switch(c)
```

```
    {
        case '(': priority=0; break;
        case '+':
        case '−': priority=5; break;
        case '*':
        case '/': priority=6; break;
        case '#': priority=0; break;
    }
    return priority;
}
int icp(char c)
{   /*计算运算符 c 的栈外优先级*/
    int priority;
    switch(c)
    {
        case '(': priority=8; break;
        case '+':
        case '−': priority=5; break;
        case '*':
        case '/': priority=6; break;
        case '#': priority=0; break;
    }
    return priority;
}
void InfixToPostfix(char exp[])
{
    Stack    s; int i; char ch, y;
    CreateStack(&s, StackSize);                                    /*构造一个空栈*/
    Push(&s, '#');                                                 /*栈底插入'#'*/
    printf("\nThe Postfix expression is: ");
    for(i=0, ch=exp[i]; ch!='#'; i++, ch=exp[i]){
        if (isdigit(ch) || isalpha(ch)) printf("%c", ch);         /*输出操作数 ch */
        else if (ch==')')
                for (StackTop(s, &y), Pop(&s); y!='( '; StackTop(s, &y), Pop(&s))
                    printf("%c", y);                  /*输出栈中属于括号内的运算符*/
        else{
                for (StackTop(s, &y); icp(ch)<=isp(y); Pop(&s), StackTop(s, &y))
                    printf("%c", y);         /*输出栈顶的运算符 y, 直到 icp(ch)>isp(y)*/
                Push(&s, ch);                                 /*当前运算符 ch 进栈*/
```

```
            }
        }
        while (!IsEmpty(s)){                          /*输出栈中剩余运算符*/
            StackTop(s, &y);  Pop(&s);
            if (y!='#') printf("%c", y);
        }
    }
    void main()
    {
        char exp[ExpSize]={'a', '/', '(', 'b', '−', 'c', ')', '+', 'd', '*', 'e', '#'};
        InfixToPostfix(exp);
    }
```

3.3.3　计算后缀表达式的值

　　利用栈很容易计算后缀表达式的值，其计算过程为：从左向右扫描后缀表达式，遇到操作数就进栈，遇到运算符就从栈中弹出两个操作数，执行该运算符所规定的运算，并将所得结果进栈。如此下去，直到表达式结束。最后弹出的栈顶元素即为表达式的值。表3-5 给出了后缀表达式 abc−/de*+的计算过程(a=6，b=4，c=2，d=3，e=2)。

表 3-5　计算后缀表达式的值

扫描项	操　　作	栈
6	6 进栈	6
4	4 进栈	4 6
2	2 进栈	2 4 6
−	2、4 出栈，计算 4−2，结果 2 进栈	2 6
/	2、6 出栈，计算 6/2，结果 3 进栈	3
3	3 进栈	3 3
2	2 进栈	2 3 3
*	2、3 出栈，计算 3*2，结果 6 进栈	6 3
+	6、3 出栈，计算 3+6，结果 9 进栈	9

　　程序 3-5 计算后缀表达式的值。为简单起见，我们只考虑操作数是一位十进制数，运算符为 +、−、*、/ 的情况。函数 DoOperation 接收一个运算符 c 为输入参数，c 为字符类型。此函数首先从操作数堆栈中弹出两个操作数 op1 和 op2，若栈中操作数不足两个，则输出"Missing operand"信息，表示无法执行运算符 c 的双目运算。若已经从堆栈中正确获取两个操作数，则执行运算 op2 <c> op1，并将计算结果进栈。这里，<c> 表示运算符 c 所代表的运算。函数 Eval 扫描字符数组 exp 中的后缀表达式，若当前项 c 是操作数，则进栈；若当前项 c 是运算符，则调用 DoOperation 执行运算符 c 所指定的运算，并将结果进栈。当遇到 # 号时整个扫描处理过程结束。需要提请注意的是：本算法对后缀表达式没有完整的错误检测功能，算法要求数组 exp 中存放的后缀表达式必须是合法的。主函数 main 引起后缀表达式求值算法 Eval 的执行。程序中使用了 Clear(s) 的函数调用，这意味着在表达式计算应

用中，还需要增加一个栈运算 void Clear(Stack * s)，用于清除栈中元素。

【程序 3-5】 后缀表达式求值。

```
void DoOperation(char c, Stack *s)
{   /*设<c>是运算符 c 代表的运算，op1 和 op2 是从栈顶依次弹出的两操作数，
        执行运算 op2 <c>op1，并将运算结果进栈*/
    BOOL result=TRUE; int op1, op2;
    if (!IsEmpty(*s)){
        StackTop(*s, &op1); Pop(s);                    /*弹出栈顶操作数 op1*/
    }
    else {
        result=FALSE; printf("\n Missing operand!");
    }
    if (!IsEmpty(*s)){
        StackTop(*s, &op2); Pop(s);                    /*弹出栈顶操作数 op2*/
    }
    else{
        result=FALSE; printf("\n Missing operand!");
    }
    if(result)
            switch (c){                  /*执行运算 op2 <c> op1，并将运算结果进栈*/
                case '+': Push(s, op2+op1); break;
                case '-': Push(s, op2-op1); break;
                case '*': Push(s, op2*op1); break;
                case '/': if (op1==0.0){
                                printf("\nDivided by 0!"); Clear(s);
                          }
                          else Push(s, op2/op1);
                          break;
            }
    else Clear(s);
}
void Eval(char exp[])
{
    char c; int op; int i; Stack s;
    CreateStack(&s, Size);
    for(i=0, c=exp[i]; c!='#'; i++, c=exp[i]){
        switch(c) {
                case '+':
                case '-':
```

```
                case '*':
                case '/':DoOperation(c, &s); break;
                default: Push(&s, c-'0'); break;
            }
        }
        if (!IsEmpty(s)) {
                StackTop(s, &op);
                printf("\n The result is: %d\n", op);
        }
    }
    void main()
    {
        char exp[ExpSize]={'6', '4', '2', '-', '/', '3', '2', '*', '+', '#' };
        Eval(exp);
    }
```

从上面的讨论可知，无论是将中缀表达式转换成后缀表达式的算法，还是计算后缀表达式的值的算法，都需要借助一个堆栈。对于前者，堆栈中存放运算符(含左括号和#号)，所以堆栈元素类型为字符型；对于后者，堆栈中存放操作数和中间计算结果，所以堆栈元素类型应为操作数类型(整型、实型等)。为同时实现这两个算法，在 C 语言下可采用两种方法。一种方法是设计两个元素类型不同的堆栈。另一种可能的方法使我们在有不同元素类型的情况下有可能使用同一个 Stack 结构类型，其做法是：使用 C 语言提供的 void 指针，将堆栈的元素类型定义为 void 指针类型，该类型指针可指向不同具体类型的元素。例如，我们可以将堆栈的元素类型定义为：typedef void* T;。用 void 指针可实现类属 Stack 类型。在 C++语言环境下，类属 ADT 可以用 C++语言的**模板**(template)方便地实现。

此外，两个算法都只需扫描一遍表达式，其时间复杂度为 O(n)，n 是表达式的项数。

*3.4　递归和递归过程

我们已经看到，编译程序在处理表达式求值问题时使用了堆栈数据结构，堆栈在程序设计语言中的另一个重要应用是实现递归过程。

3.4.1　递归的概念

递归(recursive)是一个数学概念，也是一种有用的程序设计方法。在程序设计中为处理重复性计算，最常用的办法是组织迭代循环，除此之外还可以采用递归计算的办法，特别是在非数值计算领域中更是如此。递归本质上也是一种循环的程序结构，它把"较复杂"的计算逐次归结为"较简单"的情形的计算，一直归结到"最简单"的情形的计算并得到计算结果为止。许多问题都可以采用递归方法来编写程序。一般来说，递归程序结构简洁而清晰，易于分析。数据结构也可以采用递归方式来定义。线性表、数组、字符串和树等数据结构原则上都可以进行递归定义。

1. 递归定义

说明递归定义的一个例子是斐波那契级数，它的定义可递归表示成

$$\begin{cases} F_0 = 0, \ F_1 = 1 \\ F_h = F_{h-1} + F_{h-2} \quad (h > 1) \end{cases} \tag{3-1}$$

斐波那契级数产生于 12 世纪，但直到 18 世纪才由 A.De.Moivre 提出了它的非递归定义式。从 12 世纪到 18 世纪期间，人们不得不采用斐波那契级数的递归定义来计算它。计算斐波那契级数的直接计算公式为

$$F_h = \frac{1}{\sqrt{5}}(\phi^h - \hat{\phi}^h) \tag{3-2}$$

其中，$\phi = \frac{1}{2}(1 + \sqrt{5}) = 1.618\ 033\ 98\cdots$，$\hat{\phi} = 1 - \phi = \frac{1}{2}(1 - \sqrt{5}) = -0.618\ 033\ 98\cdots$。

2. 递归算法

根据斐波那契级数的递归定义，我们可以很自然地写出计算 F_h 的递归算法。为了便于在表达式中直接引用，我们把它设计成一个函数过程，见程序 3-6。

【程序 3-6】　计算斐波那契级数。

```
long Fib( long n)
{
        if(n<=1) return n;
        else return Fib(n-2)+Fib(n-1);
}
```

函数 Fib(n)中又调用了函数 Fib(n-1)和 Fib(n-2)。这种在函数体内调用自己的做法称为**递归调用**。包含递归调用的函数称为**递归函数**。从实现方法上讲，递归调用与调用其他函数没有什么两样。设有一个函数 P，它调用函数 Q(x)，P 被称为**调用函数**(calling function)，而 Q 则被称为**被调函数**(called function)。在调用函数 P 中，使用 Q(a)来引起被调函数 Q(x) 的执行，这里 a 是**实在参数**(actual parameter)，x 称为**形式参数**(formal parameter)。当被调函数是 P 本身时，P 是递归函数。有时，递归调用还可以是间接的。对于间接递归调用，我们不作进一步讨论。

3. 递归数据结构

数据结构原则上都可以采用递归的方法来定义，但是习惯上，许多数据结构并不采用递归方式，而是直接定义，如线性表、字符串和一维数组等。其原因是：这些数据结构的直接定义方式更自然、更直截了当。对于第 5、6 章中将要讨论的广义表和树，通常给出的是它们的递归定义。使用递归方式定义的数据结构常称为递归数据结构。

3.4.2　递归的实现

递归算法的优点是明显的：程序结构简洁而清晰，且易于分析，因而许多高级语言都提供了递归机制。但递归函数也有明显缺点，它往往既费时又费空间。

　　首先，系统实现递归需要有一个**系统栈**(system stack)，用于在程序运行时处理函数调用。系统栈是一块特殊的存储区。当一个函数被调用时，系统创建一个**活动记录**(activation record)，也称**栈帧**(stack frame)，并将其置于栈顶。所以，系统栈的元素是栈帧。当一个函数调用另一个函数时，调用函数的局部变量和参数将加到它的栈帧中。一旦被调函数运行结束，将从栈顶弹出调用函数的活动记录，其中保存着被中断的调用函数的运行数据，以及程序中断的位置(返回地址)，使得调用函数的程序从中断处恢复执行。假定 main 函数调用函数 a1，图 3-9(a)表明了调用之前的系统栈，而图 3-9(b)是 a1 被调用之后的系统栈。由此可见递归的实现是费空间的。

　　其次，递归是费时的。除了上面提到的当递归调用发生时，调用函数的局部变量、形式参数和返回地址需进栈，返回时需出栈，递归过程中的重复计算也是费时的主要原因。我们用所谓的**递归树**(recursive tree)来描述函数 Fib 执行时的调用关系。假定在主函数 main 中调用 Fib(4)，让我们来看 Fib(4)的执行过程。这一过程可以用图 3-10 所示的递归树描述。从图中可见，Fib(4)需分别调用 Fib(2)和 Fib(3)，Fib(2)又分别调用 Fib(0)和 Fib(1)…… 其中，Fib(0)被调用了两次，Fib(1)被调用了三次，Fib(2)被调用了两次。所以许多计算工作是重复的，当然也是费时的。

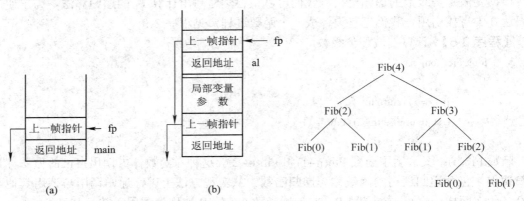

图 3-9　系统栈示意图　　　　　　　图 3-10　执行 Fib(4)的递归树
(a) main 函数；(b) 调用 a1

　　正是因为递归算法具有上述缺点，所以如果可能，我们常常将递归改为非递归，即采用循环方法来解决同一问题。如果一个递归函数的递归调用语句是递归函数的最后一句可执行语句，则称这样的递归为**尾递归**(tail recursion)。尾递归函数可以容易地被改为**迭代函数**(iteration function)。因为当递归调用返回时，总是返回到上一层递归调用语句的下一句语句处，在尾递归的情况下，正好返回函数的末尾，因此不再需要栈来保存返回地址。此外，除了返回值和引用值外，其他的参数和局部变量值都不再需要，因此可以不用栈，直接用循环形式得到非递归函数，从而提高程序的执行效率。

　　下面用一个例子来说明这一问题。程序 3-7 所示的递归函数 RPrintArray 按照从 n–1 到 0 的次序输出有 n 个元素的一维整数数组 list 中的所有元素。

【**程序 3-7**】　输出数组元素的递归函数。

```
void RPrintArray(int list[], int n)
    {
```

```
        if(n>=0){
          printf("%d ", list[n-1]); ;
          RPrintArray(list, --n);
        }
      }
```

函数执行语句：

```
        printf("%d ", list[n-1]);
        RPrintArray (list, --n);
```

第一个语句显示数组元素 list[n−1]，第二个语句是递归调用，它实现显示 list[n−2], ···, list[0]
的功能，所以这两个语句实现了对数组元素(list[n−1], ···, list[0])的显示。

程序 3-8 的 PrintArray 函数是其对应的非递归函数。

【程序 3-8】 程序 3-7 的迭代函数。

```
    void PrintArray(int list[], int n)
    {
        while (n>=0){
          printf("%d ", list[n-1]);
          --n;
        }
    }
```

程序 3-7 是尾递归程序，消去尾递归很简单，只需首先计算新的 n 值，n=n−1，即
--n，然后将程序转到函数的开始处执行就行了，可以使用 while 语句来实现。

由上面的讨论可知，编译程序利用栈实现函数的递归调用。事实上，系统栈也是实现
一般函数嵌套调用的基础。

*3.5 演示和测试

从前面的学习可知，在一个数据结构上通常都定义一组运算，一个 ADT 是数据和运算
的集合。实现一个数据结构后，我们需要通过程序测试来确认其正确性。前面，我们通过
使用函数 main 调用各数据结构上定义的运算(函数)来完成这一点。另一种更灵活的方法是
设计一个简单的**菜单驱动演示程序**(menu-driven demonstration program)来测试数据结构的运
算。程序 3-9 是一个用于测试队列运算的菜单驱动演示程序。该演示程序由三个函数组成：
GetCommand、DoCommand 和 main。函数 GetCommand 提供命令菜单让用户选择所需命令，
它返回代表该命令的字符。函数 DoCommand 以用户选中的命令为参数，对队列 q 执行相应
的运算。主函数 main 首先定义和构造一个空队列 q，然后使用无限的 while 循环让用户重
复选择命令(即队列运算)和执行相应的运算，直到用户选择命令 q 终止程序运行为止。值得
注意的是，队列 q 是函数 DoCommand 的引用参数，这样做是因为我们希望保存每次队列运
算的结果。因此，队列在函数 DoCommand 中被修改后的状态应返回主函数。

此演示程序的做法同样适用于测试堆栈数据结构和以后各章节中讨论的数据结构。读
者可以稍加改动用于测试其他数据结构 ADT 的实现。程序 3-9 可直接用于测试链式队列而

无需作任何改动，只要队列的链接实现严格地符合其 ADT 的定义就可以了。

【程序 3-9】 菜单驱动队列演示程序。

```c
#include "queue.h"
char GetCommand(void);
void DoCommand(char, Queue *);
void main(void)
{
    Queue q;
    CreateQueue(&q, 20);
    while (TRUE)
        DoCommand(GetCommand(), &q);
}
char GetCommand(void)
{
    char command;
    printf("\n\t[I]:Append \t[D]:Serve\t[R]:QueueFront\n"
                    "\t[E]:IsEmpty\t[F]:IsFull\t[P]:QueuePrint\n"
                    "\t[H]:Help\t[Q]:Quit\n"
                    "Select command and press <Enter>:");
    while (TRUE) {
        while ((command = getchar()) == '\n');
        command = tolower(command);
        if (command == 'i' || command == 'd' || command == 'r' ||
            command == 'e' || command == 'f' || command == 'p' ||
            command == 'q') {
            while (getchar() != '\n');
            return command;
        }
        printf("Please enter a valid command or H for help:");
    }
}
void DoCommand(char command, Queue *q)
{
    T x;
    switch(command)
    {
    case 'i':
        if(IsFull(*q)) printf("Sorry, s is full.");
        else {
            printf("Enter new key(s) to insert");
```

```
                    x=*InputElement();
                    Append(q, x);
                }
                break;
            case 'd':
                if (IsEmpty(*q)) printf("Sorry, s is empty.");
                else Serve(q);
                break;
        /*请补充其他 case 语句*/
        case 'q':
            printf("Stack demonstration finished.\n");
            exit(0);
        }
    }
```

小　结

本章中，我们定义了两种最基本的线性数据结构：堆栈和队列。它们是限制存取点的数据结构，对它们可以实施插入和删除运算，但插入和删除运算只能在端点进行。堆栈运算具有 LIFO 特性，队列运算有 FIFO 特性，它们是动态数据结构。我们分别介绍了堆栈和队列的顺序和链接存储表示，并讨论了在这两种表示下堆栈和队列运算的算法实现。循环队列的实现提供了顺序存储队列的有效方法。3.3 节和 3.4 节介绍了栈在表达式转换、求值以及实现函数嵌套调用中的应用。本章在最后给出了一个菜单驱动方式的演示和测试队列运算的程序。对其稍加修改，就可用于测试书中讨论的其他数据结构的 ADT 的实现。

习　题　3

3-1　设 A、B、C、D、E 五个元素依次进栈(进栈后可立即出栈)，问能否得到下列序列。若能得到，则给出相应的 Push 和 Pop 序列；若不能，则说明理由。

(1) A, B, C, D, E;　　　(2) A, C, E, B, D;　　　(3) C, A, B, D, E;　　　(4) E, D, C, B, A。

3-2　函数 void PrintStack(Stack s)的功能是打印栈中全部元素，请在顺序和链接两种表示下分别实现之。

3-3　写一个函数，利用栈运算读入一行文本，并以相反的次序输出。

3-4　一维数组 A 中保存着由字母(变量)、运算符(+、-、*、/)和圆括号组成的算术表达式，圆括号允许嵌套。请编写函数，检查表达式中的括号是否配对。

3-5　为了充分利用空间，将两个栈共同存储在长度为 n 的一维数组中，共享数组空间。设计两个栈共享一维数组的存储表示方式，画出示意图。

3-6　给出定义习题 3-5 中的双栈的结构类型 Dstack，并实现 ADT 3-1 中定义的各栈运算，允许在各栈运算定义中增加用以指明当前对双栈中哪一个栈进行操作的参数。

3-7　编写一个主函数，由用户输入 10 个数，将所有的偶数压入第一个栈，所有的奇数压入第二个栈。

3-8　在单链表存储表示下，实现 ADT 3-1 中定义的所有运算。编写一个主函数，执行下列操作序列：Push(s, 'a');、Push(s, 'd');、PrintStack(s);、Pop(s);、PrintStack(s);。

3-9　函数 void PrintQueue(Queue q)的功能是按照从队头到队尾的次序打印队列中的全部元素。请在循环队列结构上实现之。

3-10　请在单链表存储表示下，实现 ADT 3-2 中定义的所有队列运算，并在该链式结构上实现函数 void PrintQueue(Queue q)。

3-11　请使用图 2-12 所示的带表头结点的单循环链表实现 ADT 3-2，要求只使用一个指向队头的指针，不设队尾指针，并要求 Append 和 Serve 运算的时间复杂度均为 O(1)。

3-12　写出下列表达式的前缀和后缀形式。

(1) (a+b)*c+d/(e+f)；

(2) (a+b)*(c*d+e)–a*c。

3-13　利用栈将下列表达式转换为后缀形式，画出栈中元素的变化过程及中间结果。

(1) b*(d–c)+a；

(2) a+b*(c–d)–e/f。

3-14　利用栈计算下列后缀表达式的值，画出栈中元素的变化过程，并指出栈中最多时有几个元素。

(1) 5 3 2 * 3 + 3 / +；

(2) 1 2 3–4 +–5 1–* 3 * 。

3-15　设计一个递归函数，对长度为 n 的一维整数数组 A 进行下列运算：

(1) 求数组 A 的最大整数；

(2) 求数组 A 中 n 个整数的平均值。

3-16　设计一个递归函数，在长度为 n 的一维数组 A 中查找指定元素 x。若 x 在 A 中，则返回 x 在 A 中的下标，否则返回 –1。

3-17　将本章 3.5 节的测试队列运算的菜单驱动演示程序补充完整，并使用此程序测试队列运算。如果用于测试链式队列，此程序是否需要修改？若需要的话，应作何修改？

3-18　根据本章 3.5 节中介绍的菜单驱动演示程序的设计方法，编写用于测试堆栈运算(顺序栈和链式栈)的菜单驱动方式的测试程序。

3-19　程序设计题。设计一个计算器程序，它可以重复接收用户输入的中缀算术表达式，给出计算结果。中缀表达式只允许一位十进制数为操作数以及加、减、乘、除四种运算符，还允许包括嵌套的圆括号。计算器程序先将中缀表达式转换成后缀表达式，然后计算后缀表达式的值，并向用户返回计算结果。

线性表和数组 ADT

　　本章中，我们讨论比堆栈和队列更具一般性的线性数据结构：线性表。一维数组是线性数据结构，多维数组是一维数组的推广。数组作为一种抽象数据类型也放在本章中讨论。矩阵是科学计算常用的数据结构。鉴于稀疏矩阵具有存储表示和实现的特殊性，本章对其作了专门的阐述。

4.1　线　性　表

　　上一章中我们已经学习了两种基本的线性数据结构：堆栈和队列，下面我们将讨论一种更具一般性的线性数据结构——**线性表**(list)。堆栈和队列的插入和删除运算只允许在端点进行，线性表没有这种限制。线性表用途广泛，应用于信息检索、存储管理、模拟技术和通信等诸多领域。本章中，我们将定义线性表抽象数据类型，讨论线性表的顺序表示和链接表示，并以一元整系数多项式的算术运算为例介绍线性表的应用。

4.1.1　线性表 ADT

　　线性表是 $n(\geqslant 0)$ 个元素 a_0，a_1，…，a_{n-1} 的有限序列，记为：$(a_0, a_1, …, a_{n-1})$。其中，n 是线性表中元素的个数，即线性表的长度。当 $n=0$ 时，线性表为空表。

　　设 a_i 是表中第 i 个元素，$i=0, 1, …, n-1$，我们称 a_i 是 a_{i+1} 的**直接前驱元素**，a_{i+1} 是 a_i 的**直接后继元素**。在线性表中，除 a_0 无直接前驱外，其余元素有且仅有一个直接前驱；除 a_{n-1} 无直接后继外，其余元素有且仅有一个直接后继。在不引起混淆的情况下，我们简称直接前驱为"前驱"，直接后继为"后继"。

　　一般地，线性表中的元素具有相同的类型，它们可以是简单类型，如整数，也可以是结构类型，如记录。例如，表 4-1 所示的学生成绩单是一个线性表，表中每个元素都是记录，它包括学号、姓名、性别和成绩等数据项。

表 4-1　学 生 成 绩 单

学　号	姓　名	性　别	成　绩
02041201	王小红	女	86
02041202	林　悦	女	94
02041203	陈菁菁	女	79
02041204	张可可	男	69
⋮	⋮	⋮	⋮

　　线性表是一种动态数据结构，它的表长可以变化。在线性表上可以执行元素访问和修改运算，也可以在表中任何位置执行插入和删除元素的运算。

　　现在我们用抽象数据类型(见 ADT 4-1)来定义线性表。该 ADT 列出的是一组最常见的线性表运算。

ADT 4-1 List {

数据:

　　零个或多个元素的线性序列$(a_0, a_1, \cdots, a_{n-1})$，其最大允许长度为 MaxList。

运算:

　　void CreateList(List *lst，int maxsize)

　　构造一个空线性表。

　　BOOL IsEmpty(List lst)

　　若线性表为空，则返回 TRUE，否则返回 FALSE。

　　BOOL IsFull(List lst)

　　若线性表已满，则返回 TRUE，否则返回 FALSE。

　　int Size(List lst)

　　返回线性表的长度。

　　BOOL Insert(List *lst, int pos, T x)

　　若线性表未满且 $0 \leqslant pos \leqslant n$，则原表中位置在 pos 及 pos 之后的所有元素后移一个位置，元素 x 插在位置 pos 处，并且函数返回 TRUE；否则函数返回 FALSE。

　　BOOL Remove(List *lst, int pos, T* x)

　　若线性表非空且 $0 \leqslant pos < n$，则位置 pos 处的元素复制到参数*x，从原表中移去该元素，表中 pos 之后的所有元素前移一个位置，并且函数返回 TRUE；否则函数返回 FALSE。

　　BOOL Retrieve(List lst, int pos, T* x)

　　若线性表非空且 $0 \leqslant pos < n$，则位置 pos 处的元素复制到参数*x，并且函数返回 TRUE；否则函数返回 FALSE。

　　BOOL Replace(List *lst, int pos, T x)

　　若线性表非空且 $0 \leqslant pos < n$，则位置 pos 处的元素值被 x 替代，并且函数返回 TRUE；否则函数返回 FALSE。

　　void Clear(List *lst)

　　移去所有元素，线性表成为空表。

}

与堆栈和队列相同，线性表有两种典型的存储表示方式：顺序表示和链接表示。

4.1.2　线性表的顺序表示

用一维数组存储线性表称为线性表的顺序表示，顺序表示的线性表称为**顺序表**，见图 4-1。

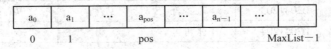

图 4-1　线性表的顺序存储表示(n=Size)

线性表的顺序实现可以用下面的 C 语言结构定义：

```
typedef struct list{
    int Size, MaxList;
    T Elements[MaxSize];
} List;
```

在上面定义的结构类型 List 中，Size 是线性表的长度，MaxList 为表的最大允许长度。一维数组 Elements 用以存放线性表中的元素，实现线性表的顺序存储。程序 4-1 是线性表运算在顺序表示下的实现。当线性表为空时，令 Size = 0。线性表的容量 MaxList 由用户通过参数 maxsize 设定，其值不能超过 MaxSize。

线性表的顺序表实现比较容易，我们重点讨论 Insert、Remove 和 Retrieve 运算的实现。

图 4-2 是在位置 pos 处插入元素值为 x 的函数 Insert 的操作示意图，线性表的当前长度是 n。为了在 pos 位置处插入新元素 x，必须将下标位于[pos, n−1]中的元素都向后移一个位置，这种元素的向后移动必须从最后一个元素 a_{n-1} 开始，直到 a_{pos} 为止。最后将新元素 x 存放在 pos 处，并且令表长 Size 加 1，函数值返回 TRUE。如果顺序表已满或给定的插入位置 pos 落在[0, n]之外，则给出相应的出错信息，函数值返回 FALSE。

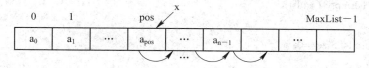

图 4-2　顺序表的插入运算

从上面的讨论可知，对于长度为 n 的顺序表，在位置 i 处插入一个新元素需要移动 n−i 个元素，现 0≤i≤n，则共有 n+1 个可插入元素的位置。设在各位置处插入元素的概率是相等的，为 1/(n+1)，则平均情况下，在顺序表中插入一个元素需要移动元素的个数为

$$A_I = \sum_{i=0}^{n} \frac{1}{n+1}(n-i) = \frac{n}{2}$$

图 4-3 是函数 Remove 的操作示意图，该函数在参数*x 中返回位置 pos 处的元素，并将其从顺序表中删除，顺序表的当前长度是 n。为了将 pos 位置处的元素 a_{pos} 删除，必须将下标位于[pos+1, n−1]中的元素都向前移一个位置，这种元素的向前移动必须从 a_{pos+1} 开始，直到 a_{n-1} 为止。最后令表长 Size 减 1，函数值返回 TRUE。如果顺序表为空表或被删除元素的位置 pos 落在[0, n−1]之外，则给出相应的出错信息，函数值返回 FALSE。

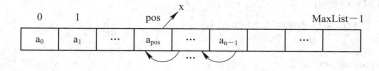

图 4-3　顺序表的删除运算

从上面的讨论可知，对于长度为 n 的顺序表，删除位置 i 处的元素需要移动 n−i−1 个元素，现 0≤i<n，共有 n 个可删除元素的位置。设在各位置处删除元素的概率是相等的，为

1/n，则平均情况下，在顺序表中删除一个元素需要移动元素的个数为

$$A_D = \sum_{i=0}^{n-1} \frac{1}{n}(n-i-1) = \sum_{i=1}^{n} \frac{1}{n}(n-i) = \frac{n-1}{2}$$

从上式来看，在顺序表中插入和删除元素，平均约需移动表中的一半元素。Insert 函数和 Remove 函数的平均时间复杂度均为 O(n)。

函数 Retrieve 的实现是比较容易的，由于顺序表可以随机存取，所以无需搜索，便可立即获得位置 pos 处的元素，由语句*x=lst.Elements[pos];实现之。此函数的时间复杂度为 O(1)。

【**程序 4-1**】 线性表的顺序表实现。

```
void CreateList(List *lst, int maxsize)
{
    lst->Size=0;
    lst->MaxList=maxsize;
}
BOOL IsEmpty(List lst)
{
    return lst.Size==0;
}
BOOL IsFull(List lst)
{
    return lst.Size==lst.MaxList;
}
void Clear(List *lst)
{
    lst->Size=0;
}

BOOL Insert(List *lst, int pos, T x)
{
    int i;
    if (IsFull(*lst)){
        printf("Overflow"); return FALSE;
    }
    if (pos<0||pos>lst->Size){
        printf("Out of Bounds"); return FALSE;
    }
    for (i=lst->Size−1; i>=pos; i--)
        lst->Elements[i+1]=lst->Elements[i];
```

```
            lst->Elements[pos]=x;
            lst->Size++;
            return TRUE;
        }
        BOOL Remove(List *lst, int pos, T* x)
        {
            int i;
            if (IsEmpty(*lst)){
                printf("Underflow"); return FALSE;
            }
            if (pos<0 || pos>=lst->Size){
                printf("Out of Bounds"); return FALSE;
            }
            *x=lst->Elements[pos];
            for (i=pos+1; i<lst->Size; i++)
                lst->Elements[i-1]=lst->Elements[i];
            lst->Size--;
            return TRUE;
        }
    BOOL Retrieve(List lst, int pos, T* x)
    {
        if (pos<0 || pos>=lst.Size){
          printf("Out of Bounds"); return FALSE;
        }
        *x=lst.Elements[pos]; return TRUE;
    }
    BOOL Replace(List *lst, int pos, T x)
    {
        if (pos<0 || pos>=lst->Size){
          printf("Out of Bounds"); return FALSE;
        }
        lst->Elements[pos]=x; return TRUE;
    }
```

4.1.3 线性表的链接表示

使用第 2 章介绍的单链表、循环链表或双向链表存储线性表称为线性表的链接存储表示。在本节中我们以不带表头结点的单链表为例讨论线性表的链接表示的实现。我们同样可以使用循环链表和双向链表实现线性表，也可以使用带表头结点的链表实现线性表。在 4.2 节(多项式的算术运算)中我们将介绍使用带表头结点的循环链表的线性表应用实例。

采用单链表实现线性表的示意图见图 4-4。

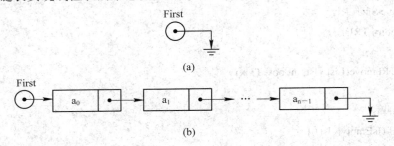

图 4-4　线性表的链接存储表示

(a) 空表；(b) 非空表

线性表的链接实现可以用下面的 C 语言结构定义：

```
typedef struct node{
    T Element;
    struct node* Link;
} Node;
typedef struct list{
    Node * First;
    int Size;
} List;
```

上面定义的结构类型 List 中，Size 是线性表的长度，当线性表为空时，Size = 0。Size 域不是必需的。First 为指向单链表头结点的指针。在链接表示下，可以不设线性表的长度限制，只要用于动态存储分配的堆(heap)的空间未用完，总可以创建单链表的新结点。

与讨论线性表的顺序表实现类似，这里我们重点讨论 Insert、Remove 和 Retrieve 运算的实现。

为了实现上述运算，我们设计了一个辅助函数 set_pos，该函数返回指向单链表中位置为 pos 的结点的指针，其定义如下：

Node* set_pos(List lst, int pos)

若pos是线性表的有效位置，即0≤pos<lst.Size，则函数值返回指向位置pos处的结点的指针。

set_pos 函数的实现十分简单(见程序 4-2)：先使指针 q 指向起始结点(由 lst.First 指示)，然后令指针 q 向后移动 pos 次，即执行 pos 次语句 q=q->Link，指针 q 便指向位置为 pos 的结点，最后函数返回 q。由此可见，给定元素的位置 pos，查找该元素的运算在单链表存储表示下是费时的，即只能顺序存取。相同的运算在顺序表的情况下却十分便捷，可以随机存取。

【程序 4-2】　函数 set_pos。

```
Node* set_pos(List lst, int pos)
{   int i;
    Node  q=lst.First;                      /*使指针 q 指向起始结点*/
    for (i=0; i<pos; i++) q=q->Link;    /*令指针 q 向后移动 pos 次，指向位置为 pos 的结点*/
    return q;
}
```

利用 set_pos 函数可以很容易地实现 Insert、Remove 和 Retrieve 操作。

图 4-5 是在位置 pos 处插入元素值为 x 的函数 Insert 的操作示意图。

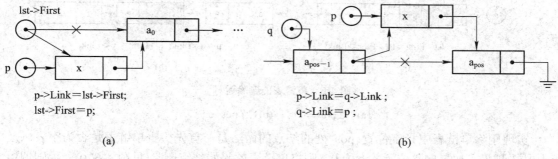

图 4-5 单链表的插入运算

(a) 当 pos==0 时; (b) 当 pos>0 时

实现在单链表的指定位置插入一个新元素的 Insert 函数的做法是: 首先检查 pos 是否越界，然后使用函数 NewNode2 构造一个新结点 *p，如果插入位置 pos 为 0，则将新结点插在表的最前面(见图 4-5(a)); 否则调用函数 set_pos 查找位置为 pos−1 的结点，令指针 q 指向该结点(结点 *q 将是新结点的前驱结点)，将新结点 *p 插在结点 *q 之后(见图 4-5(b))。在函数 Insert 执行中，最费时的操作是 set_pos。函数 Insert 的完整程序见程序 4-3。

【程序 4-3】 函数 Insert。

```
BOOL Insert(List *lst, int pos, T x)
{
    Node* p, *q=lst->First;
    if ( pos<0 || pos>lst->Size){                              /*检查 pos 是否越界*/
        printf("Out of Bounds"); return FALSE;
    }
    p=NewNode2(x);
    if (pos==0){                                       /*将新结点*p 插在表的最前面*/
        p->Link=lst->First;
        lst->First=p;
    }
    else {              /*查找位置为 pos−1 的结点 *q, 将新结点 *p 插在结点 *q 之后*/
        q=set_pos(*lst, pos−1);
        p->Link=q->Link;
        q->Link=p;
    }
    lst->Size++;                                                    /*表长加 1*/
    return TRUE;
}
```

利用函数 set_pos 同样可以方便地实现 Remove 运算。图 4-6 是删除位置为 pos 的结点的操作示意图。

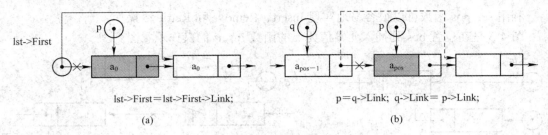

lst->First=lst->First->Link;   p=q->Link; q->Link= p->Link;

(a)   (b)

图 4-6 单链表的删除运算

(a) 当 pos==0 时；(b) 当 pos>0 时

实现删除单链表中指定位置 pos 处的结点的做法是：首先检查单链表是否为空表以及 pos 是否越界，如果删除位置 pos 为 0，则将单链表的起始结点删除(见图 4-6(a))；否则调用函数 set_pos 查找位置为 pos−1 的结点，令指针 q 指向该结点，再令指针 p 指向结点*q 的后继结点 a_{pos}，然后执行 q->Link=p->Link，最后删除结点*p。

函数 Remove 执行中最费时的操作是 set_pos。函数 Remove 的完整程序见程序 4-4。

【程序 4-4】 函数 Remove。

```
BOOL Remove(List *lst, int pos, T* x)
{
    Node*q, *p=lst->First;
    if ( IsEmpty(*lst))
    {
        printf("Underflow"); return FALSE;
    }
    if ( pos<0||pos>=lst->Size){
        printf("Out of Bounds"); return FALSE;
    }
    if (pos==0) lst->First=lst->First->Link;
    else {
        q=set_pos(*lst, pos−1);
        p=q->Link;
        q->Link=p->Link;
    }
    free(p);
    lst->Size--;
    return TRUE;
}
```

程序 4-5 为 Retrieve 运算的实现。线性表的其他运算在单链表存储结构上都不难实现，请读者自己练习。

【程序 4-5】 函数 Retrieve。

```
BOOL Replace(List *lst, int pos, T x)
{
        Node* p;
        if (pos < 0 || pos >=lst->Size){
            printf("Out of Bounds");    return FALSE;
        }
        p=set_pos(*lst, pos);
        p->Element=x;
        return TRUE;
}
```

使用其他链接存储结构也可实现 ADT 4-1 的线性表运算。读者可以根据第 2 章介绍的不同的链表结构实现这些运算。

4.1.4　两种存储表示的比较

上面我们讨论了线性表在两种不同的存储结构上的实现。顺序表的优点是可以随机存取元素，查找指定位置的元素非常方便，但在其上的插入和删除操作需要移动大量元素，效率不高。此外，顺序表所用空间必须预先分配，难以临时扩大。采用链接方式实现线性表，可动态申请结点空间，线性表的长度一般来说只受内存大小的限制。单链表中，在一个结点的后面插入一个新结点，或删除指定结点的后继结点的操作十分容易，只需作 1～2 次指针赋值就可以了。但若不能知道指定结点的前驱结点，则插入或删除结点都必须首先查找前驱结点，这种查找操作(函数 set_pos)是费时的。采用双向链表可克服这一点。此外，链接存储需要额外的指针域，而顺序表的空间都用于存放元素。因此，对于数据元素包含的信息量较大(相对链接域来说)，表的长度事先难以确定，在实际应用中需要频繁执行插入和删除操作的线性表，宜采用链接存储方式。相反，如果数据元素包含的信息量较小，表长已知，实际应用中较少需要插入和删除操作，但需经常根据元素在表中的位置访问该元素，那么采用顺序表是较好的选择。

*4.2　多项式的算术运算

线性表的应用非常广泛，作为线性表应用的一个例子，下面讨论一元多项式的表示及其算术运算的实现。

4.2.1　多项式 ADT

设有一元整系数**多项式**(polynomial)：
$$p(x) = 3x^{14} - 8x^8 + 6x^2 + 2$$
其中，多项式的每一项的形式是：$coef \cdot x^{exp}$，coef 是该项的系数，exp 是变元 x 的指数。

我们可以把多项式作为抽象数据类型来讨论，从而将使用和实现分离，即只向用户提供多项式的算术运算函数，这样，用户可以使用这些函数进行多项式的算术运算，而不必知道实现的细节。多项式抽象数据类型的定义见 ADT 4-2。

ADT 4-2　Polynomial{

数据:

　　为零个或多个由系数 a_i 和指数 e_i 的偶对<a_i, e_i> 组成的线性序列,用于表示一个一元多项式:

$$p(x) = a_0 x^{e_0} + a_1 x^{e_1} + \cdots + a_n x^{e_n}$$

运算:

　　void CreatePolynomial(Polynomial *lst)

　　构造一个空多项式。

　　void AddTerms(Polynomial * lst)

　　设多项式*lst 为空多项式,用户向空多项式 *lst 中按降幂次序添加多项式的项,构成一个一元多项式。

　　void PrintPolynomial(Polynomial lst)

　　输出多项式 lst。

　　void PolyAdd(Polynomial A, Polynomial *B)

　　多项式 A 与多项式*B 相加,在*B 中返回和多项式。

　　void PolyMulti(Polynomial A, Polynomial *B)

　　多项式 A 与多项式*B 相乘,在*B 中返回积多项式。

}

4.2.2　多项式的链接表示

在 ADT 4-2 中,我们实际上是将一个多项式看成一个线性表,线性表的元素就是多项式的项。线性表有两种可选的存储表示方式,即顺序表示和链接表示。对于多项式算术运算而言,链接方式更合适。一般来讲,多项式的项数和指数变化较大,难以确定,若采用顺序存储,需事先分配足够的空间,因而造成内存空间的浪费。若采用链接存储,动态创建新结点以存储多项式的项,就十分灵活。下面,我们介绍一种采用带表头结点的单循环链表表示多项式,实现多项式的算术运算的方法。

多项式的项是系数 coef 和指数 exp 的偶对,这样,多项式的项类型定义为 Term=<coef, exp>的结构类型,因而一个多项式可以视作元素类型为 Term 的线性表。

```
typedef struct term{
    int Coef, Exp;
}Term;
typedef Term T;
typedef struct node{
    T Element;
    struct node* Link;
} Node;
```

如果我们选择带表头结点的单循环链表表示多项式,则单循环链表的每个结点存储多项式的一个项,所以结点类型 Node 的 Element 域的类型 T 应定义为 Term 类型(typedef Term T)。事实上,链表的每个结点有三部分信息:Coef、Exp 和 Link。

我们约定多项式按降幂排列。表示多项式的带表头结点的单循环链表的结构见图 4-7。

从图中可见，表头结点的 Exp 域的值被置为 –1，在程序实现中将利用此值。

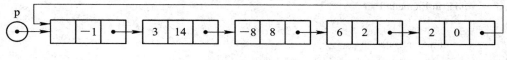

$$p(x) = 3x^{14} - 8x^8 + 6x^2 + 2$$

图 4-7　用带表头结点的单循环链表表示多项式

多项式数据类型 Polynomial 定义为

```
typedef struct polynomial{
        Node * First;
    } Polynomial;
```

程序 4-6 构造一个空多项式，并对其初始化。由于带表头结点的单循环链表的空表形式仅有表头结点而不包含任何元素结点，因此函数 CreatePolynomial 生成一个新结点(即表头结点)，其 Coef 域值为 0，Exp 域值为 –1，Link 域指向结点自身，形成循环链表。函数 NewNode2 见程序 2-4。

【程序 4-6】　建立空多项式并初始化。

```
void CreatePolynomial(Polynomial *lst)
{
        T x;
        x.Coef=0; x.Exp=-1;
        lst->First=NewNode2(x);
        lst->First->Link=lst->First;
}
```

4.2.3　多项式的输入和输出

使用函数 AddTerms，用户可以根据需要向一个空多项式中按降幂次序添加多项式项，构成一个多项式。注意，为简化算法，算法中未包括检查降幂次序的代码。

函数 PrintPolynomial 打印一个多项式。多项式 $3x^{14} - 8x^8 + 6x^2 + 2$ 的输出形式为

$$3X^{\wedge}14 - 8X^{\wedge}8 + 6X^{\wedge}2 + 2$$

为了实现多项式的输入和输出，我们必须首先实现多项式的项的输入和输出。为此，我们重写程序 2-3 的函数 InputElement 和 PrintElement，使之适应元素类型 Term(即 T 类型)的需要。程序 4-7 是这两个函数在类型 T 为 Term 时的实现。函数 InputElement 从键盘输入多项式一个项的系数和指数，函数 PrintElement 按上述多项式的输出形式输出一个项。

【程序 4-7】　类型 Term 的输入和输出函数。

```
T* InputElement()
{       static T a;
        printf("\nEnter a term (Coef, Exp).\n");
        scanf("%d %d", &a.Coef, &a.Exp);
        return &a;
```

```
    }
    void PrintElement(T x)
    {
            if(x.Coef!=0){
                printf("%d", x.Coef);
                switch(x.Exp){
                    case 0:break;
                    case 1:printf("X"); break;
                    default:printf("X^%d", x.Exp); break;
                }
            }
    }
```

程序 4-8 和程序 4-9 分别为多项式函数 AddTerms 和 PrintPolynomial 的实现。

函数 AddTerms 调用函数 NewNode1(见程序 2-4)构造新结点*p(NewNode1 调用函数 InputElement,从用户处接收多项式一个项的系数和指数),然后将新结点添加到表示多项式的单循环链表的尾部,即新结点*p 成为新的尾结点。因尾结点由指针变量 q 指示,所以令指针 q 指向新结点。输入多项式项的 while 循环直到用户输入字符"N"或"n"后结束。

函数 PrintPolynomial 调用 PrintElement 打印多项式中各项。如果最高幂次项是正系数,则按多项式书写的习惯不打印"+";对于非最高幂次项,当系数为正时,系数前需打印"+"。

【程序 4-8】 函数 AddTerms。

```
    void AddTerms(Polynomial * lst)
    {
        char c;   Node* p, *q=lst->First;
        printf("\nAdd terms into a polynomial.\n");
        printf("\nAnother term? y/n");
        while ((c= getchar()) == '\n');
        while (tolower(c)!='n'){
            p=NewNode1();                          /*构造新的项结点*p*/
            p->Link=q->Link;                       /*新结点*p 插在尾结点*q 之后*/
            q->Link=p; q=p;
            printf("Another term? y/n");
            while ((c= getchar()) == '\n');
        }
    }
```

【程序 4-9】 函数 PrintPolynomial。

```
    void PrintPolynomial(Polynomial lst)
    {   BOOL IsFirst=TRUE;
        Node* p=lst.First->Link;
        printf("\nThe Polynomial is: \n");
```

```
        for (; p!=lst.First; p=p->Link){              /*调用 PrintElement 依次打印多项式中各项*/
            if (!IsFirst && p->Element.Coef>0) printf("+");
            IsFirst=FALSE;
            PrintElement(p->Element);
        }
        printf("\n");
}
```

4.2.4　多项式相加

多项式相加的例子见图 4-8，图中 d=a+b，a、b 和 d 均为多项式。

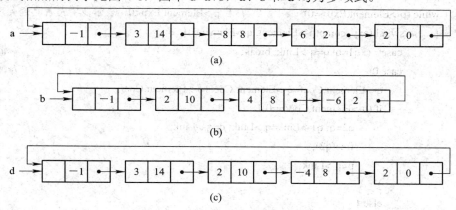

图 4-8　一元整系数多项式相加

(a) $3x^{14} - 8x^8 + 6x^2 + 2$;　(b) $2x^{10} + 4x^8 - 6x^2$;　(c) $3x^{14} + 2x^{10} - 4x^8 + 2$

设有多项式 p(x) 和 q(x)，分别用带表头结点的单循环链表表示。现将两个多项式相加，结果仍称为 q(x)，p(x) 不变，即实现 q(x)←q(x)+p(x)。设指针 p 和 q 分别指向多项式 p(x) 和 q(x) 中的当前正在进行比较的项。初始时它们分别指向两多项式中最高幂次的项。指针 q1 指向 ∗q 的前驱结点。现将指针 p 指示的项的指数 p->Element.Exp 与 q 指示的项的指数 q->Element.Exp 比较，有如下三种可能的结果：

(1) 若 p->Element.Exp==q->Element.Exp，则令

　　　　q->Element.Coef=q->Element.Coef+p->Element.Coef

如果此时有 q->Element.Coef==0，则从多项式 q(x) 中删除结点 ∗q，指针 q 指向原结点 ∗q 的后继，指针 p 后移一项；否则，指针 p、q 和 q1 均后移一项。

(2) 若 p->Element.Exp>q->Element.Exp，则此时需复制 ∗p 得到新结点 ∗r，并将其插在 ∗q 之前，令指针 q1 指向新结点，指针 q 不动，而指针 p 需后移一项。

(3) 若 p->Element.Exp<q->Element.Exp，则此时需将 q 指示的当前项保留在结果多项式中，所以令指针 q1 和 q 后移一项，指针 p 不动。

程序 4-10 为多项式相加函数 PolyAdd 的实现，该函数调用函数 exp_comp 实现两个项的指数间的比较。值得注意的是，该算法在多项式 A 处理完成时结束，即当 p->Element.Exp <0 成立时终止外层 while 循环，如果此时多项式 ∗B 中还有未处理的项，则自动保留在结果多项式 ∗B 中。

【程序 4-10】 函数 PolyAdd。

```
int exp_comp(T x, T y)
{       if (x.Exp==y.Exp) return 0;
        else if (x.Exp>y.Exp) return 1;
            else return -1;
}
void PolyAdd (Polynomial A, Polynomial *B)
{
    Node* q, *q1, *q2, *p; T x;
    p=A.First->Link; q1=B->First; q=q1->Link;
    while (p->Element.Exp>=0)                    /*若 p->Element.Exp<0, 表示多项式 A 已经处理完毕*/
    {       switch(exp_comp(p->Element, q->Element)){
            case -1: q1=q; q=q->Link; break;                                 /*情况(3)*/
            case 0:                                                          /*情况(1)*/
                q->Element.Coef=q->Element.Coef+p->Element.Coef;
                if (q->Element.Coef==0){
                        q2=q; q1->Link=q->Link; q=q->Link;
                        free(q2);
                        p=p->Link;
                }
                else {
                        q1=q; q=q->Link; p=p->Link;
                }
                break;
            case 1:                                                         /*情况(2)*/
                x.Coef=p->Element.Coef; x.Exp=p->Element.Exp;
                q2=NewNode2(x);
                q2->Link=q; q1->Link=q2; q1=q2;
                p=p->Link; break;
        }
    }
}
```

4.3　数组作为抽象数据类型

在 2.2 节中我们已经讨论了数组(一维数组、二维数组和多维数组)，数组是实现数据的顺序存储表示的基本数据结构。2.2 节强调数组在实现抽象数据类型中的作用，讨论的重点在于数组元素在计算机内的表示方式。实际上，虽然 C 语言提供了对数组的支持，但在 C 语言中，数组并非真正意义上的数据类型，我们既不能把一个数组赋值给另一个数组(即数组的整体赋值)，也不能把数组作为函数值返回，对数组的下标表达式也不提供越界检查。当数组用作一个函数的实在参数时，传递的是该数组的存储块的起始地址，并非整个数组值。

　　如果从逻辑和概念的角度看待数组，数组本身可以被视为一个抽象数据类型。本节将从抽象数据类型的角度讨论数组的定义和它的实现。

　　数组是**下标**(index)i 和**值**(value) v 组成的**偶对**(pair)<i, v>的集合。设 Index 是一维或多维的下标的有限有序集合。例如，一维数组的下标取值为{0, 1, …, n−1}，二维数组的下标取值是二维的{(0.0), (0, 1), …}，等等。在数组中，每个有定义的下标(即 i∈Index)都与一个值对应，这个值称做数组元素。T 是数组元素的类型，v 具有 T 类型。任意两个偶对的下标各不相同。从概念上看，数组是静态数据结构，一旦定义，便不能再增加或删除元素，只能访问和修改数组元素的值。所以定义在数组上的运算十分有限，通常只定义 CreateArray、Retrieve 和 Store 三个运算。函数 CreateArray 构造一个数组，并返回该数组。Retrieve 函数返回数组 A 中指定下标 i 处的数组元素。Store 函数将数组 A 中指定下标 i 处的数组元素值置成 x。数组抽象数据类型的定义见 ADT 4-3。

　　　　ADT 4-3 Array{
　　　　数据：

　　　　　　下标 i 和元素值 v 的偶对<i, v>的集合，长度为 n。Index 是一维或多维的下标的有限有序集合。元素具有 T 类型。任意两个偶对的下标各不相同。

　　　　运算：

　　　　　　void CreateArray(Array ∗A, int n)

　　　　　　创建长度为 n 的数组。

　　　　　　BOOL Retrieve(Array A, Index I, T∗ x)

　　　　　　若 i∈Index，在参数∗x 中返回下标为 i 的元素值，函数返回 TRUE，否则返回 FALSE。

　　　　　　 BOOL Store(Array ∗A, Index i, T x)

　　　　　　若 i∈Index，将下标为 i 的元素值置成 x，其余元素的值不变，函数返回 TRUE，否则返回 FALSE。

　　　　}

　　为了实现上述数组函数，必须确定下标值所对应的存储位置，即将数组的 k 维下标 $[i_1][i_2]\cdots[i_k]$ 映射到[0, n−1] 的一维存储位置。对不同维数的下标类型，Index 应有不同的地址映射公式。多维数组的地址映射方法见 2.2 节。在 ADT 4-3 中，增加了下标是否越界的检查，C 语言一般不实施下标越界检查。

　　数组作为一个抽象数据类型时，用户还可以根据应用的需要增加其他必要的运算，如数组的整体赋值运算等，但不应当违背数组是静态数据结构的特性，否则便不能称其为数组。这里定义的数组类型 Array 可以用 C 语言的数组定义机制实现。这种实现并不困难，为节省篇幅，我们这里不作进一步的讨论。

4.4　特 殊 矩 阵

4.4.1　对称矩阵

　　矩阵(matrix)是很多科学与工程计算中涉及的数学对象。在 n × n 的矩阵 A 中，若 $a_{ij}=a_{ji}$

$(0 \leqslant i, j \leqslant n-1)$，则称 A 为 n 阶对称矩阵。对于对称矩阵，可以只存储上三角(或下三角)中的元素(包括对角线上的元素)，这样，对于有 n^2 个元素的**三角矩阵**(triangular matrix)，只需要 num=n(n+1)/2 个元素的存储空间，从而提高了存储效率。如果用一维数组 b[num]以行优先顺序存储下三角(包括对角线)元素，则矩阵元素 a_{ij} 的下标(i, j)和该元素在数组 b 中的存储位置 k 之间有如下关系：

$$k = \begin{cases} \dfrac{i(i+1)}{2} + j & (当\ i \geqslant j) \\ \dfrac{j(j+1)}{2} + i & (当\ i < j) \end{cases} \tag{4-1}$$

下三角矩阵及其存储表示见图 4-9。通常，矩阵的下标按数学的习惯应从 1 开始编号，这里我们按 C 语言二维数组的做法，每维下标从 0 开始编号，二维下标 i 和 j 的范围为 $0 \leqslant i, j \leqslant n-1$。

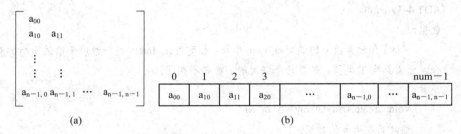

图 4-9　下三角矩阵及其存储表示

(a) 下三角矩阵；(b) 下三角矩阵的存储表示

*4.4.2　带状矩阵

在一个 n×n 的方阵 A 中，若所有的非零元素均集中在主对角线两侧的带状区域内(该带状区域包括主对角线及其上、下各 k 条对角线的元素)，则称此矩阵为**带状矩阵**(band matrix)，如图 4-10 所示。

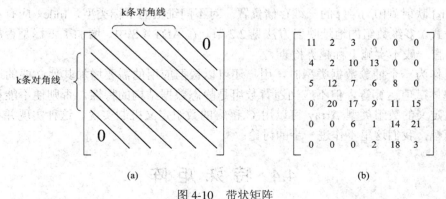

图 4-10　带状矩阵

(a) 带状矩阵；(b) k = 2 的带状矩阵

设有带状矩阵 A，当 i–j > k 或 j–i > k 时，$a_{ij}=0$，即对于|i – j|>k 的元素 a_{ij} 不必存储，而只需存储带状区域内的非零元素。共有 2k+1 条对角线上的元素为非零元素。矩阵元素个数为 n^2，

零元素的个数为$(n-k-1)^2+n-k-1=(n-k)(n-k-1)$，所以非零元素的个数为 $n^2-(n-k)(n-k-1)=n(2k+1)-k(k-1)$。

从图 4-10(a)中可以看到，每行最多有 $2k+1$ 个元素，最上面几行和最下面几行中的元素个数不足 $2k+1$ 个。虽然非零元素的实际个数为 $n(2k+1)-k(k-1)$，而不是 $n(2k+1)$，但为了得到简便易算的计算地址公式，我们这里这样处理：除了第一行和最后一行外，每行都当作有 $2k+1$ 个元素，不足部分留作空位置。这样总共需要$(2k+1)(n-2)+2(k+1)=n(2k+1)-2k$ 个元素空间，其中 $k(k-1)$ 个元素的空间是无用的。

设每个元素占 t 个存储单元，我们有下列计算地址的公式：

$$Loc(a_{ii}) = Loc(a_{00}) + t(2k+1)i \qquad (0<i\leqslant n-1) \qquad (4\text{-}2)$$
$$Loc(a_{i+1\ i+1}) = Loc(a_{ii}) + t(2k+1) \qquad (0<i\leqslant n-1) \qquad (4\text{-}3)$$
$$Loc(a_{ij}) = Loc(a_{ii}) + t(j-i) \qquad (0\leqslant i,j\leqslant n-1) \qquad (4\text{-}4)$$

其中，$Loc(a_{00})$为基地址。

图 4-11 是图 4-10(b)所示的带状矩阵采用上面介绍的存储方式进行存储的示意图，这里设基地址为 100，每个元素占 5 个存储单元。前三个元素是第一行元素，第二行元素最左边缺一个，所以 115 单元为空。同理，210 单元为空。

地址	元素值	地址	元素值	地址	元素值
100	11	145	12	190	6
105	2	150	7	195	1
110	3	155	6	200	14
115		160	8	205	21
120	4	165	20	210	
125	2	170	17	215	2
130	10	175	9	220	18
135	13	180	11	225	3
140	5	185	15		

图 4-11 图 4-10(b)的矩阵的存储表示(t=5)

4.5 稀疏矩阵

4.5.1 稀疏矩阵 ADT

在许多科学与工程计算问题中都涉及矩阵运算，在这些应用中常常出现这样的情况，矩阵规模很大，其中包含许多数值为零的元素，非零元素仅占 5% 或更少。这种包含大量零元素的矩阵称为**稀疏矩阵**(sparse matrix)。稀疏矩阵经常出现在如下的应用领域：大规模集成电路设计、电力输配系统、图像处理、城市规划等。矩阵的自然表示是二维数组，但为了节省存储空间，对稀疏矩阵可以只存储非零元素，对这些非零元素可采取顺序的或链接的方式存储。

在稀疏矩阵上定义的运算本质上是普通矩阵运算。ADT 4-4 定义了包括构造、加法、乘法和转置运算的抽象数据类型 SparseMatrix。

ADT 4-4 SparseMatrix{

数据:

大多数元素为零的矩阵。

运算:

void CreateMatrix(SparseMatrix *M, int rows, int cols)

构造一个 rows×cols 的空稀疏矩阵。

void Clear(SparseMatrix * a)

清除稀疏矩阵 a 中的所有非零元素。

SparseMatrix Transpose(SparseMatrix a)

返回稀疏矩阵 a 的转置矩阵。

SparseMatrix Madd(SparseMatrix a, SparseMatrix b)

返回稀疏矩阵 a 和 b 的和。

SparseMatrix MMulti(SparseMatrix a, SparseMatrix b)

返回稀疏矩阵 a 和 b 的积。

}

4.5.2　稀疏矩阵的顺序表示

顺序存储稀疏矩阵有多种不同的方法，最典型的一种方法称为三元组表表示法。从前面的讨论可知，矩阵的元素 a_{ij} 可以看成是一个**三元组(triple)<i, j, v>**，其中 i 是行号，j 是列号，v 是元素值。对稀疏矩阵我们只保存其中非零元素的三元组。在顺序存储方式下，三元组可以按行优先或列优先顺序存储，形成三元组表，三元组表用一维数组顺序存储。图 4-12 为矩阵 A 的行三元组表表示。

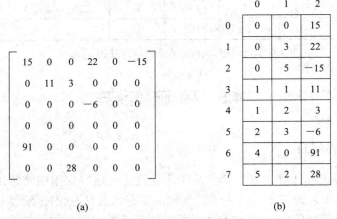

图 4-12　稀疏矩阵的行三元组表

(a) 稀疏矩阵 A；(b) 稀疏矩阵 A 的行三元组表表示

请注意，这里我们对稀疏矩阵的标号采用了从 0 开始编号的方式，行号 i 和列号 j 的范围为 $0 \leqslant i \leqslant m-1$，$0 \leqslant j \leqslant n-1$。

三元组表表示的 C 语言描述如下：

```
#define MaxSize 101                /*最多可能的非零元素个数*/
typedef int T;
typedef struct term{
        int Row, Col;
        T Value;
}Term;
typedef struct triples{
        int Rows, Cols, NonZeros;
        Term Elements[MaxSize];
}Triples;
typedef Triples SparseMatrix;
```

其中，结构类型 Term 是三元组类型，而 Triples 为三元组表类型，在 Triples 类型中 Rows 是矩阵的行数，Cols 是列数，NonZeros 是矩阵的非零元素的个数。数组 Elements 为存储非零元素的三元组表。

除了三元组表方式外，还可以设计稀疏矩阵的其他顺序表示方式，如伪地址方式。在伪地址方式下，非零元素按行优先顺序存储，以伪地址作为地址检索的关键字。矩阵 $A_{m \times n}$ 的非零元素 a_{ij} 的伪地址定义为

$$Loc(a_{ij}) = i \times n + j \quad (0 \leqslant i \leqslant n-1, 0 \leqslant j \leqslant n-1) \quad (4-5)$$

这实际上是一个普通的二维数组按行优先顺序存储在一维数组中时，元素 a_{ij} 在一维数组中的下标。如果只保存非零元素，并以此下标值作为关键字顺序排列，便得到所谓的稀疏矩阵的伪地址表示法。图 4-13 给出了图 4-12(a)所示的稀疏矩阵 A 的伪地址表示。可以看出，伪地址表示比三元组表更节省空间。在查找元素 a_{ij} 时，由于表是按元素的伪地址递增排序的，因此应先计算下标 <i, j> 的伪地址，然后可使用顺序搜索或二分搜索得到元素 a_{ij}。采用二分搜索查找一个元素的时间复杂度为 $O(lbn)$。有关顺序表的搜索方法将在第 7 章中介绍。

	伪地址	非零值
0	0	15
1	3	22
2	5	−15
3	7	11
4	8	3
5	15	−6
6	24	91
7	32	28

图 4-13　图 4-12(a)中矩阵 A 的伪地址表示

4.5.3　稀疏矩阵转置

矩阵转置是最基本，也是最简单的矩阵运算。用普通的二维数组存储时，求解矩阵 $A_{m \times n}$ 的转置矩阵 $B_{n \times m}$ 的程序段为

```
for (int i=0; i<m; i++)
        for (int j=0; j<n; j++) B[j][i]=A[i][j];
```

即只需将矩阵元素 A[i][j]赋给 B[j][i]，其时间复杂度为 $O(m \times n)$。

如果稀疏矩阵 $A_{m \times n}$ 用行三元组表 A 表示，问题会变得相对复杂一些。对 A 实施转置运算后，其转置矩阵仍应采用行三元组表表示。图 4-14(b)是图 4-12 的稀疏矩阵 A 的转置矩阵 B 的行三元组表。因三元组表用一维数组表示，所以，我们分别称它们为数组 A 和数组

B。下面是实现矩阵转置的几种可能的做法：

	0	1	2
0	0	0	15
1	3	0	22
2	5	0	−15
3	1	1	11
4	2	1	3
5	3	2	−6
6	0	4	91
7	2	5	28

(a)

	0	1	2
0	0	0	15
1	0	4	91
2	1	1	11
3	2	1	3
4	2	5	28
5	3	0	22
6	3	2	−6
7	5	0	−15

(b)

图 4-14　稀疏矩阵的转置：方法一

(a) 交换图 4-12(b)三元组表 A 的行、列号；(b) A 的转置矩阵的行三元组表 B

方法一：将数组 A 的元素的行、列号交换后保存到数组 B 中(见图 4-14(a))，然后对数组 B 按行号进行排序，便得到 A 的转置矩阵 B 的行三元组表(见图 4-14(b))。这里，矩阵转置的时间取决于排序的时间。典型的排序算法的时间复杂度为 $O(t^2)$ 或 $O(t\ lb\ t)$，t 为非零元素的个数(详见第 11 章内容)。

方法二：对数组 A 扫描 n 遍，第一遍取出矩阵 A 的第 0 列元素，得到转置矩阵 B 的第 0 行元素，第 i 遍扫描取出 A 的第 i−1 列元素，得到 B 的第 i−1 行元素，依次存入数组 B 中。此方法的时间复杂度为 $O(n \times t)$，t 为非零元素的个数。

以上两种方法都比较费时，下面介绍被称为快速转置算法的方法三。

方法三：快速转置算法。

快速转置算法通过增加适量的存储空间，来达到节省时间的目的。

快速转置算法使用数组 k，k[i]为矩阵 A 中每 i 列的第一个非零元素在数组 B 中的存放位置。数组 k 的长度为矩阵的列数 n。如 k[3]=5 表示矩阵 A 的第 3 列第一个非零元素 $a_{03}=22$ 在数组 B 的下标为 5，见图 4-14(b)。

为了得到数组 k，我们需要用另一个数组 num 保存矩阵 A 的各列的非零元素个数，例如，num[i]存放 A 的第 i 列的非零元素的个数，即转置矩阵 B 的第 i 行的非零元素个数。

数组 num 的值由下列语句求得：

```
for (i=0; i<cols; i++) num[i]=0;                          /*初始化数组 num*/

for (i=0; i<nonzeros; i++) num[a.Elements[i].Col]++;
```

如果数组 num 的值已计算出，则数组 k 可以简单地由以下的递推公式计算：

$$\begin{cases} k[0] = 0 \\ k[i] = k[i-1] + num[i-1] \qquad (1 \leqslant i < n) \end{cases} \qquad (4\text{-}6)$$

其中，k[0]=0，代表 B 的第 0 行的第一个非零元素始终存放在下标为 0 的位置。很显然，B 中第 1 行第一个非零元素在 B 中的位置等于 k[0]+num[0]。

一般地，有 k[i]=k[i−1]+num[i−1]。见下列语句：

```
k[0]=0;
    for (i=1; i<cols; i++) k[i]=k[i-1]+num[i-1];
```

对图 4-12(b)的三元组表 A 计算 num 和 k 的结果见表 4-2。

表 4-2　数组 num 和 k

col	0	1	2	3	4	5
num[col]	2	1	2	2	0	1
k[col]	0	2	3	5	7	7

有了数组 k，只需要对 A 扫描一次，即可完成转置。完成这项工作的程序段如下：

```
for (i=0; i<nonzeros; i++){
    j=k[a.Elements[i].Col]++;
    b.Elements[j].Row=a.Elements[i].Col;
    b.Elements[j].Col=a.Elements[i].Row;
    b.Elements[j].Value=a.Elements[i].Value;
}
```

上面的程序段中，结构 a 和 b 被用来实现矩阵 A 和 B 的行三元组表。

稀疏矩阵的快速转置算法见程序 4-11。

【程序 4-11】　稀疏矩阵的快速转置。

```
Triples    Transpose(Triples a)
{   Triples b;
    int num[MAX_COL], k[MAX_COL], i, j, cols=a.Cols, nonzeros=a.NonZeros;
    b.Rows=a.Cols; b.Cols=a.Rows; b.NonZeros=a.NonZeros;
    if (nonzeros>0){
        for (i=0; i<cols; i++) num[i]=0;
        for (i=0; i<nonzeros; i++) num[a.Elements[i].Col]++;
        k[0]=0;
        for (i=1; i<cols; i++) k[i]=k[i-1]+num[i-1];
        for (i=0; i<nonzeros; i++){
            j=k[a.Elements[i].Col]++;
            b.Elements[j].Row=a.Elements[i].Col;
            b.Elements[j].Col=a.Elements[i].Row;
            b.Elements[j].Value=a.Elements[i].Value;
        }
    }
    return b;
}
```

不难看出，快速转置算法的时间复杂度是 O(Cols+NonZeros)，空间上只增加了两个一维数组。如果对算法稍加改动，还可以省去数组 num 和 k 中的一个数组，即先以数组 k[i] 保存三元组表 A 的第 i 列的非零元素个数，然后仍使用数组 k[i]，保存矩阵 A 中第 i 列(即 B 中第 i 行)第一个非零元素在数组 B 中的下标。

我们使用下列程序段计算数组 k，其中省略了数组 num，但使用了两个变量 x 和 y。

```
for (i=0; i<cols; i++) k[i]=0;
for (i=0; i<nonzeros; i++) k[a.Elements[i].Col]++;
y=0;
for (i=0; i<cols; i++){
    x=k[i]; k[i]=y; y=y+x;
}
```

4.5.4 稀疏矩阵的正交链表表示

上面介绍的三元组表是稀疏矩阵的一种顺序存储表示。顺序存储表示的缺点之一是需要事先知道所用空间的大小，并静态分配存储空间。但是在许多矩阵应用中，稀疏矩阵的非零元素个数变化较大，在运算中又会产生许多新的非零元素(被称为**填元**(fill-in))，如矩阵相乘时就是这样。所以，事先确定存储空间的大小比较困难。在这种情况下，我们可以采用链接存储表示。正交链表是稀疏矩阵的一种链接存储方式。

正交链表又称十字链表，是三元组的链接表示。稀疏矩阵的每个非零元素仍由三元组表示，这些三元组通过链接方式相互关联。图 4-15 为稀疏矩阵的正交链表表示的例子。

正交链表的每个结点中除了矩阵元素的三元组信息外，还包含指向同一行后继结点的指针域(Right)和指向同一列后继结点的指针域(Down)。图 4-15(b)为正交链表的矩阵元素结点的结构。每个元素结点包含一个 Element 域，其类型为 Term(图 4-15(a))和两个指针域：Right 和 Down，它们分别指向该矩阵元素的同行和同列的下一个非零元素结点。

为了便于实现矩阵运算，对矩阵的每一行非零元素都构造一个横向的带表头结点的单循环链表，对每一列非零元素也都构造一个纵向的带表头结点的单循环链表，这样就在两个方向上形成了带表头结点的单向循环链表：行链表和列链表。行链表是由稀疏矩阵中同行的非零元素组成的链表，列链表是同列的非零元素组成的链表。一个 m×n 的矩阵包含 m 个行链表和 n 个列链表。行表头必须包含的域是 Right 域，它是指向该行的第一个非零元素结点的指针；列表头必须包含的域是 Down 域，它是指向该列的第一个非零元素结点的指针。如果这些表头结点也以链接的方式相关联，则一个表头结点还需要有一个域(不妨称为 Next)，它是指向下一个表头结点的指针，从而使表头结点自身也形成一个链表。图 4-15(c)为表头结点，它组合了行表头和列表头的域(Right 和 Down)，使两者能合用一个结点。

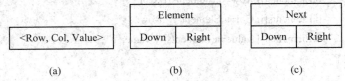

图 4-15 正交链表的结点结构

(a) 三元组(Element)；(b) 矩阵元素结点的结构；(c) 表头结点

在下面的正交链表的结点描述定义中，通过使用联合，我们不仅将行表头结点和列表头结点的结构统一起来，而且还将表头结点和矩阵元素结点的结构统一起来。

```
typedef   enum {H, E}  TagField;
typedef   struct term {
```

```
            int Row, Col;
            T value;
        }Term;
    typedef struct mnode {
        struct mnode *Right, *Down;
        TagField Tag;
        union {
            struct mnode *Next;
            Term Element;
        } U;
    }MNode;
```

这样，正交链表中所有结点都具有相同的结构类型，无论是表头结点还是非零元素结点均为 MNode 类型结点，其中，Tag 是标志域，用以区分两类结点。当 Tag=H 时，结点的 U 域是 Next 成员；当 Tag=E 时，它是 Element 成员。这里不妨将这两类结点分别称为 H 结点和 E 结点。

正交链表中的结点按功能分为以下三种：

(1) 非零元素结点：为 E 结点，Element 域为元素的三元组，Right 和 Down 域分别指向同行和同列的下一个结点。一个非零元素 a[i][j] 既属于第 i 行的行链表，又属于第 j 列的列链表，从而形成了一个"正交链表"。

(2) 行/列表头结点：为 H 结点，是行或列链表的表头结点。从图 4-16 中我们看到，似乎有 4 个行表头结点和 4 个列表头结点，事实上总共只有 4 个这样的表头结点。因为第 i 行和第 i 列是合用一个表头结点的，它们使用 Right 域指向该行的第一个非零元素结点，使用 Down 域指向该列的第一个非零元素结点，所以只需 4 个 HD[i] 指针指向这些表头结点。由于行/列表头结点合用，因此表头结点的个数应取矩阵行、列数的大者，即指针数组 HD

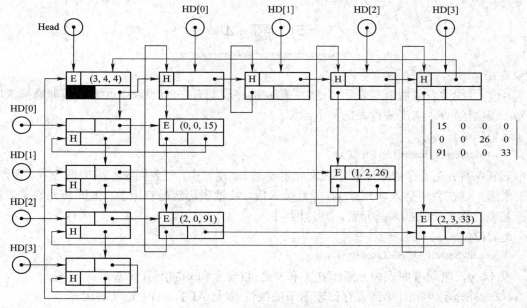

图 4-16　正交链表结构示意图

我们将它们称为行/列表头结点，也就是下面所说的正交链表的表头结点。应当提醒的是：HD 的长度为 max{Rows, Cols}，其中，Rows 和 Cols 分别为稀疏矩阵的行数和列数。行/列表头结点自身组成一个带表头结点的单循环链表。

(3) 正交链表的表头结点：指针 Head 指向一个特殊的表头结点，它是行/列表头结点组成的链表的共同表头结点，即整个正交链表的表头结点。值得注意的是：该结点为 E 结点，而不是 H 结点，其 Element 域的三元组中保存的是稀疏矩阵的行数、列数和非零元素的个数，Right 域指向第一个行/列表头结点，如图 4-16 所示。

一个正交链表结构可以定义为如下的 C 语言结构类型：

```
Typedef struct linkedmatrix {
    MNode *Head;
    MNode *HD[MaxSize];
}LinkedMatrix;
```

小　结

本章中，我们讨论了两种常见的线性数据结构：线性表和数组。线性表是最通用的线性数据结构，对线性表中元素的操作没有位置的限制。本章讨论了线性表在顺序和链接两种存储表示下的实现，并以多项式算术运算为例，介绍了线性表的应用。数组(除一维数组外)是一种复杂的数据结构，数组元素之间的联系是多维的，但是我们可以将一个 n 维数组看成是每个数据元素是 n-1 维数组的一维数组。此外，数组元素有相同类型，且数组的下标具有固定的上、下界，被视为静态数据结构，因此可以采用顺序存储实现随机存取。稀疏矩阵是一种特殊的二维数组，我们在本章中对它在科学计算上的应用和它在存储上的特点进行了专门的讨论。

习　题　4

4-1　设线性表采用顺序表示方式，并假定顺序表是有序的(设表中元素已按非递减次序排列)。编写函数，实现线性表的如下运算：

运算(1)：

```
int Search_Insert(List* lst,T x)
```

后置条件：在有序的顺序表中搜索元素 x。若 x 在表中，则返回 x 在表中的位置。否则，若表未满，则在表中插入新元素 x，并且插入后，线性表仍然是有序的，返回新元素 x 的位置；若表已满，无法插入新元素，则返回 –1。

运算(2)：

```
void Search_Delete(List* lst, T x, T y)
```

设 x≤y，删除有序表中元素值在 x 和 y 之间(含 x 和 y)的所有元素。

4-2　补充实现所有单链表存储表示下的线性表(见 ADT 4-1)中定义的运算。

4-3　根据本书 3.5 节中介绍的菜单驱动程序的设计方法，编写用于测试线性表运算(顺序表和链表)的菜单方式的驱动程序，测试各种线性表运算。

4-4　写出带表头结点的单链表的 C 语言结构定义，并在存储结构上实现 ADT 4-1 中定义的线性表的 Insert 和 Remove 运算。

4-5　设集合 A 和 B 采用带表头结点的双向链表表示，设计一个函数，实现 A∪B 和 A–B。

4-6　设计一个函数，从题 4-5 的集合 A 中搜索元素 x，若存在 x，则从集合中删除之。

4-7　Josephus 问题描述如下：设 n 个人围圆桌坐一圈，从第 s 个人开始报数，数到第 m 个人，此人就离座，然后从离座的下一个人开始重新报数，数到第 m 个人，此人再离座……如此反复直到所有的人全部离座为止。

(1) 请以 n=9, s=1, m=5 为例，人工模拟 Josephus 问题，求问题的解。

(2) 用不带表头结点的单向循环链表，直接实现将离座人按离座顺序输出的算法。

4-8　比较线性表的两种存储表示，说明在何种情况下使用顺序表，何种情况下使用链表。

4-9　在不带表头结点的单链表上实现多项式加法，写出该版本的 PolyAdd 函数。

4-10　为什么实现多项式的算术运算使用链接存储表示更合适？

4-11　设有上三角矩阵 $A_{n×n}$，将其上三角部分元素(含主对角线元素)保存在一维数组 B 中，请给出由元素 a_{ij} 的下标<i, j>(设下标从 0 开始编号)求该元素在一维数组中的位置 k(从 0 开始编号)的计算公式。

4-12　设有三对角矩阵 $A_{n×n}$，将其三条对角线上元素按对角线存入二维数组 B[3][n]中，使得 B[u, v]=A[i][j]。给出用 i、j 表示 u、v 的下标变换公式。

4-13　给出图 4-17 所示的稀疏矩阵顺序表示的行三元组表和列三元组表。

4-14　对图 4-17 所示的稀疏矩阵，求矩阵快速转置算法中所得的数组 num[]和 k[]的值。

4-15　设稀疏矩阵采用行三元组表表示。设计一个函数实现两矩阵的加法运算。

4-16　画出图 4-17 所示稀疏矩阵的正交链表示意图。

$$
\begin{bmatrix}
0 & 0 & 6 & 0 & 0 \\
-3 & 0 & 0 & 0 & 7 \\
0 & 0 & 0 & 0 & 0 \\
0 & 0 & -8 & 10 & 0 \\
0 & 0 & 0 & 0 & 9
\end{bmatrix}
$$

图 4-17　稀疏矩阵

4-17　设稀疏矩阵采用正交链表存储，写三个函数分别实现：

(1) 建立一个正交链表；

(2) 打印一个正交链表；

(3) 实现以正交链表表示的两个稀疏矩阵的加法运算。

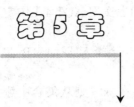

字符串和广义表

字符串广泛用于文本编辑和处理领域，广义表则在人工智能领域被广泛使用。本章从数据结构的角度出发，对这两种数据结构进行讨论，给出它们的抽象数据类型定义，介绍它们的存储表示方式，并重点讨论字符串的模式匹配和广义表的求深度算法。

5.1 字 符 串

世界上的大量信息都是以字符串的形式存储在计算机内的。一本书，一个程序都可以看成是一串字符。计算机频繁地与字符串打交道：存储、编辑、提取、输出字符串。字符串是非数值计算中处理的主要对象。本节介绍字符串的抽象数据类型及它的存储表示，并着重讨论字符串上的模式匹配算法。

5.1.1 字符串 ADT

字符串(string，简称为**串**)是由 n(n≥0)个字符组成的有限序列，记为

$$s = "a_0 a_1 \cdots a_{n-1}"$$

其中，s 是串名，双引号括起来的字符序列是串 s 的值，n 是串中字符的个数，又称为串长度。n = 0 的串称为空串。要注意区分空串和空白串：空串不包括任何字符，空白串包括空格符。

串中任意连续个字符组成的子序列称为该串的**子串**(substring)，包含子串的串称为**主串**。通常以子串的首字符在主串中的位置作为子串在主串中的位置。

与数组的情况类似，许多程序设计语言引入了串的概念，并在不同程度上提供了字符串的处理能力。FORTRAN 语言中的串是直接量，标准 Pascal、C/C++ 语言中是将字符串作为字符数组来处理的。但是许多语言的编译器通过库函数的方式，向用户提供了丰富的字符串函数。C 语言也在 string.h 中提供了许多字符串处理函数。SNOBOL 语言是一种专门面向字符串处理的程序设计语言，它有丰富的串运算函数。因此，我们可以认为字符串是许多程序设计语言已经实现的数据结构。作为一种数据结构，字符串是一种线性数据结构，但它不同于线性表，因为组成字符串的元素是字符，在存储表示上有其特殊性。线性表上的运算大都是针对单个元素的，而字符串运算往往是以子串为单位进行的(见 ADT 5-1)，因

此，将字符串作为单独的数据结构进行研究是有必要的。我们同样可以将字符串定义为一个抽象数据类型。ADT 5-1 中定义了一组常用的字符串运算，当然，我们还可以定义其他运算，以提供更多的字符串操作功能。

ADT 5-1 String{

数据：

零个或多个字符的有限序列，其最大允许长度为 MaxString。

运算：

void CreateString(String *s, int maxsize);

构造一个空串。

int Length(String s)

函数值返回字符串 s 的长度。

void Clear(String *s)

字符串 *s 成为空串。

void Copy(String p,String *s)

字符串 *s 有串 p 的值。

BOOL Insert(String *s, String p, int pos)

若 $0 \leqslant pos \leqslant Length(*s)$，且 $Length(*s)+Length(p) \leqslant maxsize$，则串 *s 为在位置 pos−1 和 pos 之间插入串 p 后得到的串，其长度为 Length(*s)+Length(p)，并且函数返回 TRUE，否则函数返回 FALSE。

BOOL Remove(String *s, int pos,int len)

若 $0 \leqslant pos < Length(*s)$，且 $Length(*s)-pos \geqslant len$，则串 *s 为从位置 pos 开始删除了长度为 len 的子串后所得到的串，其长度为 Length(*s)-len，并且函数返回 TRUE，否则函数返回 FALSE。

String SubString(String s, int pos,int len)

若 $0 \leqslant pos < Length(*s)$，且 $Length(*s)-pos \geqslant len$，则返回串 *s 中从位置 pos 开始，长度为 len 的子串，否则返回空串。

int Index(String s, String p, int pos)

若 $0 \leqslant pos < Length(*s)$，则函数值是大于等于 pos 的最小整数 k，使得串 p 与串 s 中从位置 k 开始，长度为 Length(p)的子串相等，并且函数返回 k，否则函数返回−1。

}

5.1.2　字符串的存储表示

字符串可以采用线性结构所使用的一般方法存储，即顺序方式和链接方式。但由于串由单个字符组成，因此字符串在存储方式上有其自身的特点。

1. 串的顺序表示

串的顺序表示是指把串中的字符顺序地存储在一片连续的空间中。在按字节编址的机器中，每个字符占一个字节。在按字编址的机器中，可采用压缩形式来存放。所谓压缩形式，就是根据各机器字的长度，尽可能将多个字符存放在一个字中。而非压缩形式则是不论机器字的长短，每个字只放一个字符。显然压缩形式节省了空间，但却不易实现字符串运算，非压缩形式的特点正相反。

一般来讲，字符串有定义长度，这是该字符串运算中的最大允许长度。一个字符串还有它当前的实际长度。指示一个串的实际长度可以有不同的做法。Pascal 语言在字符数组的位置为 0 的字节中直接存放该字符串的长度，C 语言则以 "\0" 指示字符串结束，见图 5-1。

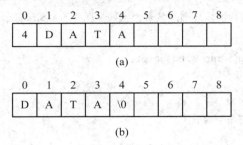

图 5-1　字符串的顺序表示(字节编址)

(a) Pascal 语言字符串存储方式；(b) C 语言字符串存储方式

2. 串的链接表示

串也可以用单链表存储，每个结点可以存放一个字符，见图 5-2(a)。这种方法处理简便，但存储空间利用率不高。每个结点也可存放多个字符，见图 5-2(b)(@作为字符串的结束标志)，这种做法可以提高空间利用率，但实现字符串操作的难度加大了。

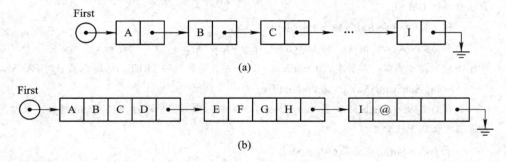

图 5-2　字符串的链接表示

(a) 每个结点存 1 个字符；(b) 每个结点存 4 个字符

由于字符串是许多程序设计语言已实现的数据类型，如 C 语言在 string.h 中提供了许多字符串处理函数，此外，有了前几章学习线性数据结构的基础，无论字符串采用链接表示还是顺序表示，实现 ADT 5-1 中定义的大多数字符串操作都不会很困难，所以下面我们只讨论串的模式匹配算法。

5.1.3　简单模式匹配算法

设有两个字符串 s 和 p，称在串 s 中找串 p 的过程为**模式匹配**(pattern matching)。这里，s 为主串，p 为子串，又称为**模式**(pattern)。模式匹配最普遍的应用是在文本编辑器中查找子串。如 Word 中的查找(Find)、替换(Replace)和定位(Locate)等命令都涉及模式匹配问题。实现模式匹配最方便的方法是使用 C 语言在 string.h 中提供的函数 strstr。看下面的例子。

【程序 5-1】 C 语言的 strstr 函数。

```
#include <stdio.h>

#include <string.h>

void main()

{        char p[10]="abc", s[10]="cdabcde", *t;

         if (t=strstr(s, p)) printf("The string from strstr is :%s\n", t);

         else printf("The pattern was not found with strstr\n");

}
```

程序 5-1 完成的功能是：如果模式串 p 在串 s 中，则指针 t 指向串 p 在串 s 中的第一个字符，并打印串 s 中从 t 指向的字符开始的字符串 abcde。虽然 C 语言的函数 strstr 可以实现模式匹配，但并非所有的语言都提供这样的函数，也并非 C 语言的所有编译器都提供这样的库函数。此外，模式匹配有不同的方法，不同的方法有不同的效率。所以讨论字符串的模式算法仍然是很有意义的。

本章中我们将介绍两种模式匹配算法：简单匹配算法和改进的模式匹配算法(KMP 算法)。先来看简单模式匹配算法。

模式匹配的最简单的做法是从主串 s 中位于 pos 的字符开始，与模式串 p 的位置为 0 的字符开始比较。如果两字符相等，则继续比较下一个字符；如果在逐次比较中，串 s 的当前字符与串 p 的当前字符不相等，则该趟匹配失败。下一趟匹配中，串 s 从位置 pos+1 的字符开始，串 p 从起始字符开始，继续比较。如果匹配再次失败，比较从串 s 中位置为 pos+2 的字符开始，串 p 仍回到起始字符，进行下一趟匹配。依此类推，直到匹配成功，或者匹配失败为止。如果匹配成功，函数返回串 p 在串 s 中的起始字符的位置，否则函数返回 −1。这种模式匹配方法称为简单匹配算法。图 5-3 和图 5-4 分别为简单匹配算法的匹配成功和匹配失败的例子。

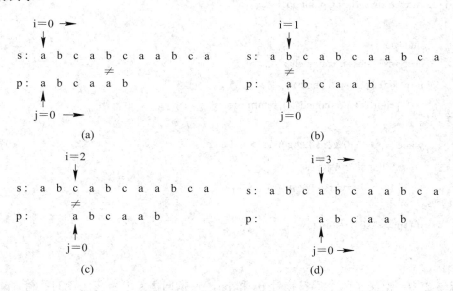

图 5-3　简单匹配算法举例(匹配成功)

(a) 第一趟；(b) 第二趟；(c) 第三趟；(d) 匹配成功

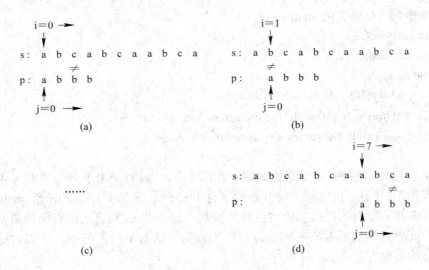

图 5-4　简单匹配算法举例(匹配失败)

(a) 第一趟；(b) 第二趟；(c) 以后的匹配都失败；(d) 匹配失败

程序 5-2 实现了简单匹配算法。该程序是在如下描述的字符串顺序表示下实现的：

```
#define MaxSize 256
typedef struct string{
    char chs[MaxSize];
    int Length, MaxString;
}String;
```

【程序 5-2】 简单匹配算法。

```
int Index(String s, String p, int pos)
{
    int i=pos;
    char *ps=s.chs+i, *pp=p.chs;
    if (pos<0 || pos>=s.Length) {
        printf("Out of bounds!"); return -1;
    }
    while (*pp!='\x0'&& s.Length-i+1>=p.Length )
        if (*ps++!=*pp++ ) {
            ps=s.chs+(++i); pp=p.chs;
        }
    if (*pp=='\x0' ) return i;
    return -1;
}
```

程序 5-2 中，定义了两个字符指针 ps 和 pp，ps 指向串 s 中当前比较的字符，pp 指向串 p 中当前比较的字符。在某趟比较中，串 s 中起始比较的字符的位置保存在变量 i 中，如在

图 5-3(d)中，第四趟比较是从串 s 中位置为 i=3 的字符开始的。由于字符串以字符数组形式存储，因此串 s 和串 p 的起始地址分别为 s.chs 和 p.chs。ps=s.chs+i，i=pos 和 pp=p.chs 分别指向两串中起始比较的两字符。当条件*pp=='\x0' 或 s.Length−i +1< p.Length 成立时，结束 while 循环。前一个条件成立意味着匹配成功，返回 i；后一个条件成立意味着匹配失败。在 while 循环中，表达式(*ps++!=*pp++)比较 ps 和 pp 所指向的两字符是否相等，并使指针 ps 和 pp 分别进一。如果两字符相等，则继续进行以后的比较；若不相等，则下一趟将是串 s 中位置为 ++i 的字符(即 ps=s.chs+(++i))与串 p 的首字符(即 pp=p.chs)进行比较。

设主串和模式串的长度分别为 n 和 m，while 循环最多进行 n−m+1 趟，每趟最多比较 m 次，这样总的比较次数最多是(n−m+1)×m。由于(n−m+1)×m≤n×m，因此简单模式匹配算法在最坏情况下的时间复杂度是 O(n×m)。

例如：n=14，m=4，设 s = "aaaaaaaaaaaaab"，p="aaab"，while 循环执行 14−4 + 1 趟，每趟比较 4 次。

*5.1.4　模式匹配的 KMP 算法

我们看到在简单匹配算法中，当主串和子串的字符比较不相等时，主串的字符指针ps 需返回本趟开始处的下一个字符，而子串的指针pp则回到子串的起始字符，这种回溯显然是费时的。如果仔细观察，可以发现这样的回溯常常不是必需的。

由 D.E.Knuth、J.H.Morris 和 V.R.Pratt 三人提出的 KMP 算法，尽可能地避免不必要的回溯，实现字符串的高效的模式匹配。在 KMP 算法中，主串指针 ps 始终无需回溯，子串指针 pp 返回到前面的什么位置，视情况而定。请看图 5-5 所示的例子。

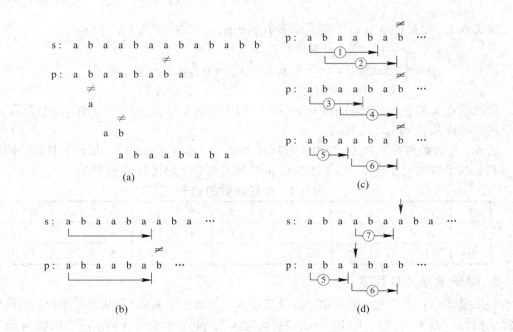

图 5-5　考察简单匹配算法

(a) 简单匹配算法；(b) 第一趟比较失配；(c) 考察模式串 p；(d) 下一趟比较的起始位置

图 5-5(a)表示按照简单匹配算法进行模式匹配的过程。图 5-5(b)表明了第一趟比较在 s_6 失配，但前 6 个字符是两两相等的。图 5-5(c)考察子串 p 的子串 "$p_0p_1\cdots p_5$"="abaaba"，我们发现子串①和②不相等，③和④不相等，但⑤和⑥相等，所以，图 5-5(a) 的简单匹配算法的第二、三趟比较是注定会失配的，因而是多余的。从图 5-5(d)中我们可以看到，子串⑤、⑥和⑦三者相等，所以，很显然图 5-5(a)的第四趟比较可以不必从 p_0 开始，而直接从 p_3 开始与 s_6 比较。也就是说，如果对于子串 p 有：①≠②，③≠④且⑤=⑥，则第二趟比较就可以从 p_3 与 s_6 的比较开始。这也意味着主串指针 ps 无需回溯，而子串指针 pp 回溯到什么位置取决于串 p 自身的特性。

现在来看一般情况。设主串 s="$s_0 s_1 \cdots s_{n-1}$"，模式串 p="$p_0 p_1 \cdots p_{m-1}$"，并设字符比较在 $s_i \neq p_j$ 处失配。如果考察 p 串，发现

$$p_0 p_1 \cdots p_{k-1} = p_{j-k} p_{j-k+1} \cdots p_{j-1}$$

是串 $p_0 p_1 \cdots p_{j-1}$ 中"最长的且相等的前缀子串和后缀子串"，其中，$p_0 p_1 \cdots p_{k-1}$ 是 $p_0 p_1 \cdots p_{j-1}$ 的前缀子串，$p_{j-k} p_{j-k+1} \cdots p_{j-1}$ 是 $p_0 p_1 \cdots p_{j-1}$ 的后缀子串，则由于匹配在 $s_i \neq p_j$ 处失配，因此必有

$$p_{j-k} \cdots p_{j-2} p_{j-1} = s_{i-k} \cdots s_{i-2} s_{i-1}$$

因此

$$p_0 \cdots p_{k-2} p_{k-1} = s_{i-k} \cdots s_{i-2} s_{i-1}$$

那么，下一趟比较可以从 s_i 和 p_k 处开始。

1. 失败函数的定义

失败函数 f(j) 的值指示当比较在 p_j 处失配时，下一趟比较应从子串 p 的哪个字符处开始。

定义 5-1 设有长度为 m 的模式串 p=$p_0 p_1 \cdots p_{m-1}$，失败函数 f 定义如下：

$$f(j) = \begin{cases} -1 & \text{(当 j=0 时)} \\ \max\{k|0<k<j \text{ 且 } p_0 p_1 \cdots p_{k-1}= p_{j-k} p_{j-k+1} \cdots p_{j-1}\} \text{存在} \\ 0 & \text{(其他情况)} \end{cases} \tag{5-1}$$

设比较在 s_i 和 p_j 处失配，f(j)≥0 表示下一趟比较从 s_i 与 $p_{f(j)}$ 处开始；f(j) = −1 表示 $p_0 \neq s_i$，下一趟比较应从 p_0 与 s_{i+1} 处开始。

表 5-1 是失败函数的例子。表中，f(7)=4 表示在子串 $p_0 p_1 \cdots p_6$ 中，最长的且相等的前缀子串和后缀子串的长度是 4。如果比较在 p_7 失败，那么下趟比较从 p_4 开始。

表 5-1   失败函数的例子

j	0	1	2	3	4	5	6	7	8	9	10
p	a	b	c	a	b	c	a	b	b	a	c
f(j)	−1	0	0	0	1	2	3	4	5	0	1

2. KMP 算法的 C 程序

如果模式串 p 的失败函数的值已经计算出来，那么实现 KMP 算法就很简单。与简单匹配算法相似，当 $s_i \neq p_j$ 时，KMP 算法接着比较 s_i 与 $p_{f(j)}$，即先令 j=f(j)，再比较 s_i 与 p_j。有一种特殊的情况需单独处理，那就是当 f(j) = −1 时，应令 s_i 与 p_0 比较，也就是说，应使 i = i +1，j=0 (即实施运算 i++，j++)，如程序 5-3 所示。

【程序 5-3】　KMP 算法的 C 程序。

```
int Index_KMP(String s, String p, int pos)
{
        int i=pos, j=0; int n=s.Length, m=p.Length;
        while (i<n && j<m)
                if (j==−1 ‖ s.chs[i]==p.chs[j]){
                        i++;   j++;
                }
                else j=f[j];
        return ((j==m)? i−m: −1);
}
```

图 5-6 的例子说明了 KMP 算法的匹配过程，其中主串 s="abcabcaabcabcabbacb"，模式
串 p="abcabcabbac"。

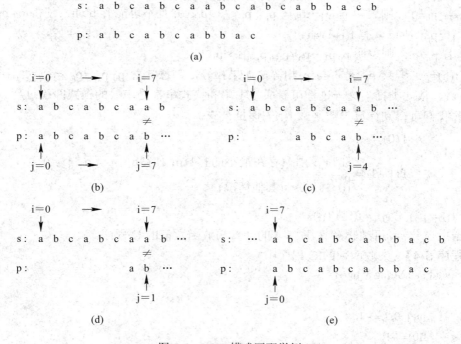

图 5-6　KMP 模式匹配举例

(a) 主串 s 和模式串 p；(b) 在 j=7 处失配；(c) 比较从 j=f(7)=4 处开始；

(d) 比较从 j=f(4)=1 开始；(e) 匹配成功

现在分析 Index_KMP 算法。该算法中，if (j == −1 ‖ s.chs[i]==p.chs[j])语句的执行次数
最多，我们以它的执行次数来计算算法的时间复杂度。

if 语句有两个分支：

(1) i++;   j++;；

(2) j=f[j];。

if 语句的执行次数是这两个分支执行次数的和。对于分支(1)，因 i 的初值为 pos(≥ 0)，每执行一次分支(1)，i 的值增 1，只有当 i<n 时才执行分支(1)，因此分支(1)最多执行 n 次。对于分支(2)，因 j 的初值为 0，只有在分支(1)中 j 的值才会增 1，每执行一次语句 j=f[j]，由于 f[j]<j，j 的值只减不增，只有当 j≥ 0 时才执行分支(2)，因此分支(2)的执行次数不会超过分支(1)。所以 if 语句的执行次数不会超过 2n，KMP 算法的时间复杂度为 O(n)。

3. 计算失败函数

下面讨论失败函数的计算方法。计算 f(j)就是对子串 $p_0 p_1 \cdots p_{j-1}$ 求最长的且相等的前缀子串和后缀子串的长度。如果这种计算是费时的，则 KMP 算法不会给我们带来节省时间的好处。幸运的是我们能够设计出快速计算 f(j)的算法。

我们知道，总有 f(0) = -1。如果已经计算出 f(j)($0 \leq j < m-1$)，如何计算 f(j+1)呢？

为了求 f(j+1)，根据定义，我们需要求得 $p_0 p_1 \cdots p_j$ 的最长的且相等的前缀子串和后缀子串的长度 k，即 $\max\{k \mid 0 < k \leq j$ 且 $p_0 p_1 \cdots p_{k-1} = p_{j-k+1} p_{j-k+2} \cdots p_j\}$。

设 f(j)=h，我们有 $p_0 p_1 \cdots p_{h-1} = p_{j-h} p_{j-h+1} \cdots p_{j-1}$。

(1) 若 $p_h = p_j$，则表明 $p_0 p_1 \cdots p_h = p_{j-h} p_{j-h+1} \cdots p_j$，并且不可能有 h'>h，使得 $p_0 p_1 \cdots p_{h'} = p_{j-h'} p_{j-h'+1} \cdots p_j$，所以，有 f(j+1)=h+1。

(2) 若 $p_h \neq p_j$，则表明 $p_0 p_1 \cdots p_h \neq p_{j-h} p_{j-h+1} \cdots p_j$。

设 f(h)=g，考察 p_g 是否与 p_j 相等，如果相等，则意味着 $p_0 p_1 \cdots p_g = p_{j-g} p_{j-g+1} \cdots p_j$，有 f(j+1)=g+1，依此类推。这一过程可看成是主串和模式串都是串 p 的模式匹配过程。

由此我们可得到计算失败函数 f(j)的递推公式：

$$f(0) = -1$$

$$f(j+1) = \begin{cases} f^m(j) + 1 & (\text{存在最小的整数m,使得} p_{f^m(j)} = p_j, j \geq 0) \\ 0 & (\text{其他情况}) \end{cases} \qquad (5\text{-}2)$$

其中，$f^1(j) = f(j)$，$f^m(j) = f(f^{m-1}(j))$。

根据上述分析，我们得到程序 5-4 的计算失败函数值的 C 程序。

【程序 5-4】 失败函数的 C 程序。

```c
void Fail(String p, int *f)
{
    int j=0, k= -1;
    f[0]= -1;
    while (j< p.Length)
        if (k== -1 || p.chs[j]==p.chs[k])
        {
            j++; k++;
            f[j]=k;
        }
        else k=f[k];
}
```

4. 改进的失败函数的 C 程序

失败函数可以通过改进，进一步提高效率。从图 5-6 可以看出，在第 1 趟匹配到达失配点时，s_7='a'，p_7='b'，$s_7 \neq p_7$，取 j=f(j)=4，即下一趟从 p_4 开始与 s_7 继续比较。由于 $p_4=p_7$='b'，因此 $p_4 \neq s_7$，此趟回溯到 j=4 仍然是多余的；同理回溯到 j=1 也是多余的，可以直接回溯到 j=0。这就是说，如果在求得 f(j)为 k 值后，若有 $p_k \neq p_j$，可令 f(j)=k，否则令 f(j)=f(k)。改进的失败函数的例子见表 5-2。改进的失败函数的 C 程序见程序 5-5。

表 5-2　改进的失败函数的例子

j	0	1	2	3	4	5	6	7	8	9	10
p	a	b	c	a	b	c	a	b	b	a	c
f(j)	−1	0	0	−1	0	0	−1	0	5	−1	1

【**程序 5-5**】　改进的失败函数的 C 程序。

```c
void   Fail2(String p, int *f)
{
        int j=0, k= −1;
        f[0]= −1;
        while (j<p.Length)
          if (k== −1 || p.chs[j]==p.chs[k]){
              j++; k++;
              if (p.chs[j]==p.chs[k]) f[j]=f[k];
              else f[j]=k;
          }
          else k=f[k];
}
```

计算失败函数的时间复杂度为 O(m)，所以 KMP 匹配算法的时间复杂度是 O(n+m)。

*5.2　广　义　表

5.2.1　广义表的概念

广义表(generalized lists)又称为**列表**(lists，这里用复数形式以示与一般线性表的区别)，是零个或多个元素的有序序列。广义表的元素或者为**原子**(atom)，或者为广义表。广义表记作 LS=(x_0, x_1, …, x_{n-1})，其中，x_i 称为表元素。

原子可以是任何在结构上不可分割的数据元素。作为广义表中元素的广义表称为**子表**。表结构被广泛用于人工智能等领域。表处理语言 LISP 把广义表作为基本数据结构，就连程序也表示成一系列的广义表。显然，上面给出的广义表的定义是一个递归的定义。

通常用圆括号将广义表括起来，用逗号分隔表中元素。为了区分原子和子表，在下面的书写中我们约定：用大写字母表示表(或子表)，用小写字母表示原子。例如：

E=( )

G=(E)=(( ))

L=(a，b)

A=(x，L)=(x，(a，b))

B=(A，y)=((x,(a，b))，y)

C=(A，B)=((x，(a，b))，((x，(a，b))，y))

D=(z，D)=(z，(z，(z，(…))))

F=((r，s，t))

H=(A，B，C，D)

  一个广义表中所包含的元素(包括原子和子表)的个数称为该广义表的长度。长度为零的表是空表。例如，上面例子中表 E 是空表，它不包含任何元素，但注意表 G 不是空表，它有一个空表作为其唯一的元素，所以其长度为 1。表 L、A、B、C 的长度都是 2，但 F 的长度是 1，它包含一个子表，该子表的长度是 3。

  从广义表的定义和给出的例子可以得到广义表的下列重要性质：

  (1) 广义表的元素可以是原子，也可以是子表，而子表的元素还可以是子表……因此，广义表是一种多层次的数据结构。当用圆括号表示广义表时，一个表的深度是指表中所包含的括号的层数。例如表 L 的深度是 1，而表 A 的深度是 2。空表也是广义表，其深度为 1。

  (2) 广义表可以是递归的表。广义表的定义并没有限制元素的递归，即广义表也可以是其自身的子表。例如表 D 就是一个递归的表。

  (3) 广义表可以为其他表所共享。例如表 A 和表 B 是表 C 的共享子表。在 C 中可以不必列出子表的值，而用子表的名称来引用。

  广义表可以看成是线性表的推广，而线性表是广义表的特例，即深度为 1 的广义表，但广义表与线性表还有着重要的差别。

  如果规定任何表都是有名的表，则为了既标明每个表的名字，又说明它的组成，可以将表的名字写在本表对应的括号前，于是上面的广义表可以分别写成：

E( )

G(E( ))

L(a，b)

A(x，L(a，b))

B(A(x，L(a，b))，y)

C(A(x，L(a，b))，B(A(x，L(a，b))，y))

D(z，D(z，D(…)))

……

5.2.2 广义表 ADT

  一个广义表的第一个元素称为**头部**(head)，其余元素组成的表是广义表的**尾部**(tail)。广义表的头部是一个元素，而广义表的尾部一定是一个表。求表的头部和尾部是广义表的两个最基本的操作。此外，在广义表上可以定义与线性表类似的一些操作，如建立、插入、删除、拆开、连接，以及复制、遍历、嵌套信息的输入和输出等。ADT 5-2 列出了部分广义表的运算。LISP 语言提供了丰富的广义表函数。

ADT 5-2 Lists {

数据：

是零个或多个元素的原子或子表所组成的有序序列。

运算：

void CreateLists(Lists * lst);

根据广义表的书写形式创建一个广义表。

BOOL IsEmpty(Lists lst)

若广义表为空，则返回 TRUE，否则返回 FALSE。

int Size(Lists lst)

返回广义表的长度。

int Depth(Lists lst)

返回广义表的深度。

Lists Head(Lists lst)

返回广义表的头部。

Lists Tail(Lists lst)

返回广义表的尾部。

void Clear(Lists * lst);

移去所有元素，广义表成为空表。

}

5.2.3　广义表的存储表示

由于广义表的数据元素可以是原子，也可以是广义表，因此它难以用顺序存储结构表示，通常都采用链接存储结构表示。一种做法是将结点分成两类：原子结点和子表结点，每类结点都有三个域，其中有一个标志域 Tag，Tag=0 表示该结点是原子结点，Tag=1 表示该结点是子表结点。原子结点包括 Tag、Atom 和 Tp 域。子表结点包括 Tag、Hp 和 Tp 域。域 Tp 是原子结点和子表结点共有的，它是指向广义表的尾部的指针。原子结点的域 Atom 中存放原子的值，子表结点的域 Hp 指示子表的头部。图 5-7 为一种可能的广义表的存储结构。

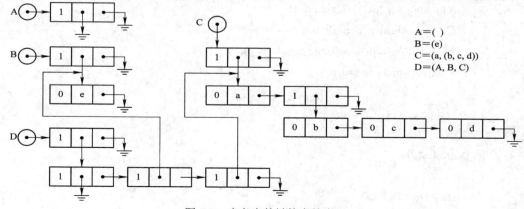

图 5-7　广义表的链接存储表示

广义表结点类型 GLNode 和广义表类型 Lists 的定义如下：

```
typedef struct glnode
{
    int Tag;
    struct glnode* Tp;
    union{
        char Atom;
        struct glnode *Hp;
    };
} GLNode;
typedef struct Lists
{
    GLNode* first;
}Lists;
```

5.2.4 广义表的算法

这里，我们只给出求广义表深度的递归算法，并且约定所讨论的广义表是非递归表且无共享子表。

设非空广义表为：L=(a_0, a_1, …, a_{n-1})，其中 a_i(i=0, 1, …, n-1)或者为原子，或者为子表，则求表 L 的深度可分解为分别求表 L 中各数据元素的深度，若 a_i 是原子，则其深度为 0，否则求子表 a_i 的深度。空表的深度为 1。这样非空的广义表 L 的深度是各子表深度的最大值加 1。程序 5-6 是求广义表深度的递归算法。

【程序 5-6】 求广义表的深度。

```
int   Dept(GLNode* p)
{
    int max=0, dep;
    if (p->Tag && !p->Head) return 1;
    for (p=p->Head; p; p=p->Link){
        if (p->Tag==0) dep=0; else dep=Dept(p);
        if(dep>max) max=dep;
    }
    return max+1;
}
int Depth(Lists lst)
{
    return Dept(lst.First);
}
```

小　结

本章介绍了字符串和广义表。SNOBOL 语言是面向字符串处理的程序设计语言,它有丰富的串运算函数。其他程序设计语言如 Pascal、C/C++ 等也以库函数形式提供了基本的字符串函数。广义表是人工智能语言 LISP 处理的基本数据类型。本章给出了这两种数据结构的抽象数据类型定义,介绍了它们的存储表示方式,并重点讨论了字符串的模式匹配和广义表的求深度算法。

习　题　5

5-1　设字符串采用顺序存储,实现 ADT 5-1 中定义的字符串的 Insert 和 SubString 运算。

5-2　设字符串采用顺序表示,设计一个函数,判断给定的字符串是否左右对称。

5-3　设字符串采用顺序存储,设计一个函数,统计字符串中出现的字符及每个字符出现的次数。

5-4　设串采用不带表头结点的单链表存储,每个结点存放 m 个字符,字符串长度采用图 5-2 (b)所示的方式指明。写出该存储表示的 C 语言类型定义。

5-5　设计一个字符串函数,在题 5-2 的字符串存储表示下,实现求字符串长度的 Length 运算。Length 运算的定义见 ADT 5-1。

5-6　在题 5-4 的链接存储表示下实现 ADT 5-1 中定义的字符串的 Insert 运算。为减少移动字符次数,允许用@填补结点中的空格,但一个结点至少要有一个有效字符。

5-7　设 a="(XYZ)+∗", b=" (X+Z)∗Y"。对 a 串进行哪些运算,才能得到 b 串?

5-8　设字符串采用顺序存储表示。设计一个函数 Replace,使用 Index 函数,将给定文本(即字符串 s)中出现的所有子串 p 替换成子串 t。

5-9　已知主串 s="acabaabaabcacaabc",模式串 p="abaabcac",手工模拟简单匹配算法的执行过程。

5-10　分别计算下列模式串的失败函数和改进的失败函数的值。

(1) P1="aaab";

(2) P2="xyxxxyyxxy";

(3) P3="abcabaabaca";

(4) P4="aabaacaababa"。

5-11　对题 5-9 的字符串执行 KMP 模式匹配,给出匹配过程的各趟结果。

5-12　设有广义表 L=((( )), a, ((b, c, ( ), d), ((e)))),请完成:

(1) 求它的深度。

(2) 画出它的存储结构(类似图 5-7)。

5-13　设计一个递归算法,打印一个非递归且非共享的广义表。

5-14　设计一个递归算法,复制一个非递归且非共享的广义表。

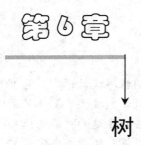

树

树结构是元素之间有着分层关系的结构，它类似于自然界中的树。这是一类很重要的非线性数据结构。在计算机应用中，常常出现嵌套的数据，树结构提供了对该类数据的自然表示。利用树结构，我们可以有效地解决一些算法问题。因此，树结构得到了广泛的应用。

6.1   树的基本概念

6.1.1   树的定义

层次结构的数据在现实世界中大量存在。例如，一个国家包括若干省，一个省有若干市，每个市管辖若干个县、区，这就是层次关系；又如，书的内容可以分成章节，章节编号也是层次的。所有上级和下级、整体和部分、祖先和后裔的关系都是层次关系的例子。许多应用程序都是用来处理**层次数据**(hierarchical data)或**谱系数据**(genealogical data)的。图6-1 描述了欧洲部分语言的谱系关系，它是一个后裔图，图中使用的描述树形结构数据的形式为倒置的树形表示法。在前几章中，我们学习了多种线性数据结构，但是一般来讲，这些数据结构不适合表示图 6-1 所示的层次结构的数据。为了表示这类层次结构的数据，我们采用树形数据结构。在本章中我们将学习多种不同特性的树形数据结构，如一般树、二叉树、穿线二叉树、堆和哈夫曼树等。

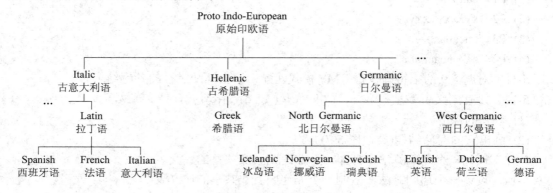

图 6-1   西欧语言谱系图

本书中，我们采用倒置的树形来逻辑地表示树形结构。从图 6-1 中可以看到，一棵倒置的树分成几个分枝，这些分枝称为子树；每棵子树再分成几个小分枝，小分枝再分成更小的分枝，每个分枝也都是树；一个结点也是树。由此，我们可以给树下一个递归定义。

定义　树(tree)是包括 n(n≥1)个元素的有限非空集合。其中，有一个特定的元素称为**根**(root)，其余元素划分成 m(m≥0)个互不相交的子集。这 m 个子集每一个也都是树，并称之为该树根的**子树**(subtree)。

上述定义是递归的，即用子树来定义树，在树的定义中引用了树的概念本身，这种定义方式被称为递归定义。一个结点的树是仅有根结点的树，这时 m = 0，这棵树没有子树。n>1 的树可借助少于 n 个结点的树来定义，即一个根结点加上 m 棵子树组成有 n 个结点的树。从上面的定义可以看到，树至少有一个结点，没有空树。树结构被称为**递归数据结构**(recursive data structures)。

6.1.2　基本术语

关于树结构的讨论中经常使用家族谱系的惯用语。

树中元素常称为**结点**(node)。树根和子树的根(如果有子树)之间有一条边。从某个结点沿着树中的边可到达另一个结点，则称这两个结点间存在一条**路径**(path)。

若一个结点有子树，那么该结点称为子树根的**双亲**(parent)，子树的根是该结点的**孩子**(child)。有相同双亲的结点互为**兄弟**(sibling)。一个结点的所有子树上的任何结点都是该结点的**后裔**(descendent)。从根结点到某个结点的路径上的所有结点都是该结点的**祖先**(ancestor)。

结点拥有的子树数称为该结点的**度**(degree)。度为零的结点称为**叶子**(leaf)，其余结点称为**分支结点**(branch)。树中结点的最大的度称为**树的度**。

根结点的**层次**(level)为 1，其余结点的层次等于该结点的双亲结点的层次加 1。树中结点的最大层次称为该树的**高度**(height)。

如果树中结点的各子树之间的次序不分先后，可以交换位置，则称这样的树为**无序树**(non-ordered tree)。如果树中结点的各棵子树看成是从左到右有次序的，则称该树为**有序树**(ordered tree)，那么从左到右，可分别称这些子树为第一子树、第二子树……

森林(forest)是树的集合。**果园**(orchard)或称**有序森林**(ordered forest)是有序树的有序集合。

在数据结构中，森林和树只有微小差别：删去树根，树变成森林；对森林加上一个结点作树根，森林即成为树。但是需要注意的是：在上面树和森林的定义中，树不能为空树，森林可以为空森林。

图 6-2(a)中，T_1 和 T_2 是两棵树，组合在一起成为森林。图 6-2 中，如果 T_1 和 T_3 是无序树，则它们是相同的树，否则是不相同的树。在树 T_1 中，结点 A、F 和 B 是结点 E 的孩子，结点 E 是 A、F 和 B 的双亲，结点 A、F 和 B 互为兄弟；结点 E、F、C 和 L 都是结点 N 的祖先，F 的后裔结点有 C、L、M、N、D 和 J；结点 E 的度为 3；根结点 E 的层次是 1，F 的层次为 2。树 T_1 的高度为 5，T_2 的高度为 3。在树 T_1 中，G、M、N、J 和 B 是叶子结点，其余结点是分支结点。

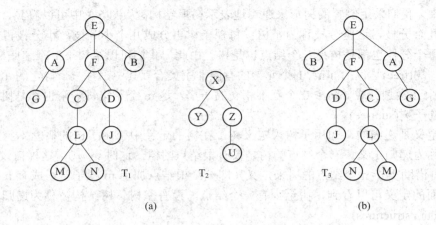

(a)　　　　　　　　　　　　　　　　　(b)

图 6-2　树的例子

(a) 树 T_1 和 T_2 组成森林；(b) 树 T_3

6.2　二　叉　树

二叉树是非常重要的树形数据结构。很多从实际问题中抽象出来的数据都是二叉树形的，而且许多算法如果采用二叉树形式解决则非常方便和高效。此外，以后我们将看到一般的树或森林都可通过一个简单的转换得到与之相应的二叉树，从而为树和森林的存储及运算的实现提供了有效方法。

例如，设有序表为(21, 25, 28, 33, 36, 43)，若要在表中查找元素 36，通常的做法是从表中第一个元素开始，将待查元素与表中元素逐一比较进行查找，直到找到 36 为止。粗略地说，如果表中每个元素的查找概率是相等的，则平均起来，成功查找一个元素需要将该元素与表中一半元素作比较。如果将表中元素组成图 6-3 所示的树形结构，情况就大为改观。我们可以从根结点起，自顶向下将树中结点与待查元素比较，在查找成功的情况下，所需的最多的比较次数是从根到待查元素的路径上遇到的结点数目。当表的长度 n 很大时，使用图 6-3 所示的树形结构组织表中数据，可以很大程度地减少查找所需的时间。为了查找 36，我们可以让 36 与根结点元素 28 比较，36 比 28 大，接着查右子树，查找成功。显然，采用树形结构能节省查找时间。

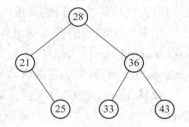

图 6-3　树形结构应用举例

从本例中可以看到，通过将数据组织成适当的数据结构，常常可以明显地提高算法的效率。

6.2.1　二叉树的定义和性质

1. 二叉树的定义

二叉树(binary tree)是结点的有限集合，该集合或者为空集，或者是由一个根和两棵互不相交的称为该根的左子树和右子树的二叉树组成。

上述定义表明二叉树可以为空集，因此，可以有空二叉树，二叉树的根也可以有空的左子树或右子树，从而得到图 6-4 所示的二叉树的五种基本形态。图 6-5 是一个二叉树的例子。

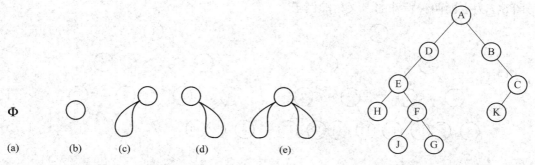

图 6-4　二叉树的五种基本形态　　　　图 6-5　二叉树的例子

请注意树和二叉树定义之间的差别。首先，没有空树，却可以有空二叉树。其次，一般地，树的子树之间是无序的，其子树不分次序，而二叉树中结点的子树要区分左、右子树，即使在一棵子树的情况下也要指明是左子树还是右子树(见图 6-6)。最后，树中结点的度可以大于 2，但二叉树的每个结点最多只有两棵子树。除此之外，上一节中引入的关于树的术语对二叉树同样适用。

图 6-6　两棵不同的二叉树

2. 二叉树的性质

性质 1　二叉树的第 i (i≥1)层上至多有 2^{i-1} 个结点。

此结论可用归纳法证明。当 i=1 时，二叉树只有一个结点，结论成立。设当 i=k 时结论成立，即二叉树上至多有 2^{k-1} 个结点，则当 i=k+1 时，因为每个结点最多只有两个孩子，所以，第 k+1 层上至多有 $2 \times 2^{k-1}=2^k$ 个结点，性质成立。

性质 2　高度为 h 的二叉树上至多有 2^h-1 个结点。

当 h=0 时，二叉树为空二叉树。当 h>0 时，利用性质 1，高度为 h 的二叉树中结点的总数最多为

$$\sum_{i=1}^{h} 2^{i-1} = 2^h - 1 \tag{6-1}$$

性质 3　包含 n 个结点的二叉树的高度至少为$\lceil lb(n+1) \rceil$。

因为高度为 h 的二叉树最多有 2^h-1 个结点，所以 $n \leq 2^h-1$，则有 $h \geq lb(n+1)$。由于 h 是整数，因而 $h \geq \lceil lb(n+1) \rceil$。

性质 4　任意一棵二叉树中，若叶子结点的个数为 n_0，度为 2 的结点的个数为 n_2，则必有 $n_0=n_2+1$。

设二叉树的度为 1 的结点数为 n_1，树中结点总数为 n，则 $n=n_0+n_1+n_2$。除根结点没有双亲外，每个结点都有且仅有一个双亲，所以有 $n-1=n_1+2n_2$ 作为孩子的结点，因此有 $n_0=n_2+1$ 结论成立。

定义 1　高度为 h 的二叉树如果有 2^h-1 个结点，则该二叉树称为**满二叉树**(full binary tree)。

定义 2　一棵二叉树中，只有最下面两层的结点的度可以小于 2，并且最下一层的叶结点集中在靠左的若干位置上，这样的二叉树称为**完全二叉树**(complete binary tree)。

图 6-7 为上面两种特殊的二叉树的例子。

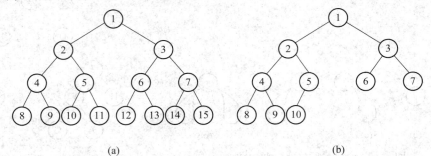

(a)　　　　　　　　　　　　　　　　　　(b)

图 6-7　满二叉树和完全二叉树的例子

(a) 满二叉树; (b) 完全二叉树

完全二叉树有下列性质:

性质 5　具有 n 个结点的完全二叉树的高度为 $\lceil lb\,(n+1) \rceil$。

设完全二叉树的高度为 h，则除最下一层外上面各层都是满的，总共有 $2^{h-1}-1$ 个结点，而最下层，即第 h 层的结点个数最多不超过 2^{h-1}。因此有

$$2^{h-1}-1 < n \leqslant 2^h-1 \tag{6-2}$$

移项得

$$2^{h-1} < n+1 \leqslant 2^h \tag{6-3}$$

取对数

$$h-1 < lb(n+1) \leqslant h \tag{6-4}$$

因而 h 是不小于 lb (n+1) 的最小整数，即 $h = \lceil lb\,(n+1) \rceil$。

性质 6　假定对一棵有 n 个结点的完全二叉树中的结点，按从上到下、从左到右的顺序，从 1 到 n 编号(见图 6-7)，设树中某一个结点的序号为 i，$1 \leqslant i \leqslant n$，则有以下关系成立:

(1) 若 i > 1，则该结点的双亲的序号为 $\lfloor i/2 \rfloor$。当 i = 1 时，该结点为二叉树的根。

(2) 若 $2i \leqslant n$，则该结点的左孩子的序号为 2i; 否则，该结点无左孩子。

(3) 若 $2i+1 \leqslant n$，则该结点的右孩子的序号为 2i+1; 否则，该结点无右孩子。

6.2.2　二叉树 ADT

现在我们使用抽象数据类型(见 ADT 6-1)定义二叉树。这里只列出几个最常见的运算。

```
ADT 6-1 BTree {
数据:
    二叉树是结点的有限集合，它或者为空，或者由一个根结点和左、右子二叉树组成。
运算:
    void CreateBT(BTree *Bt);
构造一个空二叉树。
    BOOL IsEmpty(BTree bt)
若二叉树为空，则返回 TRUE，否则返回 FALSE。
```

```
        void MakeBT(BTree * Bt，T x, BTree *Lt，BTree *Rt)
```

构造一棵二叉树*Bt，x 为*Bt 的根结点的元素值，*Lt 成为*Bt 的左子树，*Rt 成为右子树，*Lt 和*Rt 都成为空二叉树。

```
        void BreakBT(BTree *Bt，T *x, BTree *Lt，BTree *Rt)
```

若二叉树非空，则拆分二叉树*Bt 成为三部分，*x 为根结点的值，*Lt 为原*Bt 的左子树，*Rt 为原*Bt 的右子树，*Bt 自身成为空二叉树。

```
        BOOL Root(BTree Bt, T* x)
```

若二叉树非空，则*x 为根结点的值，返回 TRUE，否则返回 FALSE。

```
        void InOrder(BTree Bt, void(*Visit)(BTNode* u))
```

中序遍历二叉树 Bt，使用函数 Visit 访问结点*u。

```
        void PreOrder(BTree Bt, void(*Visit)(BTNode* u))
```

先序遍历二叉树 Bt，使用函数 Visit 访问结点*u。

```
        void PostOrder(BTree Bt, void(*Visit)(BTNode* u))
```

后序遍历二叉树 Bt，使用函数 Visit 访问结点*u。

```
    }
```

以上是一组常见的二叉树运算，我们还可以根据需求，定义其他的二叉树运算。

6.2.3 二叉树的存储表示

1. 完全二叉树的顺序表示

完全二叉树中的结点可以按层次顺序存储在一片连续的存储单元中。根据性质 6，我们由一个结点的位置可方便地计算出它的左、右孩子和双亲的位置，从而完全获得二叉树结构的信息。为方便计算存储位置，图 6-8 中，我们从下标为 1 的位置开始存放完全二叉树，即根结点存放在位置 1。当然从位置 0 开始存放也是可行的。

图 6-8　图 6-7(b)的完全二叉树的顺序存储

一般二叉树不宜采用顺序表示，这是因为从图 6-8 的存储结构上看，无法确定一棵普通二叉树的树形结构信息。

2. 二叉树的链接表示

链接存储结构提供了一种自然的二叉树在计算机内的表示方法。我们可定义二叉树的结点如下：

Lchild	Element	Rchild

每个结点有三个域：Lchild、Element 和 Rchild。其中，Lchild 和 Rchild 分别为指向左、右孩子的指针，Element 是元素域。图 6-9(b)是图 6-9(a)所示的二叉树的链接存储表示(常称为**二叉链表**存储结构)的示意图。

一棵 n 个结点的二叉树中，除了根结点外，其余每个结点均有一个出自其双亲的指针域的指向该结点的指针，因此，共有 n–1 个指针域非空。指针域的数目为 2n，所以恰有 n+1 个空指针域。

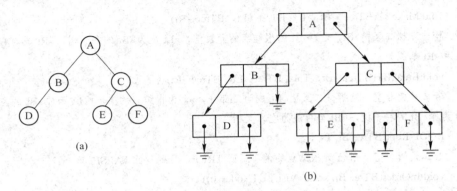

图 6-9　二叉树的链接存储表示

(a) 二叉树；(b) 二叉树的链接表示

　　下面给出二叉链表的结点结构和二叉树结构的 C 语言类型定义。其中，BTNode 是二叉树的结点类型，BTree 为二叉树类型。

```
typedef struct btnode
{
    T Element;
    struct btnode* Lchild, *Rchild;
}BTNode;
typedef   struct btree{
    struct btnode* Root;
}BTree;
```

　　上面定义的二叉树结构适合从双亲到孩子方向的访问。如果已知二叉树的一个结点，要查找其双亲结点，在该结构下只能采取从根结点开始，遍历整个二叉树的方法来实现，这显然是费时的。这种做法类似于已知单链表的一个结点，为了得到其前驱结点，只能从表头开始查找的情况。如果应用程序需要经常执行从孩子到双亲的访问，那么可以在每个结点都增加一个 Parent 域，令它指向该结点的双亲结点。这样做就实现了从孩子到双亲，从双亲到孩子的双向链接结构。

3. 二叉树运算的实现

　　程序 6-1 是 ADT 6-1 中定义的 CreateBT、MakeBT 和 BreakBT 三个运算的实现。三种二叉树的遍历运算的算法和实现将在下一节中专门讨论。

　　函数 CreateBT 的目的是构造一棵空二叉树，所以只需让二叉树结构中指向根结点的指针 Root 为空指针即可，通过执行语句 Bt->Root=NULL; 来实现。

　　函数 MakeBT 有四个参数 BTree* Bt、T x、BTree *Lt 和 BTree *Rt，它构造一棵新二叉树，该二叉树的根结点的值为 x，左、右子树分别是二叉树*Lt 和 *Rt 所包含的二叉树。值得注意的是：二叉树 *Lt 和 *Rt 所包含的二叉树要成为 *Bt 所包含的二叉树的左右子树，它们自身应当成为空二叉树。如果不这样做，Lt->Root 和 Rt->Root 在函数 MakeBT 执行后仍然指向它们各自原来的根结点，而事实上，Lt->Root 所指向的结点已成为 Bt->Root 所指向的结点的左孩子结点；同样，Rt->Root 所指向的结点已成为 Bt->Root 所指向的结点的右孩子结点。这种共享二叉树中结点的现象是十分危险的，程序可以使用指针 Lt->Root 删除或

修改原属于二叉树 *Lt 中的那部分结点，这同时也是对二叉树 *Bt 结点的删除或修改。这种修改会造成混乱，应当尽量避免。函数 MakeBt 不难实现，但需注意语句 Lt->Root=Rt->Root=NULL; 是不可少的。

实现函数 BreakBT 的注意事项与 MakeBT 的相同。在一棵二叉树拆分成为三部分后，应当执行语句 Bt->Root=NULL; free(p);，使得原二叉树成为空二叉树，并将原树的根结点回收。

同样由于上面所述的原因，调用函数 MakeBT 和 BreakBT 也需注意，左、右子树 *Lt 和 *Rt 不能是同一棵二叉树，除非它们都是空二叉树。

【程序 6-1】 二叉树运算的 C 语言程序。

```
BTNode* NewNode()
{    BTNode* p=(BTNode*)malloc(sizeof(BTNode));
     if (IS_FULL(p)){
        fprintf(stderr, "The memeny is full\n");
          exit(1);
     }
     return p;
}
void CreateBT(BTree * Bt)
{
     Bt->Root=NULL;                              /*创建一棵空二叉树*/
}
void MakeBT(BTree* Bt, T x, BTree *Lt, BTree *Rt)
{    BTNode* p=NewNode();         /*构造一个新的根结点，指针 p 指向该新结点*/
     p->Element=x;                              /*置根结点*p 的元素值为 x*/
     p->LChild=Lt->Root;          /*将 Lt->Root 所指示的二叉树作为*p 的左孩子*/
     p->RChild=Rt->Root;          /*将 Rt->Root 所指示的二叉树作为*p 的右孩子*/
     Lt->Root=Rt->Root=NULL;              /*将二叉树*Lt 和*Rt 置成空树*/
     Bt->Root=p;                  /*令 Bt->Root 指向新构造的二叉树的根结点*/
}
void BreakBT(BTree* Bt, T *x, BTree *Lt, BTree *Rt)
{    BTNode* p=Bt->Root;                   /*令指针 p 指向二叉树*Bt 的根结点*/
     if(p){                                       /*若二叉树不为空树*/
        x=p->Element;                            /**x 有根结点的值*/
        Lt->Root=p->LChild;               /*Lt->Root 指向原*Bt 的左子树*/
        Rt->Root=p->RChild;               /*Rt->Root 指向原*Bt 的右子树*/
        Bt->Root=NULL;                         /*将*Bt 置成空二叉树*/
        free(p);                              /*释放原*Bt 的根结点*/
     }
}
```

程序 6-2 是一个简单的测试程序，用以测试程序 6-1 中已实现的二叉树运算。程序中的遍历函数 PreOrder 和 InOrder 可以看成是输出二叉树的每个结点的函数，用来显示所生成的二叉树。

【程序 6-2】 二叉树运算测试程序。

```
void main(void)
{      BTree a, x, y, z; T e;
       CreateBT(&a); CreateBT(&x);
       CreateBT(&y); CreateBT(&z);
       MakeBT(&y, 'E', &a, &a); MakeBT(&z, 'F', &a, &a);
       MakeBT(&x, 'C', &y, &z);
       MakeBT(&y, 'D', &a, &a);
       MakeBT(&z, 'B', &y, &x);
       PreOrder(z, Visit);
       InOrder(z, Visit);
       BreakBT(&z, &e, &y, &x);
       PreOrder(z, Visit);
       InOrder(z, Visit);
}
```

程序首先定义 a、x、y 和 z 四个二叉树变量，并使用函数 CreateBT 将它们初始化为空二叉树，然后调用 MakeBT 函数逐步构造二叉树。函数 main 的详细执行过程如图 6-10 所示。

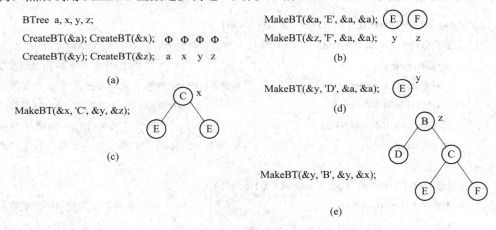

图 6-10　二叉树运算应用实例

(a) 四棵空二叉树；(b) 二叉树 y 和 z；(c) 以根结点 "C"、y 和 z 构造二叉树 x；

(d) 二叉树 y；(e) 以根结点 "B"、y 和 x 构造二叉树

请思考图 6-10(e)中，除二叉树 z 以外的二叉树变量 a、x 和 y 所包含的二叉树这时应有什么结构。此时，如果执行函数 BreakBT，便可以从图 6-10(e)回到图 6-10(c)和(d)的状态。

6.2.4　二叉树的遍历

在 6.2.2 节的 ADT 6-1 中定义了二叉树的三种遍历运算：先序遍历、中序遍历和后序遍

历。**遍历**(traverse)一个有限结点的集合，意味着对该集合中的每个结点访问且仅访问一次。这里，访问某个结点的含义是对该结点执行某个简单操作，如打印该结点或修改该结点所包含的元素值等，但一般不影响它所在的数据结构。一个最简单的访问结点的函数的例子见程序 6-3。该程序设元素类型 T 为 char 类型，函数 Visit 打印结点*p 的元素值。

【**程序 6-3**】 访问结点程序举例。

```
typedef char T;
void Visit(BTNode * p)
{
    printf("%c ", p->Element);
}
```

二叉树是非线性数据结构，要对一个非线性数据结构中的每一个结点毫不遗漏地访问一遍，需要设定一种次序。对一个线性表的遍历，这种次序是很自然的，可以从头到尾，也可以从尾到头。在二叉树的情况下，二叉树的递归定义将一棵二叉树分成三部分：根和左、右子树。这样我们得到六种遍历次序：VLR、LVR、LRV、VRL、RVL 和 RLV，其中，L、V 和 R 分别代表遍历左子树、访问根结点和遍历右子树。如果总是先访问左子树上全部结点后，再访问右子树上结点，则有三种遍历次序：VLR、LVR 和 LRV，否则还有另外三种遍历次序：VRL、RVL 和 RLV。我们在这里只介绍前三种遍历方法。

这三种遍历二叉树的递归算法可描述如下。

(1) 先序遍历(VLR)：

若二叉树为空，则为空操作；

否则

　　① 访问根结点；

　　② 先序遍历左子树；

　　③ 先序遍历右子树。

(2) 中序遍历(LVR)：

若二叉树为空，则为空操作；

否则

　　① 中序遍历左子树；

　　② 访问根结点；

　　③ 中序遍历右子树。

(3) 后序遍历(LRV)：

若二叉树为空，则为空操作；

否则

　　① 后序遍历左子树；

　　② 后序遍历右子树；

　　③ 访问根结点。

图 6-11 和图 6-12 为二叉树遍历的两个实例，在三种遍历方式下，树中结点被访问的次序如图 6-11(b)和图 6-12(b)所示。

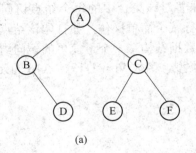

先序遍历：A, B, D, C, E, F
中序遍历：B, D, A, E, C, F
后序遍历：D, B, E, F, C, A

(a)　　　　　　　　　　　(b)

图 6-11　二叉树的三种遍历实例一
(a) 二叉树；(b) 三种遍历次序

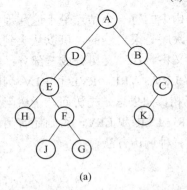

先序遍历：A, D, E, H, F, J, G, B, C, K
中序遍历：H, E, J, F, G, D, A, B, K, C
后序遍历：H, J, G, F, E, D, K, C, B, A

(a)　　　　　　　　　　　(b)

图 6-12　二叉树的三种遍历实例二
(a) 二叉树；(b) 三种遍历次序

二叉树还可以按层次遍历。二叉树的层次遍历为：首先访问第一层上的结点，再访问第二层上的结点，依此类推，访问二叉树上的全部结点。我们将实现二叉树层次遍历的算法设计留作作业。

程序 6-4 是三种遍历运算的算法。

在前面的学习中，我们几乎都用一个 C 语言函数来实现一个数据结构上的运算。但在程序 6-4 中我们将看到，有时需要设计一个以上的 C 语言函数来实现一个运算。

在实现遍历运算时，为了向客户提供便利的界面，我们为每个遍历运算设计了一个面向用户的函数和一个具体实现遍历操作的函数。具体实现遍历操作的函数应作为该数据结构的私有函数，不被用户直接使用，它们的实现细节对外界应当是隐蔽的。虽然 C 语言并没有提供强有力的语言机制实施信息隐蔽，但我们可以不将这些私有函数包含在头文件中。

在程序 6-4 的遍历程序中，我们使用了一个指向函数的指针 Visit。指向函数的指针变量的一般定义形式为

类型名 (* 指针变量名)(参数表)

例如，void (*Visit)(BTNode * u) 定义了一个函数指针参数 Visit。

一个指向函数的指针变量可以存储一个函数的入口地址，所以可以作为函数的参数传递(详见 C 语言教材)。使用中可以设计具体的 Visit 函数对每个结点作访问，它可以是程序 6-3 中最简单的访问，也可以是实现其他访问方式的 Visit 函数。

PreOrd、InOrd 和 PostOrd 是三个递归函数，它们实现具体的遍历运算。PreOrder、InOrder

和 PostOrder 是提供给用户的遍历运算的接口函数，它们分别调用这三个递归函数实现对二叉树的遍历。接口函数必须满足 ADT 6-1 的规范。使用接口函数，可以使用户无需考虑二叉树结构是如何实现的。如果我们直接将递归函数 PreOrd 提供给用户使用，则用户必须知道实在参数 Bt.Root，才能使用函数 PreOrd(Visit, Bt.Root)，而 Bt.Root 是 BTree 的实现细节，按照抽象数据类型的宗旨，用户是不必知道的，也是不应该知道的。函数 Preorder 需要两个参数：一棵二叉树对象和访问结点的方式函数 Visit，这些信息与用户的使用直接相关。

【程序 6-4】　二叉树遍历程序。

```c
void PreOrd(void (*Visit)(BTNode * u), BTNode *t)
{       if (t){
            (*Visit)(t);
            PreOrd(Visit, t->LChild);
            PreOrd(Visit, t->RChild);
        }
}
void InOrd(void (*Visit)(BTNode * u), BTNode *t)
{       if (t){
            InOrd(Visit, t->LChild);
            (*Visit)(t);
            InOrd(Visit, t->RChild);
        }
}
void PostOrd(void (*Visit)(BTNode * u), BTNode*t)
{       if (t){
            PostOrd(Visit, t->LChild);
            PostOrd(Visit, t->RChild);
            (*Visit)(t);
        }
    }
void PreOrder(BTree Bt, void (*Visit)(BTNode* u))
{
        PreOrd(Visit, Bt.Root);
}
void InOrder(BTree Bt, void (*Visit)(BTNode *u))
{
        InOrd(Visit, Bt.Root);
}
void PostOrder(BTree Bt, void (*Visit)(BTNode* u))
{
        PostOrd(Visit, Bt.Root);
}
```

下面我们将举例说明二叉树遍历的递归算法的执行过程。设二叉树对象 Bt 包括一棵如图 6-11(a)所示的二叉树。如果要先序遍历该二叉树，只需调用 PreOrder(Bt，Visit)，其中，函数 Visit 是访问结点的函数。此函数将调用 PreOrd(Visit, Bt.Root)实现对二叉树的先序遍历，这里，Bt.Root 是二叉树 Bt 中指向根结点的指针。

我们跟踪函数 PreOrd(Visit, Bt.Root)的执行过程，其执行过程可以由如下的函数调用和访问序列来描述。我们将以指向根结点 A 的指针作为实在参数的调用，简单地写作 PreOrd(A)。图 6-13 是先序遍历递归函数的执行过程示意图。

```
PreOrd(A)
    Visit (A)
    PreOrd(B)
        Visit(B)
        PreOrd(NULL)
        PreOrd(D)
            Visit(D)
            PreOrd(NULL)
            PreOrd(NULL)
    PreOrd(C)
        Visit(C)
        PreOrd(E)
            Visit(E)
            PreOrd(NULL)
            PreOrd(NULL)
        PreOrd(F)
            Visit(F)
            PreOrd(NULL)
            PreOrd(NULL)
```

图 6-13   先序遍历递归函数的执行过程示意图

*6.2.5   二叉树遍历的非递归算法

以上讨论了二叉树遍历的递归算法。递归是程序设计中强有力的工具，递归函数结构清晰，程序易读。然而在 3.4 节的讨论中我们也看到了递归函数有不可克服的弱点：时间、空间效率较低，运行代价较高。所以在实际使用中，我们常常希望得到算法的非递归版本。下面我们以先序遍历为例，介绍二叉树遍历的非递归算法。

为了实现非递归遍历算法，我们需要一个堆栈作为实现算法的辅助数据结构，堆栈用于存放在遍历过程中待处理的任务线索。二叉树是非线性数据结构，遍历过程中涉及的每一个结点，都可能有左、右两棵子树，任何时刻程序只能访问其中之一，所以程序必须保留以后继续访问另一棵子树的线索。我们使用堆栈来保留继续遍历的线索。事实上，在二叉树的递归遍历算法中，是系统堆栈(见 3.4 节)承担了此项任务。

程序 6-5 是二叉树先序遍历的非递归或称**迭代**(iteration)函数，它使用与 ADT 6-1 中定义的运算 PreOrder 完全相同的函数接口，能够保证客户程序可以毫无变动地使用新版本的迭代函数。这正是封装和信息隐蔽的目的，因而也是抽象数据类型的目的。这里，我们将函数命名为 IPreOrder 以区别于函数 PreOrder。

【程序 6-5】　先序遍历的迭代函数。

```
typedef BTNode* K;
void IPreOrder(BTree Bt, void (*Visit)(BTNode* u))
{
    Stack s; BTNode *p=Bt.Root;
    CreateStack(&s, maxStack);                    /*构造一个空栈*/
    Push(&s, NULL);                               /*在栈 s 底压入 NULL*/
    while(p){
        (*Visit)(p);                              /*访问 p 所指示的结点*/
        if (p->RChild) Push(&s, p->RChild);   /*若*p 有右子树，将右子树的根结点地址进栈*/
        if (p->LChild) p=p->LChild;           /*若*p 有左子树，则转而访问左子树上结点*/
        else {
            StackTop(s, &p); Pop(&s);             /*若*p 无左子树，则弹出栈顶元素*/
        }
    }
}
```

函数 IPreOrder 首先构造一个空堆栈，堆栈的元素类型设定为 BTNode *类型，它是指向二叉链表的结点的指针类型。在堆栈的底部压入一个 NULL 指针是为了简化算法。

在先序遍历下，根结点是首先被访问的结点。所以若 p!=NULL，则应当访问 p 所指示的结点，算法执行函数(*Visit)(p)，访问指针 p 所指向的结点中的元素。这之后按照先序遍历原则，应接着访问*p 的左子树上的所有结点，访问完左子树后，算法才访问*p 的右子树。所以为了在左子树访问完后能获得右子树的根结点的地址，我们应当先让右子树的根结点的地址进栈，这一点由语句 if (p->RChild) Push(&s, p->RChild)实现。

细心的读者可能注意到我们使用语句 typedef BTNode* K;将堆栈的通用元素类型定义为 BTNode*。这意味着堆栈的通用元素类型的名称在这里为"K"，而不是第 3 章中使用的"T"。这是因为二叉树元素和堆栈元素具有不同的数据类型。当几种元素类型不同的数据结构同时使用时，需要使用不同的通用数据类型名称，以便通过 typedef 定义成不同的实际类型，例如 T 和 K，这一点非常重要。事实上，即使对于同一个数据结构，如果需要构造具有不同元素类型的数据结构对象，也需要使用不同的通用数据类型的名称。例如，如果我们希望定义两个堆栈：整数栈和字符栈，在 C 语言环境下，也必须定义通用元素类型不同的两个堆栈类型。C++的模板类有效地解决了这一问题，它能更自然、更方便地实现类属抽象数据类型(见 2.3.2 节)。

图 6-14 显示了在对图 6-11(a)所示的二叉树执行程序 6-5 的函数的过程中堆栈状态的变化。∧代表空指针，栈中的元素 C、D、F 等在这里代表指向包含该元素的结点的指针。我们知道在迭代的遍历算法中，堆栈中的元素指向二叉树中结点的指针类型(BTNode*)。为简单起见，图中直接用该结点所包含的元素表示，请注意不要混淆。

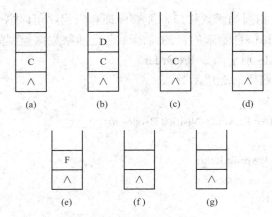

图 6-14　堆栈状态变化

(a) 访问 A，C 进栈；(b) 访问 B，D 进栈；(c) D 出栈；(d) 访问 D，C 出栈；

(e) 访问 C，F 进栈；(f) 访问 E，F 出栈；(g) 访问 F

中序遍历的迭代函数见程序 6-6。

【程序 6-6】　中序遍历的迭代函数。

```
void IInOrder(BTree Bt, void (*Visit)(BTNode* u))
{    Stack s; BTNode *p=Bt.Root;
    CreateStack(&s, MaxStack);
    while (p||!IsEmpty(s)){
      if (!p){
            StackTop(s, &p); Pop(&s);
            (*Visit)(p);
            p=p->RChild;
      }
      else {
          Push(&s, p);
          p=p->LChild;
      }
    }
}
```

在遍历过程中，每个结点被访问且仅被访问一次，所以遍历算法的时间复杂度为 O(n)。所需的辅助空间是栈的容量，栈的容量不超过树的高度，所以其空间复杂度为 O(n)。

*6.2.6　二叉树遍历的应用实例

二叉树遍历的算法思想可以用来解决许多二叉树的应用问题。下面是几个常见的应用例子。

1. 计算二叉树的结点个数

运用后序遍历的思想，很容易实现计算一棵二叉树中结点总数的算法。为了计算一棵二叉树的结点数目，可以将二叉树分解。如果二叉树是空树，显然，其结点数目为 0。一棵非空的二叉树的结点数目是其左、右子树的结点数目之和再加上一个根结点。递归函数 Size 调用 Size(p->LChild) 和 Size(p->RChild) 分别计算左、右子树的结点数目，表达式 Size(p->LChild)+Size(p->RChild)+1 则计算三部分结点之和，它是二叉树上总的结点个数，见程序 6-7。函数 SizeofBT 是向用户提供的计算一棵二叉树的结点数目的接口函数。为了帮助读者认清函数 Size 本质上是一种后序遍历算法，程序书写得较烦琐。函数 Size1 较之函数 Size 简洁，其实这两个函数是完全相同的。

【程序 6-7】 求二叉树的结点数。

```
int Size(BTNode * p)
{   int s, s1, s2;
    if (!p) return 0;
    else {
            s1=Size(p->LChild);
            s2=Size(p->RChild);
            s=s1+s2+1;
            return s;
        }
}
int SizeofBT(BTree Bt)
{
        return Size(Bt.Root);
}
int Size1(BTNode * p)
{   if (!p) return 0;
    else return Size1(p->LChild)+Size1(p->RChild)+1;
}
```

2. 求二叉树的高度

求二叉树的高度的算法与上面的求结点数目的算法的思路基本相同。空二叉树的高度为 0，非空二叉树的高度是它的左、右子树中高的那棵子树的高度加一，见程序 6-8。该程序同样也是后序遍历。

【程序 6-8】 求二叉树的高度。

```
int Depth(BTNode * p)
{   if (!p)return 0;
    else return 1+max(Depth(p->LChild), Depth(p->RChild));
}
int DepthofBT(BTree Bt)
{   return Depth(Bt.Root);
}
```

3. 复制一棵二叉树

复制二叉树使用的是先序遍历。p 指向被复制的二叉树的根结点，对结点 *p，函数 Copy 构造一个新结点 *q，并将结点 *p 的元素值复制到结点 *q 的元素域。递归函数调用 q->LChild=Copy(p->LChild); 和 q->RChild=Copy(p->RChild);，分别复制结点 *p 的左、右子树，返回这两棵新子树的根结点指针，并将它们分别赋给 q->LChild 和 q->Rchild，这样结点 *q 的元素值即为 *p 的元素值，其左、右子树是由 *p 的左、右子树复制而成的新子树，见程序 6-9。函数 NewNode 见 6.2.3 节中程序 6-1。

【程序 6-9】 复制二叉树。

```
BTNode* Copy(BTNode* p)
{
        BTNode* q;
        if (!p) return NULL;
        q=NewNode();
        q->Element=p->Element;
        q->LChild=Copy(p->LChild);
        q->RChild=Copy(p->RChild);
        return q;
}
BTree CopyofBT(BTree Bt)
{
        BTree a;
        a.Root=Copy(Bt.Root);
        return a;
}
```

*6.2.7　线索二叉树

1. 线索树的定义

我们已经知道，一棵有 n 个结点的二叉树有 n+1 个空子树。当使用二叉链表存储时有 n+1 个空指针域。如何将这些空指针域利用起来呢？一种做法是利用它们来存放遍历信息，这样既能加快遍历速度，又能不使用堆栈，从而节省栈空间。

利用空指针域的具体做法是用它们来保存该结点在中序、先序或后序遍历下的前驱、后继结点的地址。这里的前驱和后继指的是遍历过程中，二叉树中元素被访问的先后次序。一个空指针域，如果被用于存放指向某种遍历次序下的前一个结点或后一个结点的地址，则被称为**线索**(thread)。线索是结点的地址，但它们不同于二叉链表中原有的指针值。原来的非空指针域存放的是它们的左孩子或右孩子结点的地址。加进了线索的二叉树称为**二叉线索树**(又称**穿线树**)。在线索二叉树中，线索就好像一根线，将二叉树的结点按中序、先序或后序的顺序连接起来。

图 6-15(a)为图 6-9(a)所示的二叉树的中序线索树，图 6-15(b)是它的二叉链表形式。图

6-15 中，我们用实线表示指向孩子的指针，用虚线表示线索。

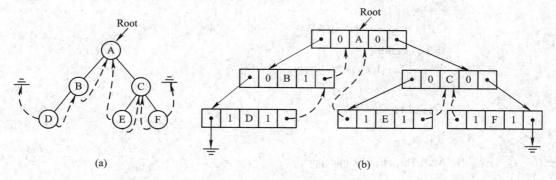

图 6-15　二叉线索树及其二叉链表表示

(a) 二叉线索树；(b) 线索树的二叉链表

在二叉链表存储结构中，为了区分两者，必须增加两个标志域：LTag 和 RTag。这样，二叉线索树的每个结点的结构如下：

LChild	LTag	Element	RTag	RChild

其中，LTag 为 0 表示 LChild 域是指向左孩子的指针，LTag 为 1 表示 LChild 域是指向(按遍历次序)前驱结点的指针(即线索)或空指针；RTag 为 0 表示 RChild 域是指向右孩子的指针，RTag 为 1 表示 RChild 域是指向(按遍历次序)后继结点的指针(即线索)或空指针。

利用线索树，我们容易实现求二叉树中某个结点在指定遍历次序下的前驱或后继结点的算法。这样，我们不使用堆栈，就能实现遍历运算。需要说明的是，图 6-15 的线索树既有左线索又有右线索，实际上，在二叉树的许多应用中，可根据需要只作单边穿线。

2.　构造中序线索树

假定图 6-15(b)的线索树的二叉链表已经按普通二叉树的方式建立，即除 LTag 和 RTag 域外，元素域和左、右指针域已按普通二叉链表赋值，现讨论如何使用中序遍历递归算法，将其改建成一棵中序线索树。具体做法是：在中序遍历过程中，如果某个结点的左指针域为空，则将该指针域改为指向其中序遍历次序下的前驱结点的地址，并且令 Ltag=1；如果右指针域为空指针域，将该指针域指向中序遍历次序下后继结点的地址，并且令 Rtag=1，见程序 6-10。

程序 6-10 包括两个函数：函数 MakeThread 和 BuildThreadBT。其中，函数 MakeThread 是递归函数，它被函数 BuildThreadBT 调用。从根本上看，函数 MakeThread 是一个中序遍历过程。在函数体中，两次递归函数调用语句 MakeThread(t->LChild, ppr) 和 MakeThread(t->RChild, ppr)之间的代码段，用于实现对当前访问的结点穿线。

【程序 6-10】　构造中序线索树。

```
void MakeThread(BTNode *t, BTNode *ppr)
{
    if(t) {
        MakeThread(t->LChild, ppr);
        if(*ppr) if (!(*ppr)->RChild) {
```

```
                    (*ppr)->RTag=1; (*ppr)->RChild=t;
                }
                else (*ppr)->RTag=0;
            if(!t->LChild) {
                t->LTag=1; t->LChild=*ppr;
            }
            else t->LTag=0;

            *ppr=t;
            MakeThread(t->RChild, ppr);
        }
    }
    void BuildThreadBT(BTree Bt)
    {
        BTNode *pr=NULL;
        if(Bt.Root){
            pr=NULL;
            MakeThread(Bt.Root, &pr);
            pr->RTag=1;
        }

    }
```

在函数 BuildThreadBT 中，指针变量 pr 在遍历开始时为 NULL，它的地址&pr 作为实在参数传递给函数 MakeThread。函数 MakeThread 中的 ppr 具有 BTNode*类型，所以*ppr 才是指向二叉线索树中结点的指针。*ppr 的初值为 NULL，以后总是指向 t 在中序次序下的前驱结点，指针 t 指向当前正在访问的结点。每访问一个结点 t 后，便令指针*ppr 指向该结点，在算法访问下一个结点时，*ppr 已指向其中序次序的前驱结点。

对参数 t 的每个值，算法完成下列事项：

(1) 若*ppr 为空指针，表明当前访问的结点*t 是中序遍历的第一个结点。

(2) 若*ppr 不为空指针，此时*ppr 必定指向*t 的中序遍历的前驱结点，如果(*ppr)->RChild 域为空指针，则应修改*ppr 指向的结点的 Rchild 和 RTag 域，即令(*ppr)->RChild=t，(*ppr)->Rtag=1，否则只需令(*ppr)->RTag=0。

(3) 若 t->LChild 为空指针，则应修改结点*t 的 LChild 和 Ltag 域，即令 t->LTag=1，t->LChild=*ppr，否则只需令 t->LTag=0。

(4) 令*ppr=t，记录下当前处理的结点，在中序遍历访问下一个结点时，它将成为前驱结点。

(5) 执行函数 MakeThread 后，还留下最后一个结点的 Rtag 域未被设置，在函数 BuildThreadBT 中将其设置成 1。

3. 在中序线索树上求中序遍历的第一个结点

程序 6-11 是在中序线索树上求中序遍历次序下第一个被访问的结点。它是二叉树上从根结点开始向左子树走，最左下方的结点。函数 GoFirst 返回指向中序遍历次序下第一个被访问的结点的指针。

【程序 6-11】 中序遍历的第一个结点。

```
BTNode*  GoFirst(BTree Bt)
{
    BTNode* p=Bt.Root;

    if (p) while (p->LChild) p=p->LChild;
    return p;
}
```

4. 在中序线索树上求任意结点*p 的后继结点

程序 6-12 实现在中序线索树上求指定结点*p 的下一个被访问的结点。如果结点*p 有右子树，则结点*p 的中序遍历的后继结点是该右子树上最左下方的结点，否则 p->RChild 域保存的即是该后继结点的地址。函数 Next 返回*p 的中序次序的后继结点。如果*p 没有后继，则返回 NULL。

【程序 6-12】 求任意结点*p 的后继结点。

```
BTNode* Next(BTNode * p)
{
    BTNode * q=p->RChild;
    if (!p->RTag)
        while (!q->LTag) q=q->LChild;
    return q;
}
```

5. 遍历二叉线索树

利用函数 GoFirst 和 Next 可以实现对中序线索树的中序遍历，且不需要额外的堆栈。函数 TInOrder 实现了这种遍历，见程序 6-13。

【程序 6-13】 遍历二叉线索树。

```
void TInOrder(BTree Bt, void (*Visit)(BTNode* u))
{
    BTNode *p;
    p=GoFirst(Bt);
    while (p){
        (*Visit)(p);
        p=Next(p);
    }
}
```

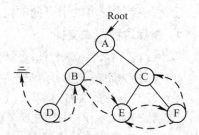

同样地，我们也可以实现先序和后序线索树。

图 6-16 是后序线索树的例子。

图 6-16 后序线索树的例子

　　线索树的修改是比较困难的，对于经常要做遍历运算，而又很少需要插入或删除元素的二叉树应用问题，可以采用线索树结构。对于需频繁插入和删除元素的二叉树应用问题，线索树并不是很好的选择。

6.3　树 和 森 林

　　前两节中，我们已介绍了树和森林的定义和概念，并对二叉树作了详细介绍，现在再回过头来讨论任意树或森林的存储表示及其遍历算法。

6.3.1　森林与二叉树的转换

　　前面我们已经对二叉树进行了研究，如果树和森林能够用二叉树表示，那么前面对二叉树的讨论成果便可应用于一般树和森林。事实上，森林(或树)和二叉树之间有着一种自然的对应关系，可以容易地将任何森林唯一地表示成一棵二叉树。具体做法是：将森林中的各树的根用线连起来，在树中，凡是兄弟用线连起来，然后去掉从双亲到除了第一个孩子以外的孩子的连线，只保留双亲到第一个孩子的连线，最后，使之稍微倾斜成习惯的二叉树形，见图 6-17。

　　树所对应的二叉树中，一个结点的左孩子是它在原树中的第一个孩子，而右孩子则是它在原树中的位于其右侧的兄弟。单独一棵树所对应的二叉树的根结点的右子树总是空的，参见图 6-17(a)中 T_1 或 T_2 所分别对应的那部分树形。

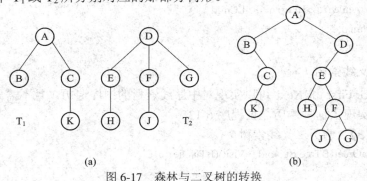

图 6-17　森林与二叉树的转换

(a) 森林 F=(T_1, T_2)；　(b) F 所对应的二叉树 B

上述转换过程可以用下面的定义精确地加以描述。

1. 森林转换成二叉树

　　令 F=$(T_1, T_2, \cdots, T_n)$是森林，则 F 所对应的二叉树 B(F)为：

　　(1) 若 F 为空，则 B 为空二叉树。

　　(2) 若 F 非空，则 B 的根是 F 中第一棵子树 T_1 的根 R_1，B 的左子树是 R_1 的子树森林$(T_{11}, T_{12}, \cdots, T_{1m})$所对应的二叉树，B 的右子树是森林$(T_2, \cdots, T_n)$所对应的二叉树。

　　反之，只要逆转上述过程，任何二叉树都对应于唯一的森林。二叉树转换成森林的过程定义如下。

2. 二叉树转换成森林

令 B=(R，LB，RB)是二叉树，R 是根，LB 是左子树，RB 是右子树，则 B 所对应的森林 F=(T_1，T_2，…，T_n)为：

(1) 若 B 为空，则 F 为空森林。

(2) 若 B 非空，则 F 的第一棵树 T_1 的根是二叉树的根 R，T_1 的根的子树森林是 B 的左子树 LB 所对应的森林，F 中的其余树(T_2，…，T_n)是 B 的右子树 RB 所对应的森林。

我们可以看到，以上对森林与二叉树之间的相互转换过程的定义都是递归的。它们首先直接定义了一种简单情况的转换办法，即若森林为空森林，则对应的二叉树为空二叉树，反之亦然。非空二叉树与森林的转换方法是将二叉树划分成三部分：根、左子树和右子树，同样也将森林划分成三部分：第一棵树的根、第一棵树中除去根后得到的子树组成的森林以及除去第一棵树外其余树组成的森林。通过在这三部分之间建立一一对应的关系，来实现森林与二叉树之间的转换。如果当前转换的二叉树不是空树，也就是还不是足够小，则需进一步按这三部分细分。递归函数的设计方法往往采用将大问题化解为较小的问题的做法，这种分解可一直进行，直到问题足够小，可以直接求解为止。较小的问题解决了，在此基础上，就能解决较大规模的问题。比如二叉树与森林的相互转换中，如果一棵二叉树的左、右子树都已分别转换成对应的森林，则意味着该二叉树与森林的转换也已实现，即只需按上面所说的三部分一一对应起来即可。这就是所谓的算法设计的**分治策略**(divide and conquer)。

6.3.2 树和森林的存储表示

由于树是非线性数据结构，故我们大多采用链接方式存储它们。如果树结构的大小和形状改变不大，也可采取顺序方式存储。

1. 多重链表表示法

在计算机内表示一棵树的最直接的方法是多重链表表示法，即每个结点中包含多个指针域，存放每个孩子结点的地址。由于一棵树中每个结点的子树数不尽相同，每个结点的指针域数应设定为树的度数 m，即树中孩子数最多的结点的度。因而，每个结点的结构如下：

Element	Child$_1$	Child$_2$	…	Child$_m$

采用这种有多个指针域且结点长度固定的链表称为**多重链表**。设度为 m 的树中有 n 个结点，每个结点有 m 个指针，总共有 n×m 个指针域，其中，只有 n-1 个非空指针域，其余 n×m-(n-1)=n(m-1)+1 个指针域均为空。可见这样的存储空间是不经济的，但这种方法的好处是实现运算容易。

2. 孩子兄弟表示法

孩子兄弟表示法实质上就是树所对应的二叉树的二叉链表表示法。这种方法的每个结点的结构如下：

LeftChild	Element	RightSibling

图 6-18 给出了这种表示法的一个例子。由图可见，这种表示法本质上等同于将森林转换成二叉树后以二叉链表方式存储。

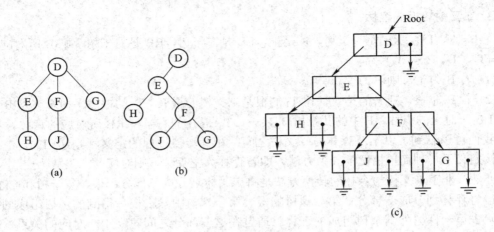

图 6-18　孩子兄弟表示法

(a) 树；(b) (a)树所对应的二叉树；(c) 左孩子右兄弟表示法

3. 双亲表示法

多重链表表示法和孩子兄弟表示法都能方便地从双亲结点查找孩子结点，但在有些应用场合则要求从孩子结点能方便地得知双亲结点的地址，这时可采用双亲表示法。双亲表示法的每个结点有两个域：Element 和 Parent。Parent 域是指向该结点的双亲结点的指针，根结点无双亲。图 6-19(b)是图 6-19(a)的树的双亲表示法的顺序存储方式。图 6-19(b)中，使用一个连续的存储区(比如使用 C 语言数组)存储树，下标代表结点地址，根结点的 Parent 值为 −1，其他结点的 Parent 值是其双亲结点的下标。其中，结点是按自上而下、自左至右的次序存储的。

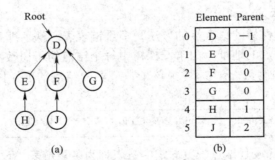

图 6-19　双亲表示法

(a) 双亲表示法示意图；(b) 双亲表示法(顺序存储)

4. 三重链表表示法

为了既能方便地从双亲查找孩子，又能方便地从孩子查找双亲，可以将双亲表示法和孩子兄弟表示法结合起来，这就是三重链表表示法。这种方法中，每个结点有三个链域，形成三重链表，每个结点的结构如下：

LeftChild	Element	RightSibling	Parent

5. 带右链的先序表示法

对图 6-17(a)的森林所对应的二叉树(图 6-17(b))的先序遍历的次序为

$$A, B, C, K, D, E, H, F, J, G$$

我们已经知道，森林中一个结点的第一个孩子在二叉树中成为它的左孩子，它的右侧兄弟在二叉树中是它的右孩子。森林转换成二叉树后便可以按二叉树形式存储。

带右链的先序表示法是将一棵二叉树中的结点，按先序遍历的访问次序依次存储在一个连续的存储区中，如图 6-20 所示。二叉树的先序遍历次序的特点是：一个结点如果有左孩子，则必定紧随其后，因此可以省去 LChild 域，但需增设一个左标志位 LTag。LTag 为 0 表示紧随其后的结点是该结点的左孩子(即第一个孩子)，否则 LTag 为 1。该结点的右孩子(即右兄弟)由指针 Sibling 直接指明。

进一步观察可知，LTag 域也可以省略，因为它的信息可以从 Sibling 域间接得知。除最后一个结点外，Sibling 域的箭头所指示的结点的前一个结点的 LTag 域必为 1。图 6-17(a)的森林的带右链的先序表示法如图 6-20 所示。

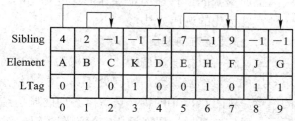

Sibling	4	2	−1	−1	−1	7	−1	9	−1	−1
Element	A	B	C	K	D	E	H	F	J	G
LTag	0	1	0	1	0	0	1	0	1	1
	0	1	2	3	4	5	6	7	8	9

图 6-20 带右链的先序表示法

6.3.3 树和森林的遍历

1．按深度方向的遍历

对于树和森林，我们同样可以定义各种运算。下面我们仅考察树和森林的遍历运算。树和森林的遍历可以按深度方向进行，也可以按宽度方向进行。既然森林和二叉树有着一一对应的关系，那么二叉树的三种遍历次序也能对应到相应森林的三种遍历次序，即先序、中序和后序。

(1) 先序遍历算法：

若森林为空，则遍历结束；

否则

　　① 访问第一棵树的根；

　　② 按先序遍历第一棵树的根结点的子树组成的森林；

　　③ 按先序遍历除第一棵树外其余树组成的森林。

(2) 中序遍历算法：

若森林为空，则遍历结束；

否则

　　① 按中序遍历第一棵树的根结点的子树组成的森林；

　　② 访问第一棵树的根；

　　③ 按中序遍历除第一棵树外其余树组成的森林。

(3) 后序遍历算法：

若森林为空，则遍历结束；

否则

　　① 按后序遍历第一棵树的根结点的子树组成的森林；

　　② 按后序遍历除第一棵树外其余树组成的森林；

　　③ 访问第一棵树的根。

由森林和二叉树的转换方法可知，森林中的第一棵树的根即二叉树的根，第一棵树的子树组成的森林对应于二叉树的左子树，而除第一棵树外其余树组成的森林是二叉树的右子树，所以，对森林的先序遍历、中序遍历和后序遍历的结果应与对应二叉树的先序、中序和后序遍历的结果完全相同。例如对图 6-17(a)的森林的先序遍历的结果是：ABCKDEHFJG，它等同于对图 6-17(b)的二叉树的先序遍历。但是，对森林的后序遍历在逻辑上不很自然，因为在这种遍历方式下，对森林中的某一棵树的结点的遍历被割裂成两部分，对树根的访问被推迟到对其余树上的结点都访问完毕后才进行，所以不常用。

上面提到的三种遍历是森林的深度优先的遍历，森林还可以按层次遍历。层次遍历是一种宽度优先的遍历方法。

2．按宽度方向遍历

二叉树可以按层次遍历，一般树和森林也可按层次遍历。具体做法是：首先访问处于第一层的全部结点，然后访问处于第二层的结点，再访问第三层，……，最后访问最下层的结点。对图 6-17(a)的森林按宽度方向的遍历结果是：ADBCEFGKHJ。显然对森林的层次遍历与对应二叉树的层次遍历之间没有逻辑的对应关系。

*6.4　堆和优先权队列

在很多应用中需要一种数据结构来存储元素，元素加到数据结构中的次序是无关紧要的，但要求每次从数据结构中取出的是具有最高优先级的元素，这样的数据结构被称为优先权队列。显然，优先权队列中的每个元素都应有一个优先权，优先权是可以比较高低(大小)的。**优先权队列**(priority queue)不同于先进先出(FIFO)队列，优先权队列中的元素，按其优先级的高低而不是按进入队列的次序，来确定出队列的次序。

实现优先权队列可以有多种方法。一种最简单的做法是用线性表表示优先权队列。这时，入队列运算的做法可以是：将元素插在表的最前面(或尾部)。相应的出队列运算的做法是：从队列中查找具有最高优先级的元素，并删除之。这种实现方法需要在线性表中查找元素，查找线性表的时间复杂度为 O(n)。

堆是一种很有用的数据结构，它可以高效地实现优先权队列。另外，在内排序一章中，我们将看到，堆还可用于实现时间复杂度为 O(n lbn)的堆排序算法。

6.4.1　堆

1．堆的定义

一个大小为 n 的堆(heap)是一棵包含 n 个结点的完全二叉树，该树中每个结点的关键字值大于等于双亲结点的关键字值。完全二叉树的根称为堆顶，它的关键字值是整棵树上最小的。这样定义的堆称为**最小堆**(MinHeap)。我们可以用类似的方式定义**最大堆**(MaxHeap)。

由此看来，一个堆是一棵完全二叉树。当这棵完全二叉树以顺序方式存储时，事实上排成了结点序列$(k_1, k_2, \cdots, k_n)$。所以堆又可以定义为：n 个元素的序列$(k_1, k_2, \cdots, k_n)$，当且仅当满足 $k_i \leq k_{2i}$ 且 $k_i \leq k_{2i+1}$, $(i=1, 2, \cdots, \lfloor n/2 \rfloor)$时称为堆(最小堆)。这时，堆顶元素是序列的第一个元素。

图 6-21 是堆的例子，其中，图 6-21(a)是最小堆，图 6-21(b)是最大堆，图 6-21(c)是图 6-21(a)的最小堆的顺序存储表示。堆的顺序表示即完全二叉树的顺序表示，此处仍从下标 1 开始存储元素。

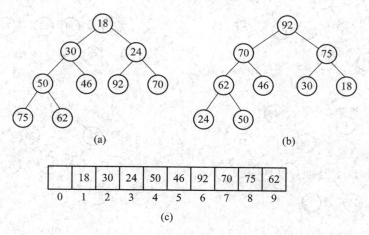

图 6-21　堆的例子

(a) 最小堆；(b) 最大堆；(c) (a)的最小堆的顺序存储表示

2. 堆的顺序存储表示

现在来定义堆的结构类型。由于我们从下标 1 开始存储堆中元素，因此在确定 MaxSize 的大小时应比实际使用值大 1。

```
typedef struct minheap{
    int Size, MaxHeap;
    T Elements[MaxSize];
}MinHeap;
```

堆中元素顺序存储在一维数组中，数组元素具有可比较大小的类型。

3. 向下调整和建堆运算

在实现建堆运算之前，我们先讨论堆的向下调整运算 AdjustDown。AdjustDown 运算的定义如下：

```
void AdjustDown (T heap[], int r, int n)
```

设$(heap[r+1], \cdots, heap[n])$ 这 $n-r$ 个位置上的元素已满足 $heap[i] \leq heap[2i]$ 且 $heap[i] \leq heap[2i+1]$ $(i=r+1, r+2, \cdots, \lfloor n/2 \rfloor)$的条件，则加入 $heap[r]$后，使$(heap[r], heap[r+1], \cdots, heap[n])$ 这 $n-r+1$ 个位置上的元素满足堆的条件。

实现运算 AdjustDown 的方法是向下调整 $heap[r]$。设 $temp=heap[r]$，如果 temp 大于其左、右孩子中的较小者(即 $heap[2r]$ 和 $heap[2r+1]$中的较小的元素)，则将 temp 与该较小元素交换，调整后继续将 temp 与它的左、右孩子中较小者比较；如果 temp 比较小的孩子的值大，再作交换，直到不再需要调整，或到达堆的底部为止。图 6-22 是 AdjustDown 运算的例子。图中，$heap[3], heap[4], \cdots, heap[9]$已满足堆的条件，即 $heap[i]$不大于 $heap[2i]$ 和 $heap[2i+1]$中的较小者，$i=3$，4。现调整 $heap[2]$，调整过程见图 6-22。

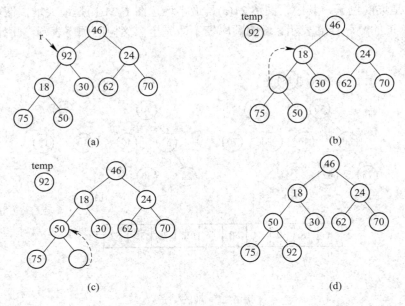

图 6-22　向下调整算法举例

(a) 调整前 r=2；(b) 92 与 18 比较；(c) 92 与 50 比较；(d) 保存 92

　　建堆运算 CreateHeap 完成将一个以任意次序排列的元素序列，通过向下调整运算建成最小堆的功能。由于所有的叶子结点没有孩子，它们自然无需调整。调整从位置为$\lfloor n/2 \rfloor$的元素开始，每次被调整的元素下标减 1，重复调用 AdjustDown 函数，直到下标为 1 的元素调整后，建堆运算结束。向下调整和建堆运算的 C 语言程序见程序 6-14。建堆运算的例子见表 6-1。为了便于理解，读者也可使用如图 6-22 所示的完全二叉树形式来表示表 6-1 所描述的建堆过程。

表 6-1　建堆运算举例

步骤	1	2	3	4	5	6	7	8
初始序列	61	28	81	43	36	47	83	5
1	61	28	81	5	36	47	83	43
2	61	28	47	5	36	81	83	43
3	61	5	47	28	36	81	83	43
4	5	28	47	43	36	81	83	61

【程序 6-14】　向下调整和建堆运算。

```
void AdjustDown (T heap[], int r, int n)
{
    int child=2*r; T temp=heap[r];
    while  (child<=n) {
        if (child <n && heap[child] > heap[child+1]) child++;
        if  (temp<= heap[child]) break;
        heap[child/2]=heap[child];
```

```
            child *=2;
        }
        heap[child/2]=temp;
    }
    void CreateHeap(MinHeap *hp)
    {   int i, n=hp->Size;
        for (i=n/2; i>0; i--)
            AdjustDown(hp->Elements, i, n);
    }
```

6.4.2 优先权队列

堆是实现优先权队列的有效的数据结构。如果假定最小值是最高优先权，我们使用最小堆，否则使用最大堆。这里使用最小堆。从优先权队列中删除最高优先权的元素的操作是容易实现的。由于堆顶元素是堆中具有最小值的元素，所以我们只需取出和删除堆顶元素即可。当然，删除堆顶元素后，必须将堆中剩余元素重新调整成堆。将新元素插入队列后，也必须重新调整，使之成为堆。

1. 优先权队列 ADT

我们先来定义优先权队列的抽象数据类型，见 ADT 6-2 PQueue。

        ADT 6-2   PQueue{
        数据:
            n≥0 个元素的 MinHeap。
        运算:
            void CreatePQ(PQueue * pq, int maxsize);
            构造一个空优先权队列。
            BOOL IsEmpty(PQueue pq)
            若优先权队列为空，则返回 TRUE，否则返回 FALSE。
            BOOL IsFull(PQueue pq)
            若优先权队列已满，则返回 TRUE，否则返回 FALSE。
            void Append(PQueue *pq, T x)
            若优先权队列已满，则指示 Overflow，否则值为 x 的新元素入队列。
            void Serve(PQueue *pq, T *x)
            若优先权队列为空，则指示 Underflow，否则在参数 x 中返回具有最高优先权的元素值，
    并从优先权队列中删除该元素。
        }

下面我们用堆实现优先权队列。优先权队列的结构与堆相同，因而有

        typedef MinHeap PQueue;

2. 实现优先权队列

为了实现 ADT 6-2 的优先权队列，我们除了需要使用上面介绍的辅助函数 AdjustDown

外，还需要使用另一个辅助函数 AdjustUp。插入新元素后重新调整的工作由函数 AdjustUp
完成，该函数首先将新元素插在堆的最后，然后按照与函数 AdjustDown 相反方向的比较路
径，由下向上，与双亲结点进行比较。若双亲结点的元素值比孩子结点的元素值大，则调
整之，直到其双亲不大于待插元素值，或者已到达堆顶为止。图 6-23 是向上调整算法的例
子。程序 6-15 是 AdjustUp 函数的 C 语言程序。

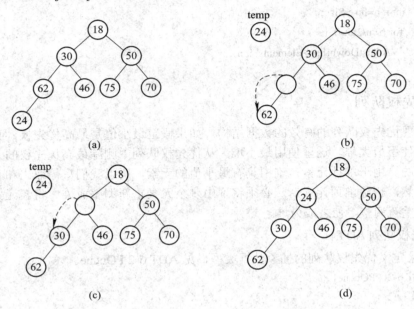

图 6-23　向上调整算法举例

(a) 插入 24；(b) 24 与 62 比较；(c) 24 与 30 比较；(d) 24 与 18 比较后插入 24

    程序 6-15 中首先将新元素插在 heap[n]处，令 temp 等于新元素 heap[n]，从 i＝n 开始，
将 temp 与其双亲 heap[i/2]比较。如果 temp 小于 heap[i/2]，则将 heap[i/2]向下移到 heap[i]
处，这也意味着 temp 在向上调整。这种调整直到 temp≥heap[i/2]，或者已到达堆顶为止。

【程序 6-15】　函数 AdjustUp。

```
void AdjustUp (T heap[], int n)
{
    int i=n; T temp=heap[i];
    while   (i!=1 && temp<heap[i/2]){
        heap[i]=heap[i/2]; i/=2;
    }
    heap[i]=temp;
}
```

    使用函数 AdjustDown 和 AdjustUp，我们可以方便地实现优先权队列的两个最基本的运
算 Append 和 Serve。程序 6-16 是函数 Append 和 Serve 的 C 语言程序。函数中调用了优先
权队列上定义的函数 IsEmpty 和 IsFull。只需将类型 PQueue 定义为 MinHeap，便很容易在
堆类型 MinHeap 上实现这两个函数，请读者自行实现之。如果优先权队列未满，则函数

Append 首先在优先权队列的最后插入新元素 x (即执行语句 pq->Elements[++pq->Size]=x),然后调用函数 AdjustUp 进行向上调整,将队列重新调整成堆。如果优先权队列非空,则函数 Serve 首先将堆顶元素赋给参数 x(即执行语句*x=pq->Elements[1]),然后用原来的堆底元素取代堆顶元素,同时让堆的大小减 1 (即执行语句 pq->Elements[1] =pq->Elements[pq->Size--];),最后使用函数 AdjustDown 重新调整之。

【程序 6-16】 函数 Append 和 Serve。

```
void Append(PQueue *pq, T x)
{
    if ( IsFull(*pq)) printf("Overflow");
    else {
        pq->Elements[++pq->Size]=x;
        AdjustUp (pq->Elements, pq->Size);
    }
}
void Serve(PQueue *pq, T *x)
{
    if (IsEmpty(*pq))printf("Underflow");
    else {
        *x=pq->Elements[1];
        pq->Elements[1]=pq->Elements[pq->Size--];
        AdjustDown (pq->Elements, 1, pq->Size);
    }
}
```

表 6-2 给出了优先权队列的例子,该例子从空队列开始,依次向队列中插入元素 71、74、2、72、54、93、52 和 28,表中列出了每次插入元素后队列的状态。

表 6-2　优先权队列的插入运算

步骤	1	2	3	4	5	6	7	8
1	71							
2	71	74						
3	2	74	71					
4	2	72	71	74				
5	2	54	71	74	72			
6	2	54	71	74	72	93		
7	2	54	52	74	72	93	71	
8	2	28	52	54	72	93	71	74

从表 6-2 建成的队列中依次删除元素 2 和 28 以后,队列中剩余元素的排列如下:

$$52, \ 54, \ 71, \ 74, \ 72, \ 93$$

优先权队列是完全二叉树,一棵有 n 个结点的完全二叉树的高度为 $\lceil lb(n+1) \rceil$。在函数 AdjustDown 和 AdjustUp 的执行中,比较和移动元素的次数均不会超过完全二叉树的高度,而且 Append 和 Serve 运算分别以常数阶时间调用这两个函数，所以 Append 和 Serve 运算的时间复杂度为 O(lbn)。

6.5　哈夫曼树和哈夫曼编码

文本处理是现代计算机应用的重要领域。文本由字符组成，字符以某种编码形式存储在计算机中。每个字符的编码可以是相等长度的，也可以是不等长度的。我们熟知的 ASCII 编码是等长编码。在一些计算机应用场合(如数据通信)，常采用不等长的编码，即对常用的字符用较少的码位编码，对不常出现的字符用较多的码位编码，以减少文本的存储长度，提高存储和处理文本的效率。哈夫曼编码就是用于此目的的不等长编码方法。本节讨论通过构造哈夫曼树生成哈夫曼编码的方法。构造哈夫曼树的算法称为哈夫曼算法。

6.5.1　树的路径长度

1. 扩充二叉树

首先我们引入扩充二叉树的概念。**扩充二叉树**(extended binary tree)也称 2-**树**(2-tree)，是指除叶子结点外，其余结点都必须有两个孩子的二叉树。图 6-24 是扩充二叉树的例子。

2. 树的内路径长度和外路径长度

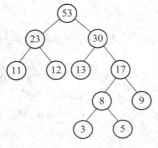

图 6-24　扩充二叉树

定义 1　从根到树中任意结点的路径长度是指从根结点到该结点的路径上所包括的边的数目。树的**内路径长度**(internal path length)定义为除叶子结点外，从根到树中其他所有结点的路径长度之和。

由二叉树的性质 1 可知，二叉树的第 $d(d \geq 1)$ 层上至多有 2^{d-1} 个结点，也就是说路径长度为 $d(d \geq 0)$ 的结点最多有 2^d 个。如果树中结点按从上到下，自左到右的次序编号，则第 k 个结点所在的层次 $c_k \geq \lfloor lbk \rfloor + 1$，从根到该结点的路径长度 $d_k \geq \lfloor lbk \rfloor$。因此，有 n 个非叶结点的二叉树的内路径长度 I 满足

$$I \geq \sum_{k=1}^{n} \lfloor lbk \rfloor \tag{6-5}$$

定义 2　树的**外路径长度**(external path length)是指从根到树中所有叶子结点的路径长度之和。从下面将讨论的定理中可以得到，外路径长度 E=I+2n，n 是树中非叶结点的个数，所以树的外路径长度 E 满足

$$E \geq \sum_{k=1}^{n} \lfloor lbk \rfloor + 2n \tag{6-6}$$

定理　设 I 和 E 分别是一棵扩充二叉树的内路径长度和外路径长度，n 是树中非叶结点的数目，则 E=I+2n。

证明　对非叶结点个数 n 作归纳法证明。

初始情况：令 n=1，I=0，E=2，有 E=0+2=2。

归纳假设：非叶结点数为 n–1 时该等式成立。

归纳步骤：设 v 是某个非叶结点，但其孩子是叶子，并且 k 为从根到 v 的路径长度。现从该二叉树上删除结点 v 的两个孩子，得到的新扩充二叉树上有 n–1 个非叶结点。新二叉树的内路径长度为 I–k，外路径长度为 E–2(k+1)+k。根据归纳假设，我们有

$$E - k - 2 = I - k + 2(n - 1) \tag{6-7}$$

因而有

$$E = I + 2n \tag{6-8}$$

定义 3　如果叶子结点是带权的，则叶子结点的加权路径长度是从根到该叶子的路径长度与叶子的权的乘积。树的**加权路径长度**(weighted path length)为树中所有叶子结点的加权路径长度之和，记作

$$WPL = \sum_{k=1}^{m} w_k l_k$$

其中，m 是叶子结点的个数，w_k 是第 k 个叶子结点的权，l_k 是从根到该叶子结点的路径长度。

图 6-24 所示的二叉树的内路径长度 $I = 0 + 2 + 2 + 3 = 7$，外路径长度 $E = 6 + 3 + 8 = 17$。设图 6-24 中叶子结点的元素值是它的权值，则该二叉树的加权路径长度为

$$WPL = (11 + 12 + 13) \times 2 + 9 \times 3 + (3 + 5) \times 4 = 131$$

6.5.2　哈夫曼树和哈夫曼算法

1. 哈夫曼算法

给定一组权值，以此作为叶结点的权值，我们可以构造多棵扩充二叉树，它们通常具有不同的加权路径长度。其中，具有最小加权路径长度的扩充二叉树，可用于构造高效的不等长编码。哈夫曼给出了构造具有最小加权路径长度的扩充二叉树的算法，称为**哈夫曼算法**(Huffman algorithm)。用哈夫曼算法构造的扩充二叉树称为**哈夫曼编码树**(Huffman coding tree)或哈夫曼树。

一般来说，在使用一组权值构造扩充二叉树时，如果使权值越大的叶子尽可能地放在离根越近的位置，则所构造的扩充二叉树的加权路径长度越小。哈夫曼算法正是出自这种思考。

哈夫曼算法可以描述如下：

(1) 用给定的一组权值$\{w_1, w_2, \cdots, w_n\}$，生成一个由 n 棵树组成的森林 $F=\{T_1,T_2,\cdots,T_n\}$，其中，每棵二叉树 T_i 只有一个结点，即权值为 w_i 的根结点(也是叶子)。

(2) 从 F 中选择两棵根结点权值最小的树，作为新树根的左、右子树，新树根的权值是左、右子树根结点的权值之和。

(3) 从 F 中删除这两棵树，另将新二叉树加入 F 中。

(4) 重复(2)和(3)，直到 F 中只包含一棵树为止。

图 6-25 是由权值$\{3，5，9，11，12，13\}$构造哈夫曼树的过程。图中(a)是由 n 棵树组成

的初始森林 F，(b)合并根为 3 和 5 的二叉树，(c)合并根为 8 和 9 的二叉树，(d)合并根为 11 和 12 的二叉树，(e)合并根为 13 和 17 的二叉树，(f)合并根为 23 和 30 的二叉树，最终得到的一棵树就是哈夫曼树。

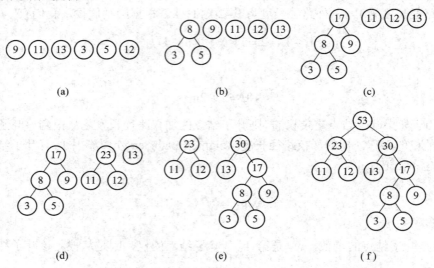

图 6-25　哈夫曼树的构造过程

(a) 初始森林 F；(b) 合并 3 和 5；(c) 合并 8 和 9；

(d) 合并 11 和 12；(e) 合并 13 和 17；(f) 合并 23 和 30 得到哈夫曼树

2．建立哈夫曼树

从图 6-25 中我们看到，使用哈夫曼算法构造哈夫曼树的过程，是从 n 棵只有一个根结点的树组成的森林开始的。在算法执行中，哈夫曼树是由若干棵树组成的森林，通过不断地合并树，最终得到的一棵树。

为了实现哈夫曼算法，我们定义如下森林结构：

```
BTree ht[MaxSize];
```

数组 ht 的每个数据元素都是一棵二叉树。

程序 6-17 是采用哈夫曼算法构造哈夫曼树的 C 语言函数 CreateHFMTree。函数 CreateHFMTree 需要两个输入参数 K w[]和 int n，其中，w[]用来构造哈夫曼树所需要的一组权值，n 是权值的个数。函数返回一棵构造成功的哈夫曼树。函数 CreateHFMTree 需要使用二叉树数据结构 BTree 上提供的运算 CreateBT 和 MakeBT。它还使用函数 Fmin，在一组权值中求最小值和次最小值。

【程序 6-17】　哈夫曼算法的 C 语言程序。

```
BTree CreateHFMTree(K w[], int n)
{
    BTree zero, ht[MaxSize];
    int i, k, k1, k2;
    CreateBT(&zero);
    for (i=0; i<n; i++)MakeBT(&ht[i], w[i], &zero, &zero);
```

```
        for (k=n−1; k>0; k−−){
            Fmin(ht, &k1, &k2, k);
            MakeBT(&ht[k1], ht[k1].Root->Element+ht[k2].Root->Element,
                    &ht[k1], &ht[k2]);
            ht[k2]=ht[k];
        }
        return ht[0];
    }
```

函数 CreateHFMTree 和 Fmin 的定义如下：

    BTree CreateHFMTree(K w[], int n)

    设数组 w[]中保存 n 个元素类型为 K 的权值，返回一棵构造成功的哈夫曼树。

    void Fmin(BTree ht[], int∗ k1, int∗k2, int k)

    设 ht[]是由 k(k>0)棵二叉树组成的森林，返回 k1 和 k2，k1 和 k2 分别是 k 棵二叉树中根结点值最小和次最小的二叉树在数组 ht 中的下标。

函数 CreateHFMTree 的执行步骤是：

(1) 构造 n 棵二叉树 ht[i]，每棵二叉树只有一个权值为 w[i]的根结点。

(2) 调用 Fmin，在 ht[0]，ht[1]，…，ht[k]中求两棵根结点值最小和次最小的二叉树，返回它们的下标 k1 和 k2。

(3) 以 ht[k1].Root->Element+ht[k2].Root->Element 为根的值，以 ht[k1]和 ht[k2]为左、右子树构造新二叉树，并将其保存在 ht[k1]中。

(4) 以 ht[k]替代 ht[k2]，这样 ht 中二叉树的数目减少一棵，所以 k 减 1。

(5) 重复(2)、(3)和(4)，直到 k=0，此时 ht[0]就是哈夫曼树。

(6) 函数返回所生成的哈夫曼树 ht[0]。

6.5.3　哈夫曼编码

    字符总是以某种编码形式存储在计算机中。目前世界上应用最广泛的两个字符集是 ASCII 码(美国信息交换标准码)和 EBCDIC 码(扩充的二进制编码的十进制信息码)。当采用这两个字符集时，字符在计算机内是以固定长度的位串表示的。通常用一个字节存储一个字符。例如标准 ASCII 码用 7 位二进制码表示一个字符，多余的一位用作奇偶校验位。这种编码形式称为固定长度编码。如果字符集中每个字符的使用频率相等的话，固定长度编码是空间效率最高的编码方法。但在具体应用中，字符集中字符的使用频率常常差别很大。例如，在典型的英语文献中，各英文字母出现的频率有很大差异。若干字母如 A、B、E、F 和 G 的使用频率，是字母 D、I、K 和 M 的使用频率的几十倍。为了提高存储和传输的效率，可采用不等长的编码方式。若要设计不等长的编码，则要求字符集中任一字符的编码都不是另一个字符编码的前缀，这种编码符合前缀特性，被称为前缀编码。前缀编码可以一个字符一个字符地进行译码，不需要在字符之间添加分隔符。利用哈夫曼树可以得到前缀编码。哈夫曼编码被用于数据通信的二进制编码中。

    设 S={d_1, d_2, …, d_n}为待编码的字符集，W={w_1, w_2, …, w_n}是 S 中各字符在电文中出现的频率。现以 W 为权值，构造哈夫曼树。哈夫曼树的每个叶结点对应一个字符。在从哈夫曼树的每个结点到其左孩子的边上标上 0，到其右孩子的边上标上 1。将从根到每个叶子的路径上的数码连接起来，就是该叶子所代表的字符的编码。

例如，有字符集 S={A，B，C，D}，权值 W={4，2，1，1}，用哈夫曼树设计的哈夫曼编码如图 6-26 所示。

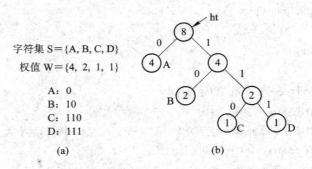

图 6-26　哈夫曼编码例一
(a) 各字符的二进制编码；(b) 哈夫曼树

设有电文 ABACABDA 满足权值 W 假定的频率特性，则经哈夫曼编码后的码文为 01001100101110，共 14 位二进制码位。如果采用定长编码，如：A 为 00，B 为 01，C 为 10，D 为 11，则其编码后的码文长 16 位。

图 6-25 的哈夫曼树产生的哈夫曼编码如图 6-27 所示。

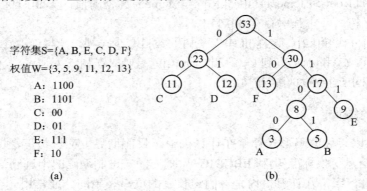

图 6-27　哈夫曼编码例二
(a) 哈夫曼编码；(b) 哈夫曼树

哈夫曼编码之所以能产生较短的码文，是因为哈夫曼树是具有最小加权路径长度的二叉树。如果叶结点的权值恰好是某个需编码的文本中各字符出现的次数，则编码后文本的长度就是该哈夫曼树的加权路径长度。

哈夫曼树也同样用于译码过程。译码过程为：自左向右逐一扫描码文，并从哈夫曼树的根开始，将扫描得到的二进制位串中的相邻位与哈夫曼树上标的 0、1 相匹配，以确定一条从根到叶子结点的路径。一旦到达叶子，则译出一个字符，再回到树根，从二进位串的下一位开始继续译码。例如，根据图 6-26 的哈夫曼树，从左到右扫描码文 01001100101110，从哈夫曼树的根开始匹配。第一个码位是 0，则向左子树去，到达结点 A，则译出字符 A。继续扫描得到码位 1，并从根开始重新匹配，因当前的码位是 1，则向右子树去，由于未到达叶子，继续扫描下一位 0，则向左子树去，这样到达 B，则译出字符 B。依此类推，可译出全部电文。

*6.6 并查集和等价关系

利用集合可以求解等价关系问题。等价关系是现实世界中广泛存在的一种关系，许多问题可以归结为按给定的等价关系划分等价类的问题。我们通常把这类问题称为等价问题。等价问题可利用下面定义的并查集来求解。树和森林在本节中用于表示并查集。

6.6.1 并查集

并查集(Union-Find set)是由一组互不相交的集合组成的一个集合结构。这就是说，并查集中的元素本身是集合，它们是某个集合的子集，并查集是由这些集合组成的集合结构。

设有集合 $V=\{0, 1, \cdots, n-1\}$，$V_1, V_2, \cdots, V_m$ 是 V 的子集，若有 $V_1 \cup V_2 \cup \cdots \cup V_m = V$，且 $V_i \cap V_j = \Phi(i \neq j, i, j=1, \cdots, m)$，则集合 $s=\{V_1, V_2, \cdots, V_m\}$ 是 V 的一个**划分**(partiton)，也就是我们这里讨论的并查集 UFset。

并查集上有两个最基本的运算：Find 和 Union。Find 运算搜索给定元素 i 所在的子集合，并返回该子集合；Union 运算将两个子集合合并成一个子集合。

例如，$V = \{0, 1, 2, 3, 4, 5, 6\}$，$s = \{V_1, V_2, V_3\}$，其中，$V_1 = \{0\}$，$V_2 = \{1, 2, 3, 4\}$，$V_3=\{5, 6\}$，则集合 s 就是一个并查集。我们也将并查集作为一个抽象数据类型来讨论，见 ADT 6-3 UFset 的定义。

ADT 6-3 UFset{

数据：

由若干互不相交的子集合组成的集合。

运算： 设集合中的元素和并查集中的子集合都用整数标识。

void CreateUFset(UFset *s, int n)

创建的每个子集合中仅包含一个元素的并查集 s，其长度为 n。

int Find(UFset *s, int i)

返回 i 所在的子集合的标识。

void Union(UFset *s, int x, int y)

合并 x 和 y 两个子集合。

}

6.6.2 并查集的实现

为了实现 ADT 6-3 的并查集 ADT，我们首先需要了解并查集的存储表示方式。

一种简单的表示集合的方法是：每个子集合用一个线性表表示，同一个线性表中的元素属于同一个子集合，代表各子集合的线性表组合起来成为并查集的存储结构。显然，当线性表用于表示一个集合时，表中元素的相对次序对集合而言是无意义的。

另一种方法是用一棵树来表示一个子集合：同一棵树上的元素属于同一子集合，代表各子集合的树组合起来形成森林，用森林表示并查集。同样，树中元素的相互关系(如双亲、孩子、兄弟等)对所表示的集合而言也是无意义的。这里，我们讨论用森林表示并查集的方法。

前面我们已经介绍过多种存储树和森林的方法，这里，我们使用树的双亲表示法。这样，每个结点有两个域：Element 和 Parent。Parent 域是指向双亲的指针。我们用序号标识元素，并分配一块连续的空间来存储这些树，这样，Parent 域的值是其双亲结点的下标。Parent 域中值为–1 的结点是代表某个子集合的树的根结点。在当前的问题中，除了序号外，元素的其他信息与所讨论的问题无关，所以我们省去 Element 域，从而得到图 6-28 所示的结构。在这个结构中，只使用一个名为 Parent 的一维数组。该图是一个包括三个子集合(三棵树)的并查集 s={V₁，V₂，V₃}的存储表示的示意图。Parent 域中值为–1 的结点是根结点，它们没有双亲。Parent 域中值不为 –1 的是其双亲的下标。

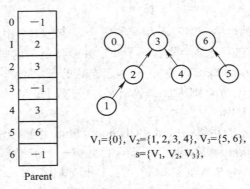

$V_1=\{0\}$, $V_2=\{1, 2, 3, 4\}$, $V_3=\{5, 6\}$,
$s=\{V_1, V_2, V_3\}$,

图 6-28　UFset 的存储表示

在实现并查集时，我们规定元素用它们的下标标识(命名)，元素所在子集用代表该树的根结点的下标标识。

CreateUFset 运算建立一个每个子集合仅包括一个元素的并查集，它是由 n 个根结点组成的森林，所以将 Parent 域全部置成 –1(见图 6-29(a))。Union 运算将两个子集合合并成一个子集合，也就是将代表这两个集合的树合并成一棵树。一种简单的方法是将其中一棵树的根连到另一棵树的根上。图 6-29(b)的做法是将第一棵树的根连在第二棵树的根上。Find 运算是搜索序号为 i 的元素所在的树的根结点，其方法是顺着结点 i 通往树根的路径向上搜索，直到某个结点的 Parent 域的值为 –1，则该结点为结点 i 所在树的根，函数 Find 返回该根的序号。程序 6-18 是并查集 ADT 在图 6-28 的存储表示下的实现。

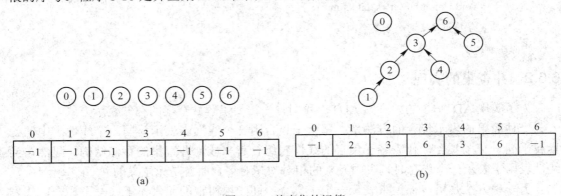

图 6-29　并查集的运算
(a) Create UFset 运算；(b) 对图 6-28 的并查集执行 Union(3, 6)

【**程序 6-18**】 并查集的 C 语言程序。

```
#define MaxSize    50
typedef struct ufset{
     int Parent[MaxSize];
     int Size;
}UFset;
void CreateUFset(UFset *s, int n)
{    int i;
     s->Size=n;
     for (i=0; i<n; i++) s->Parent[i]=-1;
}
int Find(UFset *s, int i)
{   for (; s->Parent[i]>=0; i=s->Parent[i]);
    return i;
}
void Union( UFset *s, int x, int y)
{
     s->Parent[x]=y;
}
```

这种简单的并查集实现算法可能会产生退化的树形，即代表一个子集合的树会成为一个链表，从而加大了 Find 运算的搜索时间。

为避免产生退化树，可对 Union 运算的算法作修改，增添"加权规则"：将结点少的树并入结点多的树中。可以证明，采用这样的做法，对一个有 n 个元素的并查集来说，每棵树的高度将不超过 $\lfloor lb\ n\rfloor+1$。现在，树根的 Parent 域被用来存储该树中元素个数的负值。

对 Find 运算的算法也可使用"拆开规则"，通过"压缩路径"的方式加以改进：在搜索元素 i 的树根时，将从根到元素 i 的路径上的所有结点的 Parent 域均重置，使它们直接连至该树的根结点。

改进的 Union 和 Find 算法见程序 6-19。

【**程序 6-19**】 改进的 Union 和 Find 算法。

```
int Find2(UFset *s, int i)
{     int r, t, l;
      for (r=i; s->Parent [r]>=0; r=s->Parent[r]);
      if (i!=r)
           for (t=i; s->Parent [t]!=r; t=l){
               l=s->Parent[t]; s->Parent[t]=r;
           };
      return r;
}
void Union2(UFset*s, int x, int y)
```

```
{       int temp=s->Parent[x]+s->Parent[y];
        if (s->Parent[x]>s->Parent[y]) {
                s->Parent[x]=y;
                s->Parent[y]=temp;
        }
        else {
                s->Parent[y]=x;
                s->Parent[x]=temp;
        }
}
```

6.6.3 集合按等价关系分组

设有元素集合 S={0，1，2，3，4，5，6}，它们用序号唯一标识。S 上有等价对 R=
{0~1，2~3，3~0，4~5，6~5}。该等价关系将集合 S 分成两个等价类：{0，1，2，3}
和{4，5，6}。

从数学上看，等价关系是某个集合上的一个二元关系，它具有自反性、对称性和传递
性。等价类是一个元素的集合，集合中的元素应满足等价关系。

我们可以利用并查集来实现集合按等价关系分组。首先将集合的每个元素单独分成一
个组。每个元素与自身等价，然后根据给定的等价关系，逐渐把等价的元素归并到同一子
集合中。具体做法是：

(1) 输入一个等价对 i~j；

(2) 调用 Find(i)和 Find(j)，搜索 i 和 j 所在的子集合，设为 x 和 y；

(3) 若 x≠y，则调用 Union(x, y)，合并之。

对于上面给出的例子，其算法执行过程如图 6-30 所示。使用函数 Union 和 Find 实现集
合按等价关系分组的程序实现留为作业。

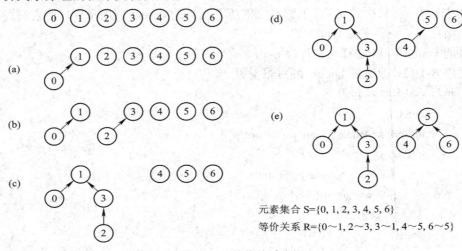

元素集合 S={0, 1, 2, 3, 4, 5, 6}
等价关系 R={0~1, 2~3, 3~1, 4~5, 6~5}

图 6-30 按等价关系分组
(a) 0~1；(b) 2~3；(c) 3~1；(d) 4~5；(e) 6~5；

小 结

树和森林是非常重要的非线性层次数据结构。在本章中，我们讨论了二叉树、一般树和森林的概念、存储表示和运算，介绍了二叉线索树以及森林和二叉树的相互转换，并着重介绍了二叉树和森林的遍历运算的递归和非递归算法。堆和哈夫曼树是两种树结构，用于实现优先权队列和哈夫曼编码。并查集可用树和森林有效地表示。使用并查集可实现等价类划分。

习 题 6

6-1　给出本章目录的树形表示(章、节、小节)。

6-2　对于三个结点 A、B 和 C，可分别组成多少棵不同的无序树、有序树和二叉树？

6-3　设在度为 m 的树中，度为 1，2，$\cdots$，m 的结点个数分别为 n_1，n_2，$\cdots$，n_m，求叶子结点的数目。

6-4　高度为 h 的满 k 叉树有如下特性：第 h 层上的结点的度为 0，其余各层上的结点的度均为 k。如果按从上到下、从左子树到右子树的次序对树中结点从 1 开始编号，则

(1) 各层的结点数是多少？

(2) 编号为 i 的结点的双亲结点(若存在)的编号是多少？

(3) 编号为 i 的结点的第 m 个孩子结点(若存在)的编号是多少？

(4) 编号为 i 的结点有右兄弟的条件是什么？

6-5　找出所有二叉树，其结点在下列两种次序下恰好都以同样的次序出现。

(1) 先序和中序；(2) 先序和后序；(3) 中序和后序。

6-6　设对一棵二叉树进行中序遍历和后序遍历的结果分别如下：

(1) 中序遍历 B D C E A F H G；

(2) 后序遍历 D E C B H G F A。

画出该二叉树。

6-7　写出对图 6-31 中的二叉树的先序遍历、中序遍历和后序遍历的结果。

6-8　设二叉树以二叉链表存储，试编写求解下列问题的递归算法。

(1) 实现二叉树的按层次遍历；

(2) 删除一棵二叉树，并释放所有的结点空间；

(3) 求一棵二叉树中的叶结点个数；

(4) 交换一棵二叉树中每个结点的左、右子树。

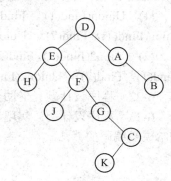

图 6-31　二叉树

6-9　画出图 6-31 中的二叉树的先序遍历、中序遍历和后序遍历的线索树。

6-10　设计一个算法，在中序线索树上求指定结点的中序次序下的前驱结点。

6-11　n 个结点的完全二叉树顺序存储在一维数组 a 中，设计一个算法，实现对此二叉

树的先序遍历。

6-12　n 个结点的完全二叉树顺序存储在一维数组 a 中，设计一个算法，由此数组得到该完全二叉树的二叉链表结构。

6-13　将图 6-32 中的树转换成二叉树，并将图 6-31 中的二叉树转换成森林。

6-14　设树采用多重表表示，设计一个算法先序遍历一棵树。

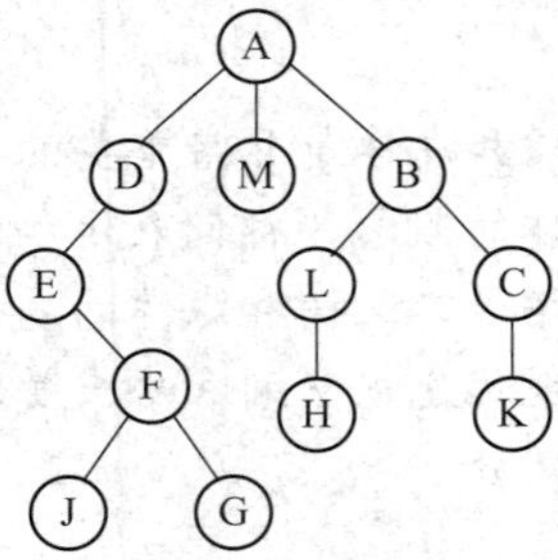

6-15　分别以下列数据为输入，构造最小堆。

(1) 10，20，30，40，50，60，70，80；

(2) 80，70，60，50，40，30，20，10；

(3) 80，10，70，20，60，30，50，40。

图 6-32　树

6-16　分别以上题中的数据为输入，从空的优先权队列开始，依次插入这些元素，求结果优先权队列的状态。

6-17　设计一个最大堆，实现建堆的 CreateHeap 运算。

6-18　设有字符集 S={A, B, C, D, E, F}，W 为各字符的使用频率，W={2, 3, 5, 7, 9, 12}，对字符集合进行哈夫曼编码。

(1) 画出哈夫曼树；

(2) 计算加权路径长度；

(3) 求各字符的编码。

6-19　设计一个算法实现从哈夫曼树生成哈夫曼编码。算法采用本书给定的存储表示方法。

6-20　设有集合 K={1，2，…，8}，等价对 R={1~2，3~2，4~5，2~5，5~6，7~8}，试以 R 中的等价对划分等价类，并模拟算法执行过程。

6-21　设有 8 个元素的并查集{0，1，…，7}，采用森林表示，初始化后分别执行下列两组运算序列，请分别画出执行每个运算后森林的状态。

(1) Union(Find(1)，Find(2))，Union(Find(3)，Find(4))，Union(Find(3)，Find(5))，Union(Find(1)，Find(7))，Union(Find(3)，Find(6))

(2) Union2(Find(1)，Find(2))，Union2(Find(3)，Find(4))，Union2(Find(3)，Find(5))，Union2(Find(1)，Find(7))，Union2(Find(3)，Find(6))

6-22　程序设计题。借助于堆栈在二叉链表上实现后序遍历二叉树的迭代算法。

6-23　程序设计题。实现 Fmin 函数，完成哈夫曼建树算法。设计由建成的哈夫曼树得到哈夫曼编码的算法。

集 合 和 搜 索

　　本章介绍具有集合结构形式的数据，并对它们的组织方式、常见的运算以及实现这些运算的算法加以讨论。虽然我们认为在集合结构中数据元素间是无序可言的，但为了计算机存储和处理的需要，集合数据也需要以某种形式表示。它们可以用线性表、搜索树和散列表等不同的数据结构表示和存储。本章介绍集合的线性表表示。第 8 章讨论多种用于表示集合的搜索树。第 9 章的跳表和散列表是另外两种有价值的、适于表示集合的数据结构。由于在逻辑上，集合的元素间没有固有的次序关系，因此，搜索一个指定元素是集合结构上定义的最重要的运算。此外，插入和删除一个指定元素也是最常见的集合运算。

7.1　集合及其表示

本节介绍集合结构的概念及其基本表示形式。

7.1.1　集合和搜索

　　集合是一个基本的数学概念。在数学上，**集合**(set)是不同对象的无序**汇集**(collection)。集合的对象称为**元素**或**成员**(member)。**多重集**(multi-set)是元素的无序汇集，其中，每个元素可出现一次或多次。例如，多重集{1, 1, 2, 3}与{1, 2, 3, 1}相同，但与{1, 2, 3}不同。通常用大括号表示无序集。一个**有序集**(ordered set)是元素的汇集，其中，每个元素可以出现一次或多次，并且它们的出现次序是重要的(如同向量一样)。通常用圆括号表示有序集，例如，(2，1，3)。
　　数学意义上的集合运算主要有：集合的并，集合的差，集合的交，判断两个集合是否相等，判断一个元素是否在集合中，以及判断一个集合是否为另一个集合的子集合等。上一章中讨论的并查集和集合按等价关系划分的问题也是集合问题。
　　集合结构(简称集合)作为一种数据结构，我们将它视为同类型数据元素的汇集。集合的数据元素之间除了"同属于一个集合"的联系之外没有其他关系。一般地，我们假定所讨论的集合不包含相同元素。
　　为了讨论方便，我们假定集合的元素具有如下定义的结构类型：

```
typedef struct entry{
        KeyType Key;
        DataType Data;
    } Entry;
```

其中，KeyType 和 DataType 是用户定义的数据类型，KeyType 被称为**关键字类型**，Key 是关键字，我们要求类型 KeyType 是 C 语言所允许的、可以比较大小的类型。除关键字外的其他数据项归入 Data 域部分，DataType 可以是简单类型，也可以是结构类型。

在数据结构中，**关键字**(key)是用以标识一个数据元素的某个数据项。我们可以进一步定义，若一个关键字可以唯一标识一个元素，则称此关键字为**主关键字**(primary key)。在集合中，不同数据元素有不同的主关键字值。若一个关键字可用以识别若干数据元素，则此关键字为**次关键字**(secondary key)。当数据元素是初等数据类型时，其关键字值即为数据元素值。在本章讨论中，若非特殊说明，都假定被搜索的关键字为主关键字。

由于在集合结构中，数据元素除了同属于一个集合的联系外，没有其他特殊关系，因此像"在线性表上搜索第 i 个元素""在二叉树上搜索一个结点的双亲"等运算是不存在的，"搜索、插入和删除指定关键字的元素"等运算是集合最基本的运算。

通常所说的搜索，简单地说就是查表。这里所指的**表**(table)是信息表。表和文件都是数据元素的集合。当信息量较少，整个集合的元素都存放在内存中时，称为表，否则称为**文件**(file)。文件也常被归入线性数据结构中。在本章的叙述中，表和文件一律称为表。表和文件在数据处理中占有重要地位。搜索运算是表和文件上最典型的运算。在下面几节中，我们将以搜索为主线讨论集合结构(信息表)。对文件的介绍将在第 12 章进行。

虽然在前几章中已介绍过搜索运算，但这里我们再给搜索运算下一个明确的定义。

搜索(查找)(search)：根据给定的某个值，在表中确定一个关键字值等于给定值的数据元素，若表中存在这样的元素，则称搜索成功，搜索结果可以返回整个数据元素，也可指示该元素在表中的地址；若表中不存在关键字值等于给定值的元素，则称搜索不成功(也称搜索失败)。

如果对一个数据元素集合仅需进行搜索而无需插入或删除元素，被称为**静态搜索**(Static Search)；如果在搜索失败时需在集合插入该待查元素，或者在搜索成功时需从集合中删除搜索到的元素，则被称为**动态搜索**(Dynamic Search)。

7.1.2　集合 ADT

现在我们给出集合抽象数据类型(见 ADT 7-1)的定义。

ADT 7-1 Set {

数据：

同类元素的有限汇集。元素由关键字标识。通常，集合由不同元素组成，其最大允许长度为 MaxSet。

运算：

void CreateList(Set * s，int maxsize);

创建一个空集合。

BOOL IsEmpty(Set s)

若集合为空，则返回 TRUE，否则返回 FALSE。

BOOL IsFull(Set s)

若集合满，则返回 TRUE，否则返回 FALSE。

BOOL Search(Set s，KeyType k, T *x)

在集合中搜索关键字值为 k 的元素。如果存在该元素，则将其放入*x，并且函数返回 TRUE，否则返回 FALSE。

 BOOL Insert(Set *s，T x)

在集合中搜索关键字值为 x.key 的元素。如果不存在该元素，则在集合中插入 x，并且函数返回 TRUE，否则返回 FALSE。

 BOOL Remove(Set *s，KeyType k, T *x)

在集合中搜索关键字值为 k 的元素。如果存在该元素，则将该元素赋给*x，并从集合中删除之，函数返回 TRUE，否则返回 FALSE。

 }

7.1.3 集合的表示

组织集合的方法很多，组织的方法不同，搜索等运算的算法也不同，所以集合的表示方法将直接影响集合运算的效率。集合可以用线性表、搜索树、跳表和散列表表示。本章讨论集合的线性表表示；下一章介绍多种表示集合的搜索树，即二叉搜索树、二叉平衡树、B-树和 Trie 树；跳表和散列表是另外两种表示集合的数据结构，它们是第 9 章讨论的主题。这些数据结构可以在不同的条件下有效地表示集合结构，以满足不同的应用需求。

本章讨论集合 ADT 的线性表实现方法，重点讨论在线性表表示方式下搜索运算的算法。

7.2 顺 序 搜 索

集合可以用线性表表示，线性表中的元素是集合的成员。如果线性表中的元素已按关键字值从小到大或从大到小的次序排列，则称线性表为有序表，否则是无序表。

1. 顺序搜索无序表

集合可以用无序表表示，在无序表中搜索一个指定关键字值的元素的方法是顺序搜索。

所谓**顺序搜索**(sequential search)，就是从头开始，逐个检查，若能在表中找到关键字值等于给定关键字值的元素，则查找成功；否则查找失败。

程序 7-1 是顺序搜索无序表的 C 语言程序，线性表采用顺序存储方式。算法从头开始检查表 lst，令待查关键字值 k 与表中元素的关键字值 lst.Elements[i].Key 进行比较，如果相等，则将该元素 lst.Elements[i]赋给变量*x，并返回 TRUE，即搜索成功；如果查完整个表，都未找到待查关键字值的元素，则返回 FALSE，即搜索失败。

【程序 7-1】 顺序搜索无序表。

```
BOOL SeqSearch(List lst, KeyType k, T *x)
{
    int i;
    for (i=0; i<lst.Size; i++)
        if (lst.Elements[i].Key==k) {
            x=lst.Elements[i]; return TRUE;              /*搜索成功*/
        }
    return FALSE;                                        /*搜索失败*/
}
```

2. 顺序搜索有序表

集合可以用有序表表示。一个有序表是一个线性表$(a_0, a_1, \cdots, a_{n-1})$，并且表中元素的关键字值有如下关系：

$$a_i.Key \leqslant a_{i+1}.Key \quad (0 \leqslant i < n-1)$$

其中，$a_i.Key$ 代表元素 a_i 的某个指定的关键字域。

程序 7-2 是顺序搜索有序表的 C 语言程序。程序中增设了一个被称作哨兵的元素 a_n，$a_n.Key$ 为 $+\infty$。这样，表的实际长度不能超过 MaxList-1。增加了哨兵元素后，在 for 循环中可以省去下标间的比较，不再需要通过下标比较来判定是否已经查完整个表。当 lst.Elements[i]. Key$\geqslant$k 时就可以结束 for 循环。此时，有两种可能的情况，或者已搜索成功，有 lst.Elements[i].Key==k，或者搜索失败。

【程序 7-2】 顺序搜索有序表。

```
#define MaxNum 1000
BOOL SeqSearch2(List lst, KeyType k, T *x)
{
    int i;
    lst.Elements[lst.Size].Key=MaxNum;
    for (i=0; lst.Elements[i].Key<k; i++);
    if (lst.Elements[i].Key==k) {
        *x=lst.Elements[i]; return TRUE;          /*搜索成功*/
    }
    else return FALSE;                            /*搜索失败*/
}
```

需要说明的是，我们完全可以采用 ADT 7-1 Set 的函数 Search 的名称作为函数 SeqSearch 和 SeqSearch2 的名称，这里使用不同的名称是为了表明它们是 Search 函数的不同版本，但它们都严格符合函数 Search 的定义。

3. 平均搜索长度

分析一个搜索算法的时间复杂性时，通常对成功搜索一个指定关键字值的元素以及搜索失败两种情况分别加以讨论。搜索中所需的关键字值之间的比较次数的期望值，被称为搜索算法的**平均搜索长度**(Average Search Length，ASL)。

求成功搜索的平均搜索长度，需要给定表中元素 a_i 被搜索的概率 p_i。设表长为 n，假定每个元素的搜索概率是相等的，即 $p_i=1/n$，则程序 7-1 中顺序搜索线性表在搜索成功时的平均搜索长度为

$$ASL_S = \frac{1}{n}\sum_{i=0}^{n-1}(i+1) = \frac{1}{n}\sum_{i=1}^{n}i = \frac{n+1}{2} \tag{7-1}$$

函数 SeqSearch 在搜索失败的情况下，总要进行 n 次关键字值之间的比较。

有序表搜索函数 SeqSearch2，其成功搜索的平均搜索长度与函数 SeqSearch 大致相同。但在搜索失败的情况下，函数 SeqSearch2 大约平均比 SeqSearch 快一倍。

设有序表为$(a_0, a_1, \cdots, a_{n-1})$，通常可以假定待查元素的值位于 a_0 之前，a_0 与 a_1 之间，a_1 与 a_2 之间，……，a_{n-2} 与 a_{n-1} 之间以及 a_{n-1} 之后的共 n+1 个区间内的概率是相等的。搜索失败时的平均搜索长度为

$$ASL_F = 1 + \frac{1}{n+1}\sum_{i=0}^{n}(i+1) = 1 + \frac{1}{n+1}\sum_{i=1}^{n+1}i = \frac{n}{2} + 2 \tag{7-2}$$

4. 元素按搜索概率排列

上面的分析都假定表中的元素被查询的概率是相等的，但在大多数情况下，表中元素的搜索概率并不相等。例如，在一个由全体教职工的病历档案组成的表中，体弱多病的教职工的病历记录被搜索的概率必然高于年轻力壮的教职工的病历记录。在这种情况下，如果能事先知道每个记录的搜索概率，就可以将线性表中的记录按搜索概率从大到小排列，把搜索概率最大的记录放在表的最前面，这样，我们就能得到最小的平均搜索长度。可以证明，顺序搜索搜索成功时的平均搜索长度 ASL_S，在表中记录按 $p_0 \geqslant p_1 \geqslant \cdots \geqslant p_{n-1}$ 排列时有最小值。

5. 自组织线性表

实际上，我们往往无法事先知道哪个记录最经常被访问。更复杂的情况是，有的记录可能在一段时间内频繁地被访问，此后就极少被访问了，也就是说搜索概率是随时间变化的。**自组织线性表**(self-organizing list)就是为了解决这些问题而设计的。有三种可能的自组织表方法：**计数方法**(count)、**移至开头**(move-to-front)和**互换位置**(transposition)。

计数方法是为每个记录保存一个访问计数，每成功访问一次，就将该计数器加一，当此记录的访问次数已大于它前面的记录时，将此记录移到前面去，即线性表按记录的访问次数非递增排列。这种方法的缺点是移动记录需要时间，计数器需要空间。

移至开头的方法在成功搜索了一个记录后，就把它放在表的开头。移至开头的方法对访问频率的局部变化能很好地适应。如果一个记录近期被频繁访问，在这段时间内，它就会靠近线性表的前端。这种方法适用于链接结构，采用顺序表存储时开销太大。

互换位置的方法是把被成功搜索的记录与它前面的一个记录互换位置。互换位置的方法可适用于顺序表和链表。随着时间的推移，最常用的记录慢慢被移到线性表的最前端。

7.3 二 分 搜 索

当有序表采用顺序方式存储时，可以采用二分搜索的方法搜索指定关键字值的记录。二分搜索的基本思想是选择表中某一位置 i 的元素，设元素 a_i 的关键字值为 K_i，将 K_i 与待查元素的关键字值 tkey 比较，比较结果有三种可能性：

(1) tkey < K_i：若关键字值为 tkey 的元素在表中，则必定在子表$(a_0, a_1, \cdots, a_{i-1})$中，可以在此子表中继续进行搜索；

(2) tkey == K_i：搜索成功；

(3) tkey > K_i：若关键字值为 tkey 的元素在表中，则必定在子表$(a_{i+1}, a_{i+2}, \cdots, a_{n-1})$中，可以在此子表中继续进行搜索。

使用不同的规则来分割搜索区间，确定位置 i，可得到不同的二分搜索方法，如对半搜索、一致对半搜索、斐波那契搜索和插值搜索等。在本节，我们将讨论对半搜索和斐波那契搜索。

7.3.1   对半搜索

对半搜索是一种二分搜索。设当前搜索的子表为$(a_{low}, a_{low+1}, \cdots, a_{high})$，若令

$$i = \frac{low + high}{2}$$

则这种二分搜索称为对半搜索。对半搜索算法将表划分成几乎相等的两个子表。

对半搜索算法要求有序表采用顺序存储。程序 7-3 是对半搜索的 C 语言程序。对半搜索的递归算法包括两个函数：bSch 和 BSearch。其中，bSch 是实现对半搜索的递归算法，BSearch 是面向用户的接口函数。

函数 bSch 中，mid、low 和 high 均为元素下标。如果当前搜索的表不空，则令待查关键字与表中 mid 位置上的元素的关键字比较，如果相等，则搜索成功，返回 mid；如果小于 mid，则继续查找左半部分子表，其下标范围为[low, mid−1]，否则继续查找右半部分子表，其下标范围为[mid+1, high]；如果当前搜索的表是空表，则搜索失败，返回 −1。

函数 BSearch 调用函数 bSch 提供对半搜索的用户接口。

【程序 7-3】   对半搜索的递归算法。

```
int bSch(List lst, KeyType k, int low, int high)
{
    int mid;
     if  (low<=high){
        mid=(low+high)/2;
        if (k<lst.Elements[mid].Key) return bSch(lst, k, low, mid−1);
        else if (k>lst.Elements[mid].Key)    return bSch(lst, k, mid+1, high);
            else return mid;                              /*搜索成功*/
    }
    return −1;                                            /*搜索失败*/
}
BOOL BSearch(List lst, KeyType k, T *x)
{
    int i;
    i=bSch(lst, k, 0, lst.Size);
    if (i==−1 )return FALSE;                              /*搜索失败*/
    else {
        *x=lst.Elements[i]; return TRUE;                  /*搜索成功*/
    }
}
```

递归函数往往效率较低，要得到对半搜索的迭代算法也是不难的。函数 BSearch2 以迭代函数的形式实现对半搜索，见程序 7-4。

【程序 7-4】　对半搜索的迭代算法。

```
BOOL BSearch2(List lst, KeyType k, T *x)
{
        int mid, low=0, high=lst.Size−1;
        while    (low<=high){
            mid=(low+high)/2;
            if (k<lst.Elements[mid].Key) high=mid−1;
             else if (k>lst.Elements[mid].Key) low=mid+1;
                else {
                    *x=lst.Elements[mid]; return TRUE;          /*搜索成功*/
                }
        }
        return FALSE;                                           /*搜索失败*/
}
```

函数 BSearch 和 BSearch2 是 Search 函数的不同版本，它们严格符合 Search 函数的定义。

顺序搜索适用于有序表，也适用于无序表。虽然在我们的例子中，线性表采用顺序存储，但事实上，在链接存储的线性表上进行顺序搜索，具有与顺序表基本相同的效率。但对半搜索只适用于有序表，并且要求有序表采用顺序存储。链接存储的有序表无法有效地实现对半搜索，这是因为对半搜索要求随机存取位于 mid 处的元素，这只有在顺序表情况下才能有效实现。

7.3.2　二叉判定树

我们可以用下面的具体例子来模拟对半搜索算法的执行过程。其中，方括号内是当前搜索的表，带下画线的整数是当前与待查关键字值 key 比较的关键字值 K_i。

(1) key=66，搜索成功：

```
[21   30   36   41   52    54   66   72   83   97]
 21   30   36   41   52   [54   66   72   83   97]
 21   30   36   41   52   [54   66]  72   83   97
 21   30   36   41   52    54   [66]  72   83   97
```

(2) key=35，搜索失败：

```
[21   30   36   41   52   54   66   72   83   97]
[21   30   36   41]  52   54   66   72   83   97
 21   30   [36   41]  52   54   66   72   83   97
 21   30]  [36   41   52   54   66   72   83   97
```

上述搜索过程可以用一棵二叉树来描述。通常称描述搜索算法执行过程的二叉树为**二叉判定树**(binary decision tree)。一个以比较关键字值为基础的搜索算法的二叉判定树模型可以这样建立：

(1) 待查关键字值 key 与表中关键字值 K_i 之间的一次比较操作，表现为二叉判定树中的一个**内结点**，用一个圆形结点表示，并用 i 标识。如果 key 等于 K_i，则算法在该结点处成功终止。

(2) 二叉判定树的**根结点**，代表算法中首先与 key 比较的关键字值 K_i，用 i 标识。

(3) 结点 i 的左孩子是当 key < K_i 时，算法接下去与 key 比较的元素的序号所标识的结点，其右孩子是当 key > K_i 时，算法接下去与 key 比较的元素的序号所标识的结点。

(4) 如果根据算法，在 key 与 K_i 比较之后有 key < K_i，且算法终止，那么，结点 i 的左孩子用一个方形结点表示，结点的标号为 i−1。反之，在 key 与 K_i 比较之后有 key > K_i，且算法终止，那么，结点 i 的右孩子用一个方形结点表示，结点的标号为 i。方形结点称为**外结点**。

换句话说，如果算法在方形结点 i 处终止，这意味着：当 0 < i < n−1 时，K_i < key < K_{i+1}；当 i = −1 时，key < K_0；当 i = n−1 时，key > K_{n-1}。

(5) 从根结点到每个内结点的一条路径代表成功搜索的一条比较路径。如果搜索成功，则算法在内结点处终止，否则算法在外结点处终止。

图 7-1 是对有 10 个元素的有序表执行对半搜索算法的二叉判定树。

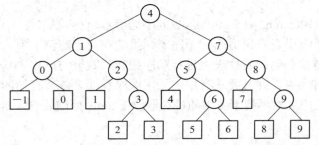

图 7-1　对半搜索二叉判定树(n=10)

一棵有 n 个结点的二叉判定树的高度(不计代表失败的方形结点)为 $\lfloor lb\ n \rfloor + 1$。所以，对半搜索在成功搜索的情况下，关键字值之间的比较次数不超过 $\lfloor lb\ n \rfloor + 1$。对于不成功的搜索，算法需要作 $\lfloor lb\ n \rfloor$ 或 $\lfloor lb\ n \rfloor + 1$ 次比较。那么，对于成功搜索，它的平均搜索长度是多少呢？

为简单起见，假定表的长度 $n = 2^k - 1$，即 $k = lb(n+1)$，则对半搜索的二叉判定树是一棵满二叉树。树中层数为 1 的结点有 1 个，层数为 2 的结点有 2 个……层数为 i 的结点有 2^{i-1} 个。又假定表中每个元素的搜索概率是相等的($p_i = 1/n$)，则成功搜索的平均搜索长度为

$$ASL_S = \frac{1}{n} \sum_{i=1}^{k} i \cdot 2^{i-1} = \frac{1}{n} \sum_{i=1}^{k} i\ (2^i - 2^{i-1})$$

$$= \frac{1}{n} \left(\sum_{i=1}^{k} i \cdot 2^i - \sum_{i=0}^{k-1} (i+1)\ 2^i \right)$$

$$= \frac{1}{n} \left(\sum_{i=1}^{k} i \cdot 2^i - \sum_{i=0}^{k-1} i \cdot 2^i - \sum_{i=0}^{k-1} 2^i \right)$$

$$= \frac{1}{n} (k \cdot 2^k - 2^k + 1) = \frac{n+1}{n}\ lb(n+1) - 1$$

$$= lb(n+1) + \frac{lb(n+1)}{n} - 1$$

$$\leqslant lb(n+1) \quad (当 n 较大时) \tag{7-3}$$

因此，在有序表中成功搜索一个元素的情况下，对半搜索的平均搜索长度为 O(lbn)。

*7.3.3 斐波那契搜索

斐波那契(Fibonacci)序列的定义是：

$$f_n = \begin{cases} n & (n=0,1) \\ f_{n-1} + f_{n-2} & (n \geq 2) \end{cases} \tag{7-4}$$

取有序表的长度 $n = f_{m+1}-1$(不考虑 $n \neq f_{m+1}-1$ 的情况)。为了讨论方便，我们对有序表从 1 开始编号，其范围为 $[1, f_{m+1}-1]$。我们可以设计一种新的二分搜索算法，它按下面描述的方式将一个表分成并不相等的两部分，即首先与待查关键字值 key 比较的元素的位置将是 $mid = f_m$，如同对半搜索，此元素将表分成左、右两部分：$[1, mid-1]$ 和 $[mid+1, n]$。左右两个子集的大小分别为 f_m-1 和 $f_{m-1}-1$。这就是所谓的黄金分割。这样的二分搜索称为斐波那契搜索。

斐波那契算法的二叉判定树是满足下面定义的斐波那契树(以下简称**斐树**)。

一棵 m 阶斐树有 $f_{m+1}-1$ 个内结点和 f_{m+1} 个外结点。外结点的个数比内结点多一个。设 T_m 是一棵 m 阶斐树，则

(1) 当 $m = 0$ 或 $m = 1$ 时，有 $T_0 = T_1$，则斐树是只有一个编号为 0 的外结点的树。

(2) 当 $m > 1$ 时，T_m 的根是编号为 f_m 的内结点，而 T_m 的根的左子树是 $m-1$ 阶斐树 T_{m-1}，其右子树是 $m-2$ 阶斐树 $T_{m-2}+f_m$。符号 $T_{m-2}+f_m$ 表示将斐树 T_{m-2} 的每个元素的编号加上 f_m 后得到的斐树。

图 7-2 是一棵 $n = f_7-1 = 12$ 的 6 阶斐树。从图中我们可以看到，对于任何编号为 i 的结点，如果以它为根的子树是一棵 u 阶斐树，则其左、右子树分别是一棵 $u-1$ 和 $u-2$ 阶斐树，并且它的左孩子的编号为 $i-f_{u-2}$，而它的右孩子的编号为 $i+f_{u-2}$(如果存在的话)。进一步我们还看到，若以 i 为根的子树是 $u = 2$ 或 3 阶斐树，这时有 $f_{u-1}=f_1 = 1$ 或 $f_{u-1}=f_2 = 1$，那么当 $K_i < key$ 时，算法到达叶结点，以失败而结束。若以 i 为根的子树是 $u = 2$ 的斐树，$f_{u-2} = f_0 = 0$，那么当 $K_i > key$ 时，算法到达叶子结点，也以失败结束。

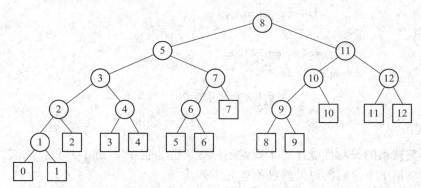

图 7-2　6 阶斐波那契树($n = f_7 - 1 = 12$)

如果我们以 i 指示正在与 key 作比较的元素，且它是一棵 u 阶斐树的根，令 $p = f_{u-1}$，$q = f_{u-2}$，则 i 的左子树是 $u-1$ 阶斐树，其根编号为 $i-f_{u-2}$，新的 p 应为 f_{u-2}，新的 q 为 f_{u-3}，

这时只需对各变量作修正：i = i-q, t = p, p = q, q = t-q 即可。而 i 的右子树是 u-2 阶斐树，其根编号为 i+f_{u-2}，新的 p 应为 f_{u-3}，新的 q 为 f_{u-4}，这时只需对各变量作修正：i = i+q，p = p-q, q = q-p 即可。通过上述修正，便可实现对左或右子树中结点的继续搜索，直到搜索成功，或者到达叶子结点为止(有(key < K_i && q==0)或者(key > K_i && p==1))。

　　程序 7-5 是斐波那契搜索的 C 语言程序。算法的开始部分计算得到 i = f_m，p = f_{m-1}，Q = f_{m-2}，然后令待查关键字值 k 与 lst.Elements[i-1].Key 比较。注意，由于在讨论斐树时，对树中元素从 1 开始编号，但事实上元素在数组 Elements 中的下标从 0 开始编号，因此 i 是编号，i-1 即为元素在数组中的下标。图 7-2 的斐树中的数字是元素的编号，如果斐波那契搜索二叉判定树的结点采用元素下标标识，只需将图 7-2 中的所有结点的编号减一，便得到相应的斐波那契搜索的二叉判定树。

【程序 7-5】 斐波那契搜索。

```
BOOL BFSearch(List lst, KeyType k, T *x)
{
    int t, i=1, p=1, q=2, n=lst.Size;
    while  (q<=n){
        p=q; q=i+q; i=p;
    }
    p=q-i; q=i-p;                              /* 计算得到 i = fm, p = fm-1, q=fm-2 */
    for(; ; )
        if(k==lst.Elements[i-1].Key){
            *x=lst.Elements[i-1]; return TRUE;                    /*搜索成功*/
        }
        else
            if (k<lst.Elements[i-1].Key)
                if (q==0) return FALSE;                           /*搜索失败*/
                else {
                    i=i-q; t=p; p=q; q=t-q;
                }
            else   if (p==1) return FALSE;                        /*搜索失败*/
                else {
                    i=i+q; p=p-q; q=q-p;
                }
}
```

　　斐波那契搜索的平均性能比对半搜索还好些，因为它在求 mid 时只作加减法，不作除法。但在最坏情况下，它的时间性能不如对半搜索。

7.3.4　插值搜索

　　顺序存储的有序表还可以用如下插值搜索方法搜索指定关键字值的记录。设当前搜索的子表为(a_{low}, a_{low+1}, …, a_{high})，其下标范围为[low, high]，K_{low} 和 K_{high} 分别为该范围中

最小和最大关键字值，则下一步与待查关键字值比较的表中记录下标 i 为

$$i = low + \frac{(tKey - K_{low}) * (high - low)}{K_{high} - K_{low}} \qquad (7\text{-}5)$$

其中，tKey 为待查关键字。随后可将 K_i 与 tKey 比较，其余做法按二分搜索的一般方法进行。

对表中记录数较大且关键字值分布均匀的有序表而言，插值搜索算法的平均性能优于对半搜索。

7.4　分　块　搜　索

分块搜索(Blocking Search)又称索引顺序搜索。它是一种性能介于顺序搜索和二分搜索之间的搜索方法。

分块搜索是在分块有序表上进行的，它由顺序存储的线性表和索引表组成，要求顺序表分块有序，即该表可分成 m 块：(B_0，B_1，…，B_{m-1})，要求当 i < j 时，B_i 中的所有记录的关键字值都小于 B_j 中记录的关键字值，但并不要求每块内的记录按关键字值排序。每一块中的最大关键字值及该块在线性表中的起始下标构成一个索引项，由所有这样的索引项组成的递增有序表称为索引表。对已经构建了索引表的分块有序表可以使用下面讨论的分块搜索方法搜索给定关键字值的记录。

图 7-3 是满足上述要求的存储结构，表中有 18 个元素，被分成 3 块（B_0，B_1，B_2），每块中有 6 个元素，B_0 中最大关键字 21 小于 B_1 中最小关键字 24，B_1 中最大关键字 48 小于 B_2 中最小关键字 50。

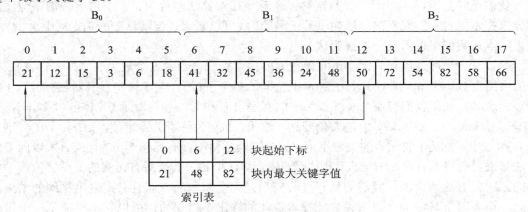

图 7-3　带索引表的分块有序表

分块搜索分两步进行。可以先采用顺序搜索或对半搜索方法在索引表中确定待查关键字值的记录所在的块，然后再在该块中进行顺序搜索。假定待查关键字 tKey 的值为 24，当采用顺序方式搜索索引表时，算法将 tKey 依次与索引表中的最大关键字值作比较。因为 21<24<48，那么如果表中存在关键字值为 24 的记录，则该记录必定在 B_1（即下标范围为 [6，11] 的块)中，因此可以在该块中搜索 tKey。如果块内记录未按关键字排序，则块内搜索只能采用顺序搜索方法。

设表长为 n 的分块有序表包含 m 块，每块中有 s 个记录，则 m = ⌈n/s⌉。假定表中每个

记录的搜索概率相等，即每块被搜索的概率为 1/m，块中每个记录被搜索的概率为 1/s。

若使用顺序搜索确定待查关键字值所在的块，则分块搜索的成功搜索平均搜索长度为

$$ASL_S = Lm + Ls = \frac{1}{m}\sum_1^m j + \frac{1}{s}\sum_1^s i = \frac{m+1}{2} + \frac{s+1}{2} = \frac{1}{2}\left(\frac{n}{s}+s\right)+1 \tag{7-6}$$

上式表明平均搜索长度与 n 和 s 有关，给定 n，可以证明当 $s=\sqrt{n}$ 时，ASL_S 有最小值 $\sqrt{n}+1$。可见分块搜索的时间优于顺序搜索，但低于对半搜索。若采用对半搜索确定所在块，则分块搜索的平均搜索长度为

$$ASL_S \approx lb\left(\frac{n}{s}+1\right)+\frac{s}{2} \tag{7-7}$$

分块有序表的建立和分块搜索算法留作练习题。

*7.5　搜索算法的时间下界

从顺序搜索算法的时间分析我们可以看到，使用顺序搜索算法在一个有 n 个元素的集合中搜索一个指定关键字值的元素，在最坏情况下需要进行 n 次元素间的比较才能确定元素是否在表中。从对半搜索二叉判定树上可以看到，对半搜索所需的关键字值间的比较次数不会超过判定树的高度(不包括失败结点)，即 $\lfloor lbn \rfloor +1$。那么，是否存在一个比对半搜索更好的算法，使得在 n 个元素的集合中，搜索指定关键字值的元素所需的关键字值之间的比较次数在最坏情况下可少于 $\lfloor lbn \rfloor +1$ 呢？

我们已经知道，可以用二叉判定树描述对半搜索算法的行为。一个通过关键字值间的比较来搜索集合中的元素的算法如果是正确的，就可以断定该搜索算法的判定树上至少有 n 个内结点。我们可以用反证法证明这一点。

假设有一个通过比较关键字值实施搜索的搜索算法，当元素个数为 n 时，二叉判定树中的内结点数小于 n，则对于从 0 到 n−1 之间的某个下标 i，判定树中没有对应标号为 i 的结点。这时，如果我们有两个长度都为 n 的有序表 L 和 L'，使得对于 0≤j≤n−1 和 i≠j，有 L(j)=L'(j)≠key，且 L(i)=key 但是 L'(i)≠key。这里，key 为待查关键字值，L(i)和 L'(i)分别为表 L 和 L'中下标为 i 的元素的关键字值。因为在判定树中没有标号为 i 的结点，所以此搜索算法从来没有将 L(i)和 L'(i)与 key 相比较，由于表 L 和 L'中其余所有元素的关键字值都是相同的，因此对这两个表，算法的执行过程应当是完全相同的，而且必定输出相同的结果。因此，至少对于其中一个表来说，此搜索算法的输出是错误的，所以它不可能是一个正确的搜索算法。

由此，我们可以得出结论，一个正确的搜索算法的判定树中至少有 n 个内结点，n 是元素个数。

根据二叉树的性质 2，高度为 h 的二叉树上至多有 2^h-1 个结点，所以，$n \leq 2^{h-1}$，即 $h \geq \lfloor lbn \rfloor +1$。也就是说，此二叉判定树的高度至少为 $\lfloor lbn \rfloor +1 = \lceil lb(n+1) \rceil$。

上述搜索算法是任意的，所以我们已证明了下面的定理。

定理　在一个有 n 个元素的集合中，通过关键字值之间的比较，搜索指定关键字值的

元素的算法，在最坏情况下至少需要作$\lfloor lbn \rfloor +1$次比较。

从这个意义上来说，对半搜索是最优的算法。我们可以认为$\lfloor lbn \rfloor +1$是这类搜索算法的时间下界。

小　结

集合作为一种数据结构被认为是数据元素的汇集。集合可以用线性表、树和散列表等多种数据结构表示。从本质上看，集合中的元素除了属于同一个数据结构的关系外，没有其他关系，所以搜索、插入和删除是集合的最基本运算。本章重点讨论了当集合用线性表表示时的两种搜索算法：顺序搜索和对半搜索。搜索算法的时间可以借助二叉判定树进行分析。顺序搜索和对半搜索在最坏情况和平均情况下的时间复杂度分别为 O(n)和 O(lb n)。对半搜索虽然有很好的搜索时间性能，但它只适用于顺序表，因而插入和删除元素的运算很费时。

此外，本章还证明了任意一个以比较关键字值为基础的搜索算法在最坏情况下，至少需作$\lfloor lbn \rfloor +1$次关键字值间的比较。

习　题　7

7-1　什么是集合结构？什么是表和文件？

7-2　什么是关键字？什么是主关键字和次关键字？

7-3　哪些数据结构可用于表示集合？

7-4　为什么说对半搜索算法只适用于顺序有序表的情况？为什么说顺序搜索可用于顺序表和链表，也不受表的有序性限制？

7-5　设计一个递归算法，实现对一个有序表的顺序搜索。

7-6　设有序表用单链表表示，设计一个算法，实现对有序表的顺序搜索。

7-7　设集合用线性表表示，设计一个算法求两个集合的并。

7-8　什么是自组织线性表？自组织表有哪些形式？

7-9　在单链表结构上实现"移至开头"的自组织表的搜索运算。

7-10　画出对长度为 12 的有序表进行对半搜索的二叉判定树，并求等概率搜索时成功搜索情况下的平均搜索长度。

7-11　有一种被称为遗忘(forgetful)版本的对半搜索算法：当待查关键字 key 与表中 mid 位置的关键字比较后，将表分成两部分，其范围分别为 [low, mid] 和 [mid+1, high]，而不管 key 是否与 mid 处的关键字值是否相等，继续在其中之一搜索。只有当子集合中为空或只剩下一个元素时才作是否相等的比较。请设计此版本的对半搜索算法的 C 语言函数。

7-12　画出上题搜索算法的二叉判定树。

7-13　从何意义上说，对半搜索算法是最优的？

7-14　设计算法对一个已知分块大小的分块有序表建立索引表。设计分块搜索算法，在一个已经建立索引表的分块有序表上搜索指定关键字值的记录。

7-15　程序设计题。实现三种自组织表。

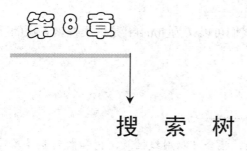

搜　索　树

　　上一章我们讨论了用线性表(无序表和有序表)表示集合数据结构的做法。集合也可以用树形结构表示。本章讨论几种常见的用于表示集合的树形数据结构：二叉搜索树、二叉平衡树、B-树、键树、伸展树和红黑树。通常它们被称为搜索树。二分搜索算法有很好的搜索性能，但它一般在有序顺序表上进行，而且插入和删除元素比较费时。与二分搜索相比，搜索树既有较高的搜索效率，又能支持有效的插入和删除运算。

8.1　二叉搜索树

　　二叉搜索树(binary search tree)也称**二叉排序树**(binary sort tree)，是一种最容易实现的搜索树。下面讨论二叉搜索树的定义，搜索、插入和删除运算以及这些运算的效率。

8.1.1　二叉搜索树的定义

　　设结点由关键字值表征，假定所有结点的关键字值各不相同，那么二叉搜索树或者是一棵空二叉树，或者是具有下列性质的二叉树：

　　(1) 若左子树不空，则左子树上所有结点的关键字值均小于根结点的关键字值；

　　(2) 若右子树不空，则右子树上所有结点的关键字值均大于根结点的关键字值；

　　(3) 左、右子树也分别是二叉搜索树。

　　图 8-1 是一棵二叉搜索树。

　　若以中序遍历一棵二叉搜索树,将得到一个以关键字值递增排列的有序序列。所以二叉搜索树也称二叉排序树。

　　二叉搜索树的存储结构与普通的二叉树完全相同，并假定集合的元素为 Entry 类型。

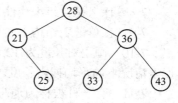

图 8-1　二叉搜索树

8.1.2　二叉搜索树的搜索

　　在一棵二叉搜索树上，搜索指定关键字值为 k 的元素的递归算法是：若二叉树为空，则搜索失败，否则，将 k 与根结点的关键字值比较，若 k 小于该关键字值，则用同样的方法搜索左子树，而不必搜索右子树；若 k 大于该关键字值，则用同样的方法搜索右子树，而不必搜索左子树；若 k 等于该关键字值，则搜索成功终止。只有搜索到达空子树时，搜索算法才失败终止。程序 8-1 为二叉搜索树搜索的递归算法。

【程序 8-1】 二叉搜索树搜索的递归算法。

```
BTNode* Find( BTNode *p, KeyType k )
{    if ( !p ) return NULL;                                    /*搜索失败*/
     if ( k==p->Element.Key) return p;                         /*搜索成功*/
     if ( k < p->Element.Key) return Find ( p->LChild, k );    /*搜索左子树*/
     return Find( p->RChild, k);                               /*搜索右子树*/
}
BOOL BtSearch(BTree Bt, KeyType k, T *x)
{    BTNode* p= Find(Bt.Root, k);
     if (p) {
         *x=p->Element; return TRUE;                           /*搜索成功*/
     }
     else return FALSE;                                        /*搜索失败*/
}
```

二叉搜索树搜索的迭代算法使用 while 循环，从根结点开始搜索。它将待查关键字值 k 与根结点的关键字值比较；若 k 小于该关键字值，则继续搜索左子树，否则继续搜索右子树；若 k 等于该关键字值，则搜索成功终止。只有搜索到达空子树时，搜索才失败终止。程序 8-2 是二叉搜索树搜索的迭代算法。

【程序 8-2】 二叉搜索树搜索的迭代算法。

```
BOOL BtSearch2(BTree Bt, KeyType k, T *x)
{
    BTNode *p=Bt.Root;
    while (p)
        if ( k<p->Element.Key) p=p->LChild;                    /*继续搜索左子树*/
        else if(k>p->Element.Key) p=p->RChild;                 /*继续搜索右子树*/
            else {
                    *x=p->Element; return TRUE;                /*搜索成功*/
                }
        return FALSE;                                          /*搜索失败*/
}
```

很明显，二叉搜索树搜索的时间与被搜索的二叉树的高度直接相关。有关二叉搜索树高度计算问题我们将在 8.1.5 节中讨论。

8.1.3 二叉搜索树的插入

在二叉搜索树上插入一个新元素，首先应搜索新元素的插入位置。搜索插入位置的方法与 BtSearch2 函数的做法类似，但要求在从根结点往下搜索的过程中，要记录当前元素的双亲结点，并以指针 q 指示。如果在搜索中遇到相同关键字值的元素，则表明有重复元素，那么显示 "Duplicate" 信息。搜索到达空子树时结束，表示二叉搜索树中不包含待插入的新元素 x，此时，指针 q 指向新元素插入后的双亲结点。算法构造一个新结点用以存放新元素 x，设新结点由指针 r 指示。如果原二叉搜索树是空树，则新结点 *r 成为新二叉搜索树的根；否则新结点 *r 将成为结点 *q 的孩子。如果新元素 x 的关键字值小于 q 结点的关键字值，则 *r 将成为 *q 的左孩子，否则成为其右孩子。程序 8-3 给出了二叉搜索树的插入算法，函数 NewNode2 参见程序 2-4。图 8-2 显示了在二叉搜索树中插入 43 的执行过程。

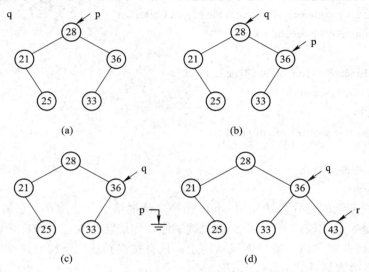

图 8-2　二叉搜索树的插入运算(x.Key=43)

(a) p=Bt->Root; (b) q=p; p=p->RChild; (c) q=p; p=p->RChild; (d) r=NewNode2(x); q->RChild=r

【程序 8-3】 二叉搜索树的插入运算。

```
BOOL Insert(BTree *Bt, T x)
{
    BTNode*r, *p=Bt->Root, *q;
    KeyType k=x.Key;
    while (p){
        q=p;
        if ( k<p->Element.Key) p=p->LChild;              /*继续搜索左子树*/
        else if(k>p->Element.Key) p=p->RChild;           /*继续搜索右子树*/
            else {
                    printf("Duplicate\n"); return FALSE;    /*插入失败*/
            }
    }
    r=NewNode2(x);                                        /*参见程序 2-4*/
    if(Bt->Root)
        if(k<q->Element.Key) q->LChild=r; else q->RChild=r;
    else Bt->Root=r;
    return TRUE;                                          /*插入成功*/
}
```

图 8-3 的例子显示了从空树开始，通过依次插入元素，构造一棵二叉搜索树的过程。

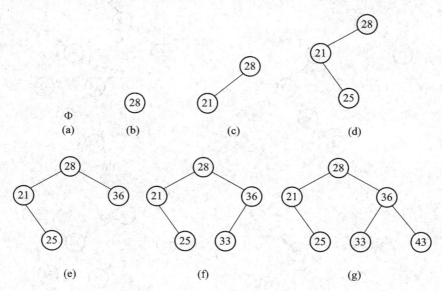

图 8-3　二叉搜索树的构造过程

(a) 空树；(b) 插入 28；(c) 插入 21；(d) 插入 25；(e) 插入 36；(f) 插入 33；(g) 插入 43

8.1.4　二叉搜索树的删除

在二叉搜索树上删除一个结点也很方便。首先应搜索被删除的元素。搜索删除元素的方法与 Insert 函数的做法类似，要求在从根结点往下搜索的过程中，记录当前元素的双亲结点，并用指针 q 指示。如果不存在该元素，那么显示"No element with key"信息。如果存在待删除的结点，设其由指针 p 指示，则删除结点 *p 的操作可分下面两种情况讨论。

(1) 若结点 *p 有两棵非空子树，这时需搜索 *p 的中序遍历下的直接后继(或前驱)结点 *s，将 *s 的值复制到 *p 中，也称为**替代**(replace)，因为 *s 最多只有一棵非空子树，这样一来，问题就转化为删除最多只有一棵非空子树的结点的问题。

下面考虑 *p 只有一棵非空子树和 *p 是叶子的情况。

(2) 若结点 *p 只有一棵非空子树或 *p 是叶子，若 p->LChild 非空，则由 p->LChild 取代 p，否则由 p->Rchild 取代 p。事实上，若 *p 是叶子，将以 NULL 取代 p。

程序中用以取代 *p 的结点由指针 c 指示，c 可以为空指针。若被删除的结点原来是根结点，则删除后，用来取代它的结点(可以是空树)成为新的根。一个被删除的结点，如果原来是其双亲的左孩子，则取代它的结点(子树)也应成为该双亲的左孩子(左子树)，反之亦然。最后需要使用 free 语句释放结点 *p 所占用的空间。

程序 8-4 给出了二叉搜索树的删除算法。图 8-4 表明了在二叉搜索树上删除一个有左右孩子的结点的执行过程。图 8-5 为在不同情况下从一棵二叉搜索树上删除元素的例子。

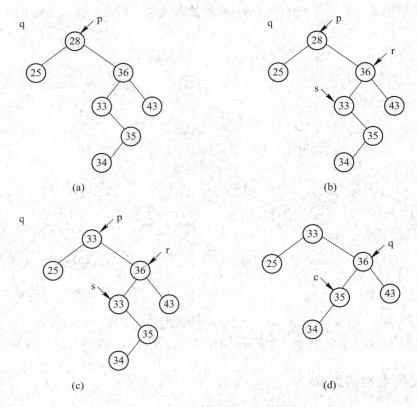

图 8-4　删除一个有左右孩子的结点

(a) *p 的左、右子树均非空；(b) *p 的中序后继结点*s; (c) p->Element=s->Element; (d) q->LChild=c

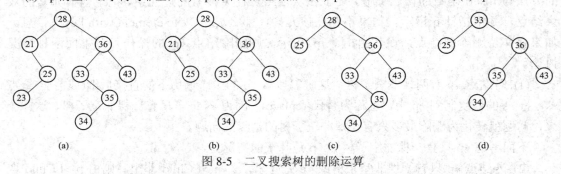

图 8-5　二叉搜索树的删除运算

(a) 二叉搜索树；(b) 删除 23；(c) 删除 21；(d) 删除 28

【程序 8-4】 二叉搜索树的删除运算。

```
BOOL Remove(BTree *Bt, KeyType k, T *x)
{
        BTNode *c, *r, *s, *p=Bt->Root, *q;
        while (p && p->Element.Key !=k)              /*搜索待删除的结点*p，q 指示其双亲*/
        {
                q=p;
                if ( k<p->Element.Key) p=p->LChild;
```

```
              else p=p->RChild;
        }
        if(!p){                                          /*不存在给定关键字的元素*/
              printf("\nNo element with key k");
              return FALSE;                                            /*删除失败*/
        }
        *x=p->Element;
        if (p->LChild && p->RChild){                      /*若 *p 有两棵非空子树*/
              s=p->RChild; r=p;
              while (s->LChild){             /*搜索 *p 的中序次序下的直接后继结点*s*/
                    r=s; s=s->LChild;
              }
              p->Element=s->Element; p=s; q=r;   /*令 p 指示被删除的结点，q 指示 *p 的双亲*/
        }
        if (p->LChild)c=p->LChild; else c=p->RChild;      /*令 c 指示取代 *p 的那棵子树*/
        if(p==Bt->Root) Bt->Root=c;                /*若原树为空树，则 *c 成为亲树的根*/
        else if (p==q->LChild)q->Lchild=c;                  /*结点 *c 取代结点*p*/
              else q->RChild=c;
        free(p); return TRUE;                                        /*删除成功*/
    }
```

*8.1.5 二叉搜索树的高度

一棵有 n 个元素的二叉搜索树的高度最高可以到 n。例如从空树开始，依次将关键字序列(20，30，40，50，60，70)插入二叉搜索树中，得到的树的高度为 n=6。因此最坏情况下，对树的搜索、插入和删除操作的时间为 O(n)。但是当进行随机插入和删除时，二叉搜索树的平均高度为 O(lbn)。因此，对树的搜索、插入和删除操作的平均时间为 O(lbn)。

假设在一个有 n(n≥1)个关键字的序列中，有 i 个关键字小于第一个关键字，n−i−1 个关键字大于第一个关键字。由此序列构成的二叉搜索树，其左子树上有 i 个结点，而右子树上有 n−i−1 个结点。设 $p_i(n)$ 就是在这样一棵二叉搜索树上以等概率进行搜索，成功搜索一个元素的平均比较次数，设 p(n)是在一棵有 n 个结点的二叉搜索树上成功搜索一个元素的平均比较次数，那么有

$$p(n) = \frac{1}{n} \sum_{i=0}^{n-1} p_i(n) \qquad\qquad (8\text{-}1)$$

式中，

$$p_i(n) = \frac{1}{n}(1 + i \cdot (p(i)+1) + (n-i-1) \cdot (p(n-i-1)+1)) \qquad (8\text{-}2)$$

这样

$$p(n) = \frac{1}{n}\sum_{i=0}^{n-1} p_i(n) = \frac{1}{n^2}\sum_{i=0}^{n-1}(1+i\cdot(p(i)+1)+(n-i-1)\cdot(p(n-i-1)+1))$$

$$= 1 + \frac{1}{n^2}\sum_{i=0}^{n-1}(i\cdot p(i)+(n-i-1)\cdot p(n-i-1)) \tag{8-3}$$

$$= 1 + \frac{2}{n^2}\sum_{i=0}^{n-1} i\cdot p(i) \quad (n\geq 2)$$

可以用数学归纳法证明：

$$p(n) = 1 + \frac{2}{n^2}\sum_{i=0}^{n-1} i\cdot p(i) \leq 1 + 4\,\mathrm{lb}\,n \quad (n\geq 2) \tag{8-4}$$

由此可见，在随机情况下，二叉搜索树操作的平均时间为 O(lbn)，但在特定情况下，会产生形同线性链表的退化了的二叉搜索树形，从而使搜索时间加大。

8.2　二叉平衡树

二叉平衡树是一种特殊的二叉搜索树，它能有效地控制树的高度，避免产生普通二叉搜索树的"退化"树形。

8.2.1　二叉平衡树的定义

二叉平衡树(balanced binary tree)又称 AVL 树(G.M.Adel'son-Vel'skii 和 E.M.Landis)。它或者是一棵空二叉树，或者是具有下列性质的二叉树：

(1) 它的左、右子树高度之差的绝对值不超过 1；

(2) 它的左、右子树都是二叉平衡树。

二叉树上结点的**平衡因子**(balance factor)定义为该结点的左子树的高度减去右子树的高度。因此二叉平衡树上所有结点的平衡因子只可能是 −1、0 和 1。只要二叉树上有一个结点的平衡因子的绝对值大于 1，则该树就不是二叉平衡树。图 8-6(a)是 AVL 树，而图 8-6(b)不是 AVL 树。图中结点中的值是平衡因子。

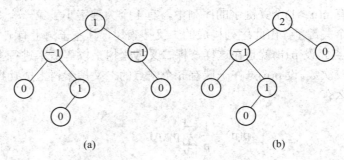

图 8-6　二叉平衡树与非二叉平衡树

(a) AVL 树；(b) 非 AVL 树

AVL 二叉搜索树既是二叉搜索树又是 AVL 树。在下面的讨论中，二叉平衡树(AVL 树)是指 AVL 二叉搜索树。

AVL 树可采用二叉链表存储。为简化插入和删除操作，可以为每个结点增加一个平衡因子域 Bf，这样，每个结点的结构如下：

Element	Bf
LChild	RChild

那么二叉平衡树的结点类型如下：

```
typedef  struct avlnode{
    K Element;
    int Bf;
    struct avlnode* LChild, *RChild;
}AVLNode;
```

在二叉平衡树上搜索一个指定关键字值的元素的算法与普通的二叉搜索树的搜索算法完全相同。下面我们只讨论二叉平衡树的插入和删除运算的算法。

8.2.2　二叉平衡树的平衡旋转

二叉平衡树的插入可先按普通二叉搜索树的插入方法进行，但插入新结点后的新树可能不再是 AVL 树，这时需要重新平衡，使之仍具平衡性和排序性。图 8-7 是一棵二叉平衡树，结点内是关键字值，结点边上注明该结点的平衡因子值。我们将在这棵树上分别插入四个结点 14、25、35 和 44。虚线圈指明这四个结点如果按照普通二叉搜索树的插入运算插入的话，这些是它们待插入的位置。图中四个元素的插入分别代表如下四种不同情况。

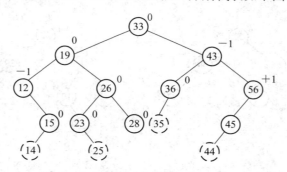

图 8-7　二叉平衡树以及待插入的结点

(1) 插入 25：从根到 25 的路径上，所有结点的平衡因子均为 0，插入新元素 25 后，这棵树仍然是二叉平衡树，但整棵树高度加 1。

(2) 插入 35：从根到 35 的路径上，43 的平衡因子不为 0，新元素 35 被插在 36 的较矮的子树上，插入后，该树仍然是二叉平衡树。

(3) 插入 14：从根到 14 的路径上，12 的平衡因子不为 0，新元素 14 被插在 12 的较高的子树上，即 14 被插在 12 的**右孩子的左子树**(the left subtree of the right child)上，插入后，原树不再是二叉平衡树。

(4) 插入 44：从根到 44 的路径上，43 和 56 的平衡因子都不为 0，其中 56 是离 44 最近的平衡因子值不为零的结点。新元素 44 被插在 56 的较高的那棵子树上，即 44 被插在 56 的**左孩子的左子树**(the left subtree of the left child)上。插入后，原树不再是二叉平衡树。

一般地，一个新结点插入后，会影响从根结点到新结点的路径上所有结点的平衡因子值。如果新结点插在这条路径上某个结点的左子树上，那么该结点的平衡因子将加 1，否则将减 1。

如果插入前从根结点到新结点的插入位置的路径上所有结点的平衡因子均为 0，那么插入后这棵树仍然是二叉平衡树，而整棵树的高度加 1。如果在这条路径上，某个结点(设其为 s)的平衡因子不为 0，但自它以下直至新结点的所有结点的平衡因子原先都为 0，那么，插入新结点后，以结点 s 为根的子树将是有可能不平衡的最小子树，如图 8-7 中的 12 和 56。我们希望将重新平衡的范围局限于以 s 为根的这棵子树上。为了讨论方便，我们将这棵最小子树的根称为 **s 结点**(special node)。

另外，为了便于插入算法的讨论，我们假定新结点 q 已按二叉搜索树的方式插入树中，并且：

(1) 结点 s 是新结点 q 的具有非零平衡因子值(插入前的值)的最近的祖先。

(2) 新结点 q 已插在结点 s 的左子树上。

(3) 从结点 s 到新结点 q 的路径上所有结点(不含 s)的平衡因子值均已修正。

上面只假定新结点 q 插在结点 s 的左子树上的情况，显然还有一种对偶的情况，新结点 q 插在 s 的右子树上的情况，其分析方法完全相同。

在上面所作的假定下，我们分三种情况讨论二叉平衡树的插入运算的实现方法。

1. 情况一

若插入前，从根结点到新结点 q 的插入位置的路径上，所有结点的平衡因子值均为 0，则插入 q 后，只需将根结点的平衡因子改为 1，并将 AVL 树的高度加 1，插入操作即完成，见图 8-8。

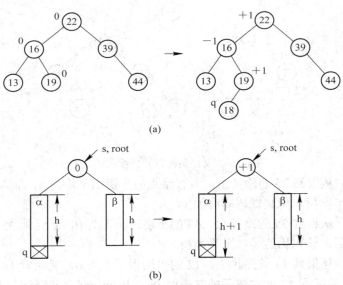

图 8-8　二叉平衡树的插入：情况一

(a) 举例；(b) 一般情况

2. 情况二

若新结点 q 插在结点 s 较矮的子树上(s 的平衡因子 Bf 为 −1，并假定 q 插在 s 的左子树上)，则插入后只需令 s 的平衡因子 Bf 为 0，插入算法就终止了。图 8-9 中，s 指向 39，插入前结点 39 的平衡因子为 –1，插入后应修正为 0。新结点 q 的平衡因子总是 0，因为它是叶子。

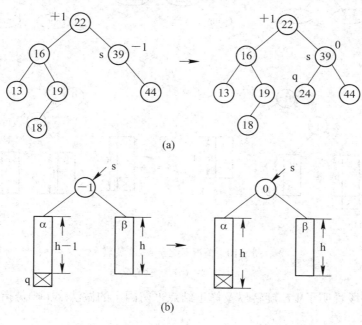

(a)

(b)

图 8-9　二叉平衡树的插入：情况二

(a) 举例；(b) 一般情况

3. 情况三

新结点 q 插在结点 s 的较高的子树上。根据前面的假定，此时，s 自身的平衡因子值尚未修改，而从 s 到新结点 q 的路径上，其余结点的平衡因子都是修改以后的值。情况三又可细分为两种不同情况。

(1) 情况三之一：LL 旋转。

新结点 q 插在结点 s 的左孩子的左子树上，设 r 是 s 的左孩子，这时 s 的平衡因子 Bf 为 1 且 r 的平衡因子 Bf 为 1。这里 s 的平衡因子 Bf 为 1 是插入前的值，而 r 的平衡因子 Bf 为 1 是已修正后的值。显然，插入 q 后，以 s 为根的子树的平衡性被破坏了。在这种情况下，用以恢复平衡的操作称为 LL 旋转。LL 旋转是当新结点被插在 s 的左孩子的左子树上时，为重新恢复二叉树的平衡性而执行的操作。

重新平衡的操作及对结点 s 和 r 的平衡因子值的修正如图 8-10 所示，图中关键字值按字典次序确定大小顺序。与这一情况相对应的平衡操作是 RR 旋转，RR 旋转是新结点插在 s 的右孩子的右子树上时使用的平衡操作。

在图 8-10(a)中，插入新结点 apr 后，必须使用 LL 旋转操作，重新平衡以结点 s(mar) 为根的子树。执行 LL 旋转后，结点 r(aug) 成为新子树的根，它取代结点 s，链接至原结点 s 的双亲结点 may 上。执行 LL 旋转后，得到的以 r 为根的新子树是二叉平衡树，且它与以 s 为根的原子树有相同的高度，由它取代以 s 为根的子树，可以使得插入新结点后的二叉树仍然是二叉平衡树。

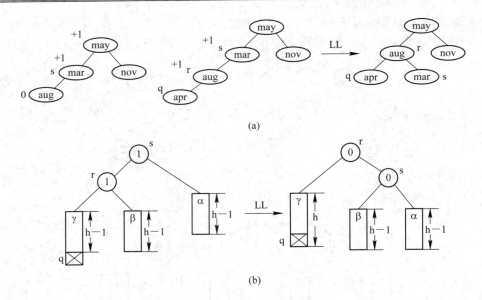

图 8-10　情况三之一：LL 旋转

(a) 举例；(b) 一般情况

下面的程序段说明了 LL 旋转以及修正结点平衡因子的做法(设(∗s)是指向前面定义的 s 结点的指针)：

```
r=(∗s)->LChild;
if (r->Bf==1){                                          /* LL 旋转 */
    (∗s)->LChild=r->RChild; r->RChild=∗s;
    (∗s)->Bf=0; ∗s=r;
}
```

LL 旋转首先将 r 的右孩子 β 改接成 s 的左子树((∗s)->LChild=r->RChild;)，再使 s 成为 r 的右孩子(r->RChild=∗s;)，并将 s 的平衡因子值修改为 0((∗s)->Bf=0;)。r 是新子树的根，它的平衡因子为 0，稍后再修改，最后将指针(∗s)指向新子树的根 r。

(2) 情况三之二：LR 旋转。

若新结点插在结点 s 的左孩子的右子树上，这时 s 的平衡因子值为+1 且 r 的平衡因子值为 –1(请注意，根据假定，此时 s 的平衡因子值尚未修改，r 的平衡因子值已作了修改)。这种情况下，执行的重新平衡的操作称为 LR 旋转，它是一种所谓的双重旋转。

在图 8-11(a)中，新元素 jun 被插在结点 s 的左孩子的右子树上，其中，mar 是从根结点到 jun 的路径上离 jun 最近的平衡因子不为零的结点，所以结点 mar 可确定为结点 s，r 是 s 的左孩子。经过 LR 旋转，重新调整以 s 为根的子树的树形，得到图中以 u 为根的新子树。该新子树自身是二叉平衡树，并且它的高度与 s 子树插入前的高度相同，因而由它取代 s 子树，可以保证插入新结点后的二叉树仍是二叉平衡树。

执行 LR 旋转后，必须修改结点 s、r 和 u 的平衡因子值。它们的修改需要根据 u 的平衡因子值确定。图 8-11(b)只列出了一种可能的情况，即新结点 q 插在结点 u 的右边，还可以有插在左边以及 q 就是 u 这样两种不同的情况。图 8-12 显示了 LR 旋转中，修改平衡因子值的三种不同情况。

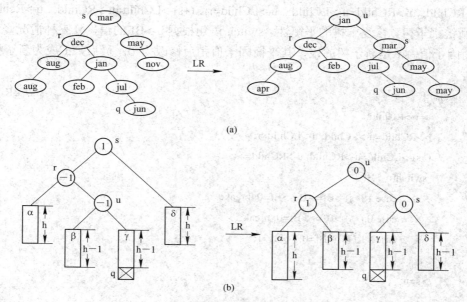

(a)

(b)

图 8-11 情况三之二：LR 旋转

(a) 举例；(b) 一般情况

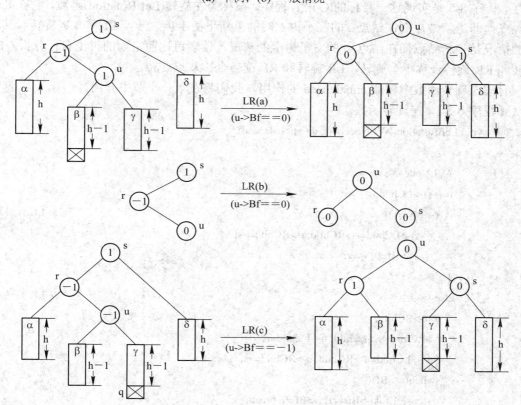

图 8-12 LR 旋转中的平衡因子修正

　　下面的程序段说明了 LR 旋转以及修正 s、r 和 u 三个结点的平衡因子的做法。其中语句 u=r->RChild;、r->RChild=u->LChild;、u->LChild=r;、(∗s)->LChild=u->RChild;、u->Rchild =∗s; 用于重新链接子树，恢复子树的平衡性。switch 语句根据 u->Bf 的值，分三种情况修改 s 和 r 的平衡因子值。u 是新子树的根，其平衡因子值稍后修改为 0。最后，u 成为新子树的根 (∗s=u;)。

```
        else {                                                    /* LR 旋转*/
        u=r->RChild;
        r->RChild=u->LChild; u->LChild=r;
        (∗s)->LChild=u->RChild; u->RChild=∗s;
         switch(u->Bf){
                case 1:(∗s)->Bf=-1; r->Bf=0; break;
                case 0:(∗s)->Bf=r->Bf=0; break;
                case -1:(∗s)->Bf=0; r->Bf=1;
         }
        ∗s=u;
     }
```

　　我们已经看到，当一个结点插在 s 的左子树上时，需要通过 LL 或 LR 旋转来恢复其平衡性。程序 8-5 是实现这一目标的 C 语言程序，被称为**左旋转**(LeftRotation)函数，它在处理情况三，即当新结点插在结点 s 的左子树上时的重新平衡事项，涉及 LL 和 LR 旋转。其对偶的情况是当新结点插在结点 s 的右子树上的情况，读者可比照上面的讨论自行分析。LL 旋转和 RR 旋转合称单一旋转，LR 旋转和 RL 旋转合称双重旋转。

　　有关左旋转函数中参数 unbalanced 的作用，我们将在下一小节中介绍。

【程序 8-5】 左旋转函数。

```
    void LeftRotation(AVLNode ∗∗s, int ∗unbalanced)
    {
        AVLNode∗ u, ∗r;
        r=(∗s)->LChild;
        if (r->Bf==1){                                           /* LL 旋转*/
            (∗s)->LChild=r->RChild; r->RChild=∗s;
            (∗s)->Bf=0; ∗s=r;
        }
        else {                                                    /* LR 旋转*/
            u=r->RChild;
            r->RChild=u->LChild; u->LChild=r;
            (∗s)->LChild=u->RChild; u->RChild=∗s;
            switch(u->Bf){
                case 1:(∗s)->Bf=-1; r->Bf=0; break;
                case 0:(∗s)->Bf=r->Bf=0; break;
```

```
                case −1:(∗s)->Bf=0; r->Bf=1;
            }
            *s=u;
        }
        (*s)->Bf=0; *unbalanced=FALSE;
    }
```

8.2.3 二叉平衡树的插入

利用左旋转和右旋转函数，我们可实现二叉平衡树的插入运算。

AVLIst 递归函数的主要步骤有：

(1) 搜索新元素 x 的插入位置，构造新结点并插入之；

(2) 修正从新结点到结点 s 的平衡因子；

(3) 如果是情况一和情况二，则算法结束，否则调用 LeftRotation 函数或 RightRotation 函数，完成以 s 为根的子树的重新平衡，包括适当修正平衡因子。

函数 AVLIst 最初从根结点起，以递归方式搜索新元素的插入位置，直至到达空子树为止，此时，构造一个新结点，由指针变量*p 指示(参数 p 是指向一个指针变量的指针)，并对 unbalanced 赋初值 TRUE。这次函数的递归调用，将向上一层的调用函数返回指向新结点的指针*p。如果新结点是其双亲的左孩子，则新结点将被链接至其双亲的 LChild 域，否则将链接至 Rchild 域。如果调用函数在执行调用语句 AVLIst(&(∗p)->LChild, x , unbalanced);后到达空子树，则新结点将成为其双亲的左孩子；如果调用函数在执行调用语句 AVLIst(&(*p)->RChild, x, unbalanced);后到达空子树，则新结点成为双亲的右孩子。注意语句中实在参数的类型必须正确。

在创建新结点后，递归函数的执行将逐层返回其调用函数。在返回到上一层后，将根据当前结点的平衡因子值，确定应如何操作。例如，从函数调用 AVLIst(&(∗p)->LChild, x , unbalanced)返回后(从左子树返回)，在∗ unbalanced 为 TRUE 条件下，算法将根据当前结点的平衡因子值，执行下列不同操作：

```
        switch ((∗p)->Bf){
            case −1:(∗p)->Bf=0; *unbalanced=FALSE; break;
            case 0:(∗p)->Bf=1; break;
            case 1:LeftRotation(p, unbalanced);
        }
```

如果当前结点(由∗p 指示)的平衡因子为 0，则执行(*p)->Bf=1 后继续返回上一层；如果为 −1，表示是情况二，执行(*p)->Bf=0 后，将*unbalanced 变量置成 FALSE，表示处理应当结束，在以后的返回过程中，将不再作任何处理；如果为 +1，表示是情况三，应执行左旋转函数 LeftRotation。至于是 LL 旋转，还是 LR 旋转，将由 LeftRotation 函数确定。程序 8-6 为二叉平衡树的插入运算函数 Insert，它调用递归函数 AVLIst。函数 AVLIst 中使用函数 LeftRotation 和 RightRotation 实现情况三的旋转平衡，包括 LL、RR、LR 和 RL 四种不同的旋转方法。函数 RightRotation 见程序 8-7。

【程序 8-6】　二叉平衡树的插入。

```
BOOL AVLIst(AVLNode* * p, T x, BOOL *unbalanced)
{
    BOOL result=TURE;
    if (! *p){
        *unbalanced=TRUE; *p=NewNode2(x);
    }
    else if (x.Key<(*p)->Element.Key){              /*x.Key < (*p)->Element.Key*/
        result=AVLIst(&(*p)->LChild, x, unbalanced);
        if (* unbalanced)
            switch ((*p)->Bf){
                case -1:(*p)->Bf=0; *unbalanced=FALSE; break;
                case 0:(*p)->Bf=1; break;
                case 1:LeftRotation(p, unbalanced);
            }
    }
    else if (x.Key==(*p)->Element.Key){             /*x.Key==(*p)->Element.Key*/
        *unbalanced =FALSE;
        printf("\nThe key is already in the tree\n");
        result=FALSE;
    }
    else {                                          /*x.Key >(*p)->Element.Key*/
        result=AVLIst(&(*p)->RChild, x, unbalanced);
        if (*unbalanced)
        switch ((*p)->Bf){
            case 1:(*p)->Bf=0; *unbalanced=FALSE;    break;
            case 0:(*p)->Bf=-1; break;
            case -1:RightRotation(p, unbalanced);
        }
    }
    return result;
}


BOOL Insert(BTree *Bt, T x)
{
    BOOL unbalanced;
    return AVLIst(&Bt->Root, x, &unbalanced);
}
```

【程序 8-7】 函数 RightRotation。

```
void RightRotation(AVLNode* *s, int *unbalanced)
{    AVLNode* u, *r;
    r=(*s)->RChild;
    if (r->Bf==−1){
        (*s)->RChild=r->LChild; r->LChild=*s;
        (*s)->Bf=0; *s=r;
    }
    else {
        u=r->LChild; r->LChild=u->RChild;
        u->RChild=r; (*s)->RChild=u->LChild;
        u->LChild=*s;
        switch(u->Bf){
            case 1:(*s)->Bf=0; r->Bf=−1; break;
            case 0:(*s)->Bf=r->Bf=0; break;
            case −1:(*s)->Bf=1; r->Bf=0;
        }
        *s=u;
    }
    (*s)->Bf=0;        *unbalanced=FALSE;
}
```

图 8-13 的例子显示的是从空二叉平衡树开始，通过逐步插入结点构造二叉平衡树的过程。

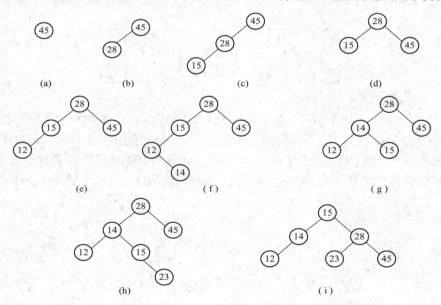

图 8-13 二叉平衡树的插入过程

(a) 插入 45；(b) 插入 28；(c) 插入 15；(d) LL 旋转后；(e) 插入 12；

(f) 插入 14；(g) LR 旋转后；(h) 插入 23；(i) LR 旋转后

8.2.4 二叉平衡树的删除

从二叉平衡树上删除一个结点可用与插入一个结点相同的思路，即通过旋转实现重新平衡。与二叉搜索树删除一样，需先将删除一个结点 k 的问题简化为"当被删除的结点 k 最多只有一个孩子"的情形。当 k 有两个孩子时，寻找该结点在中序遍历次序下的后继结点(或前驱结点) q，结点 q 必定只有一个孩子。用 q 的元素值替代 k 的元素值。现在问题成为"从一棵二叉平衡树中删除最多只有一个孩子的结点 q"的问题。

删除最多只有一个孩子的结点 q，只需将 q 的双亲 p 指向 q 的那个孩子。如果 q 是叶子，则 p 将指向空子树。这样一来，原先以 q 为根的子树由它的孩子取代后，该子树变矮。这种高度的改变会影响 q 的祖先结点的平衡性。我们从 q 的双亲 p 开始考察一棵子树的平衡性。如果该子树的平衡性被破坏，则应重新平衡之。对一棵子树进行重新平衡的操作可能使该子树变矮，从而影响其双亲的平衡性。

可以使用一个布尔变量 shorter 记录对双亲的平衡性的影响。如果 shorter 为 FALSE，则表示当前考虑的子树高度不变，因此不会影响其双亲的平衡性。shorter 的初值为 TRUE。现分三种情况加以讨论。

1. 情况一：p 的平衡因子为 0

从 p 的子树上删除结点后，该子树变矮，但以 p 为根的子树的高度不变，只需适当修改 p 的平衡因子，删除过程就可完成。所以可令 shorter 为 FALSE，表示算法可终止，见图 8-14。

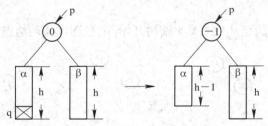

图 8-14　二叉平衡树的删除：情况一

图 8-15 是情况一的一个例子。为了删除 15，首先必须寻找 15 的中序遍历下的后继结点(也可以是前驱结点)，现为 16。用 16 取代 15 后，只需实际删除原结点 16 即可，这样被实际删除的结点最多只有一棵子树。由于结点 q (即 16)的双亲 p 的平衡因子为 0，删除结点 q 后，以 p 为根的子树仍然是平衡的，并且它的高度不变，因此，删除过程可以结束(shorter=FALSE)。

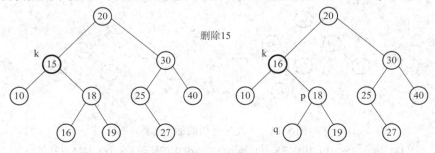

图 8-15　二叉平衡树的删除：情况一举例

2. 情况二：从 p 的较高的子树上删除一个结点

从 p 的较高的子树上删除结点后，该子树变矮，以 p 为根的子树也随之变矮，但该子树本身仍然是平衡树。此时：一方面，应将 p 的平衡因子置成 0；另一方面，由于以 p 为根的子树变矮，可能会影响以 p 的双亲结点为根的子树的平衡性。因此，应继续考虑以 p 的双亲为根的子树的平衡问题，shorter 保持 TRUE 不变，表示需检查以 p 的双亲为根的子树的平衡性是否因子树 p 变矮而被破坏，见图 8-16。

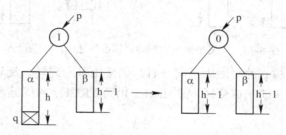

图 8-16　二叉平衡树的删除：情况二

在图 8-17 的例子中，为了删除 20，必须先用 25 替代它，然后删除原结点 25。删除 25 的操作是用它的唯一的孩子取代它，链接至 25 的双亲 30 上。由于 q 在 p 的较高的子树上，q 被删除后，该子树变矮。虽然此时以 p 为根的子树是平衡的，但它变矮了。这种变矮可能会影响以 p 的双亲为根的子树的平衡性，所以还需进一步检查以 p 的双亲为根的子树。从图中可见，p 的双亲 p′原先的平衡因子值为 0，它的右子树变矮只是使它的平衡因子值从 0 改为 +1，但它仍然是平衡树，无需作其他调整，即对 p′而言，它属于情况一，可按情况一对待。

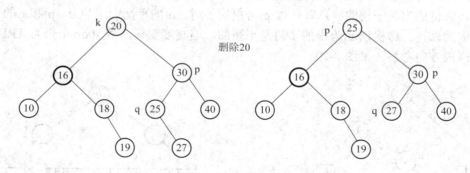

图 8-17　二叉平衡树的删除：情况二举例

3. 情况三：从 p 的较矮的子树上删除一个结点

从 p 的较矮的子树上删除一个结点，则以 p 为根的子树的平衡性被破坏，要通过旋转来恢复这棵子树的平衡性。设 r 是 p 的较高的子树的根。根据 r 的平衡因子的值，可以进一步细分为以下三种不同处理方式：

(1) r 的平衡因子为 0 时，应采用单一旋转，并修改 p 和 r 的平衡因子的值。重新平衡之后，新子树与原子树有相同的高度，不会影响二叉平衡树的其余部分，令 shorter 为 FALSE，算法终止，见图 8-18。

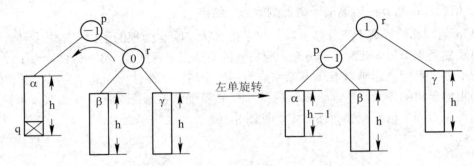

图 8-18　二叉平衡树的删除：情况三之一(单一旋转)

(2) r 的平衡因子与 p 的平衡因子同号时，仍采用单一旋转。旋转后 p 和 r 的平衡因子均为 0，重新平衡之后，新子树变矮，故 shorter 仍为 TRUE，应继续考察原 p 的双亲结点的平衡性，见图 8-19。

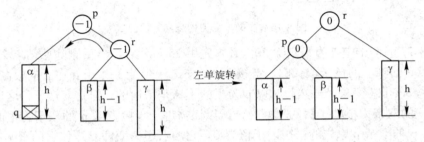

图 8-19　二叉平衡树的删除：情况三之二(单一旋转)

(3) r 的平衡因子与 p 的平衡因子异号时，应采用双重旋转。令 u 是 r 的较高的一棵子树的根，它将成为新子树的根，取代以 p 为根的子树，u 的平衡因子为 0，p 和 r 的平衡因子作相应的修正。这棵以 u 为根的子树是平衡的，但高度变矮，故 shorter 仍为 TRUE，应继续向树根方向考察，见图 8-20。

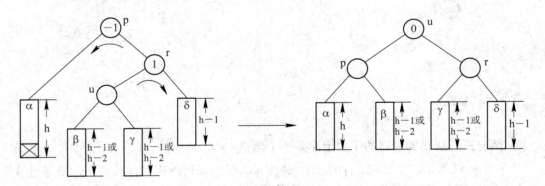

图 8-20　二叉平衡树的删除：情况三之三(双重旋转)

在情况三下，转动的方向取决于哪棵子树变矮。与二叉平衡树的插入不同，删除运算中，一次旋转可能还无法恢复平衡，所需的最多旋转次数取决于二叉平衡树的高度，即 O(lbn)。

8.2.5　二叉平衡树的高度

当用二叉搜索树表示集合时，对于给定的数据可以构造一棵最佳树形，即它具有最小高度，但也可能得到一棵退化的树。要始终保持最佳树形是极其困难的，AVL 搜索树是最佳二叉搜索树和任意二叉搜索树之间的折中。因为对于二叉平衡树，我们有以下结论。

假定 N_h 是一棵高度为 h 的具有最少结点数的 AVL 树的结点数目。根据平衡性要求，它的左、右子树的高度必然一棵为 h–1，另一棵为 h–1 或 h–2。可以断定它们也是相同高度的二叉平衡树中结点数目最少的(不然，可以用同样高度的但结点数目更少的二叉平衡树取代之)。因此有

$$N_0 = 0,\ N_1 = 1,\ N_h = N_{h-1} + N_{h-2} + 1\ (h \geqslant 2) \tag{8-5}$$

可以看到，N_h 的定义与斐波那契级数的定义

$$F_0 = 0,\ F_1 = 1,\ F_h = F_{h-1} + F_{h-2} \tag{8-6}$$

非常相似，因此有

$$N_h = F_{h+2} - 1 \qquad (h \geqslant 0) \tag{8-7}$$

因为 $F_h \approx \varphi^h / \sqrt{5}$，其中，$\varphi = (1 + \sqrt{5})/2$，则有 $N_h \approx \varphi^{h+2} / \sqrt{5} - 1$。

如果树中有 n 个结点，那么树的最大高度为

$$\log_\varphi(\sqrt{5}(n+1)) - 2 = O(\text{lb}n) \tag{8-8}$$

二叉平衡树的搜索与二叉搜索树没有任何不同，搜索时间取决于树的高度。因此，在二叉平衡树上进行搜索的最坏情况下的时间复杂度是 O(lbn)。

8.3　B – 树

当集合足够小，可以驻留在内存中时，相应的搜索方法称为**内搜索**(internal search)。内存中的集合用 AVL 树表示能够获得很好的性能。如果文件很大，以至计算机的内存容纳不下，则它们必须存放在外存(如磁盘、磁带等)中。在外存中搜索给定关键字的元素的方法称为**外搜索**(external search)。

8.3.1　m 叉搜索树

对于磁盘上的大文件，我们也可以用树形结构表示，但此时的链接域(即指针域)的值已不是内存地址，而是磁盘存储器的地址。如果将一个有 $N = 10^6$ 个记录组成的磁盘文件组织成一棵二叉搜索树(或二叉平衡树)，其高度约为 lb N = lb $10^6 \approx 20$。这也就是说，为了查找一个记录，可能需要存取磁盘 20 次，这是不能承受的。我们知道磁盘的读写时间远慢于内存访问的时间，因此，设法减少磁盘存取操作的次数是设计外搜索算法时应充分考虑的问题。采用多叉树代替二叉树，在一个结点中存放多个元素而不是一个元素是明智的做法。例如，我们可以将 7 个元素组织在一个结点中(也称一页)，如图 8-21 所示。

从图中可以看到，二叉树被分成许多包含 7 个元素的页。每次从磁盘存取一页(而不仅仅是一个记录)，即 7 个记录，从而使读写磁盘的次数减少到原来的三分之一，大大提高了

搜索速度。图 8-21 实际上是将一棵二叉树转化为一棵八叉树。当然，也不是页越大越好，因为内存空间是有限的，并且读进的页越大所花费的时间就会越长。

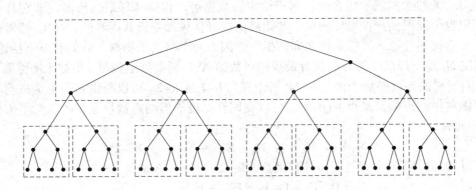

图 8-21   二叉搜索树的分页

下面给出 m 叉搜索树的定义。

m 叉搜索树或者是一棵空树，或者是一棵满足下列特性的树：

(1) 根结点最多有 m 棵子树，并具有如下结构：

$$n，P_0，(K_1，P_1)，(K_2，P_2)，\cdots，(K_n，P_n)$$

其中，P_i 是指向子树的指针，K_i 是元素的关键字值，$1 \leqslant i \leqslant n < m$。

(2) $K_i < K_{i+1}$，$1 \leqslant i < n$。

(3) 子树 P_i 上的所有关键字值都大于 K_i，小于 K_{i+1}，$0 < i < n$。

(4) 子树 P_0 上的所有关键字值都小于 K_1，子树 P_n 上的所有关键字值都大于 K_n。

(5) 子树 P_i，$0 \leqslant i \leqslant n$ 也是 m 叉搜索树。

由上述定义可知，一个多叉搜索树的结点中，最多存放 m-1 个元素和 m 个指向子树的指针。每个结点中的元素按关键字值递增排序，一个元素的关键字值大于它的左子树上所有结点中的元素的关键字值，小于它的右子树上所有结点中的元素的关键字值。每个结点中包含的元素个数总是比它所包含的指针数少一，空树除外。所以这是一种搜索树。

图 8-22 是一个多叉搜索树结点的结构。图 8-23 给出了一棵四叉搜索树，图中的小方块代表空树。空树也称为**失败结点**(failure node)，因为这是搜索某个关键字值 x 不在树中时到达的子树。失败结点不包含元素。图 8-23 中，根结点有两个孩子，树中结点内的关键字有序排列，孩子数最多为 4，所以它是四叉搜索树。

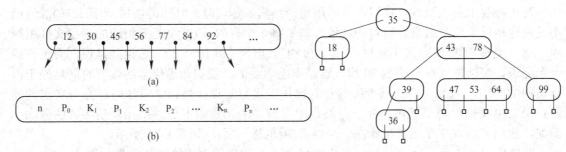

图 8-22   多叉搜索树结点

(a) 多叉搜索树结点举例；(b) 多叉搜索树结点   图 8-23   四叉搜索树

要从图 8-23 的四叉搜索树中搜索关键字值为 53 的元素，应先从根结点开始，首先从磁盘读入根结点，并在该结点中进行搜索，53 比 35 大，则沿着 35 右边的子树向下搜索，并再从 43 和 78 中间的子树上找到 53。

设一棵 m 叉搜索树的高度为 h，则该树上最多的结点数目(不包含失败结点)为

$$\sum_{i=0}^{h-1} m^i = 1 + m + \cdots + m^{h-1} = \frac{m^h - 1}{m - 1} \tag{8-9}$$

每个结点最多有 m−1 个元素，则 m 叉搜索树最多有 m^h-1 个元素。由于高度为 h 的搜索树中元素的个数在 h 到 m^h-1 之间，所以，一棵有 N 个元素的 m 叉搜索树的高度在 $\log_m(N+1)$∼N 之间。一棵高度为 5 的 200 叉搜索树最多能容纳 $32 \times 10^{10} - 1$ 个元素，也可以只有 5 个元素。同样一棵有 $32 \times 10^{10}-1$ 个元素的 200 叉搜索树的高度可以是 5，也可以是 $32 \times 10^{10} - 1$。所以，这里定义的 m 叉搜索树也会像普通的二叉搜索树一样，产生退化的树形。由于对存储在磁盘上的搜索树进行搜索、插入和删除操作的时间主要取决于访问磁盘的次数，因此，应当避免产生退化树形。B − 树就是一种多叉平衡树。

8.3.2　B − 树的定义

1970 年，R.Bayer E.Mereight 提出了一种外搜索树，称为 B − 树，这是一种多叉平衡树，它在修改(插入和删除)过程中有简单的平衡算法。B − 树的一些改进形式已成为索引文件的一种有效结构，得到了广泛的应用。

一棵 m 阶 B − 树是一棵 m 叉搜索树，它或者是空树，或者是满足下列特性的树：

(1) 根结点至少有两个孩子。

(2) 除根结点和失败结点外的所有结点至少有⌈m/2⌉个孩子。

(3) 所有失败结点均在同一层上。

上述定义表明，B − 树是一棵多叉搜索树，它通过限制每个结点中包含的元素的最少个数，以及要求所有的失败结点(空子树)都在同一层上，来防止产生退化树形。

例如，图 8-24 是一棵 4 阶 B − 树，结点中最少的元素个数为⌈m/2⌉−1 = 1 个，最多的元素个数为 m−1 = 3 个。

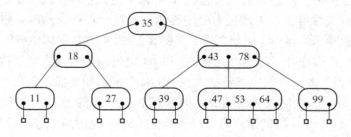

图 8-24　4 阶 B − 树

8.3.3　B − 树的高度

B − 树具有这样的性质：设 B − 树的失败结点的总数是 s，那么一棵 B − 树的元素总数

N 是 B – 树的失败结点的总数减 1，即 N = s–1。

现在来说明这一点。在 B – 树中，每个非失败结点中包含的元素的数目比它所包含的指针数少 1。设非失败结点的个数为 n，则 B – 树的元素总数 N 等于所有非失败结点包含的指针总数 t 减去 n，即 N = t–n，而指针总数 t 等于除根结点以外，失败结点数和非失败结点数的总和，即 t = n + s–1，所以 n + s–1 = N + n，因此，N = s–1，即一棵 B – 树所包含的元素总数是 B – 树的失败结点的总数减 1。

结点所在的最大层次是 B – 树的高度。那么，包含 N 个元素的 m 阶 B – 树的最大高度是多少呢？

根据 B – 树的定义，第一层为根结点。根结点至少有两个孩子，所以，第二层至少有 2 个结点。除根以外，每个非失败结点至少有 $\lceil m/2 \rceil$ 个孩子，所以第三层至少有 $2 \times \lceil m/2 \rceil$ 个结点……依此类推，第 h+1 层至少有 $2 \times \lceil m/2 \rceil^{h-1}$ 个结点。不妨设第 h+1 层是失败结点，并设 m 阶 B – 树有 N 个元素，则失败结点的个数为 N+1，由此可见：

$$N + 1 \geqslant 2 \times \lceil m/2 \rceil^{h-1} \tag{8-10}$$

所以有

$$h \leqslant 1 + \log_{\lceil m/2 \rceil}\left(\frac{N+1}{2}\right) \tag{8-11}$$

这就是说，在含有 N 个元素的 B – 树上搜索一个关键字，从根开始到关键字所在的结点的路径上，涉及的结点数不超过 $1 + \log_{\lceil m/2 \rceil}((N + 1)/2)$，这也是 B – 树的最大高度(不含失败结点)。

8.3.4　B – 树的搜索

B – 树的搜索算法与 m 叉搜索树的搜索算法相同。在搜索过程中，磁盘被访问的次数最多是 $1 + \log_{\lceil m/2 \rceil}((N + 1)/2)$。B–树的结点可以看成一个有序表，在一个 B – 树结点中搜索是在内存中的搜索，因此可以采用顺序搜索和二分搜索等内搜索算法进行。

8.3.5　B – 树的插入

将一个元素插入 B – 树中，首先要检查 B – 树中是否包含相同关键字值的元素，如果存在，则插入运算失败终止，否则搜索必定终止在失败结点处，此时，将新元素插入该失败结点的上一层的叶子结点中。例如，为了在图 8-24 的 4 阶 B – 树中插入 59，首先搜索新元素的插入位置。搜索在叶子结点的元素 53 和 64 之间的失败结点处失败，此时，可将新元素 59 和一个代表失败结点的空指针插入 53 和 64 之间。如果插入后该叶子结点中包含的元素个数不超过 m–1，则插入成功完成。但本例中，插入 59 后，叶子结点 q 中包含 4 个元素，已超过了 4 阶 B – 树的结点容量(见图 8-25(a))，此时可创建一个新的 B – 树结点 q'，将图 8-25(a)的结点中后一半的元素和指针存放到新结点 q' 中，前半部分元素和指针仍然保存在 q 中，但位于 $\lceil m/2 \rceil$ 处的元素 53，连同指向新结点的指针 q' 一起，将存放到它的双亲结点中(见图 8-25(b))。也就是说，结点 q 被一分为三，拆分点在位置 $\lceil m/2 \rceil$ 处，位于该处的元素和指向新结点的指针将一起存放到其双亲结点中，见图 8-25(c)。

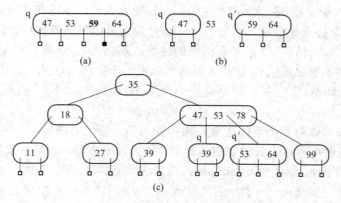

图 8-25 在图 8-24 的 B – 树中插入 59

(a) 插入 59；(b) 结点分裂；(c) 插入 59 后的 B–树

下面给出另一个 B – 树插入的例子。图 8-26(a)是在 3 阶 B – 树中插入 53，搜索在 q 结点的 47 和 64 之间的失败结点处失败，因此在 q 结点的 47 和 64 之间插入元素 53 和一个代表失败结点的空指针，见图 8-26(b)和(c)。

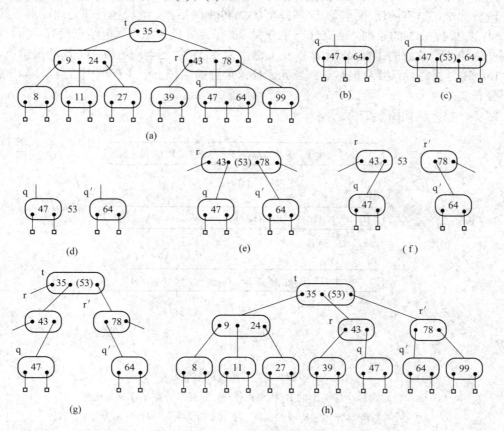

图 8-26 B – 树的插入举例

(a) 3 阶 B – 树；(b) 结点 q；(c) 插入 53；(d) 在⌈m/2⌉=53 处分裂；
(e) 将(53, q')插入双亲结点 r；(f) r 结点分裂；(g) 将(53, r')插入结点 t；(h) 插入后的 B–树

结点 q 在插入新元素 53 以后已产生溢出，需要分裂，分裂出现在结点 q 的第二个元素 53 处。分裂后，原结点 q 分成三部分，前一部分元素仍留在结点 q 中，后一部分元素建立一个新结点 q' 来存储它们，设 q' 是新结点的地址，那么元素 53 和指针 q' 将插入原 q 结点的双亲 r 中，见图 8-26(d)和(e)。结点 r 还要再分裂，产生新结点 r'，元素 53 和指针 r' 将插入原 r 结点的双亲结点 t 中，即根结点中，见图 8-26(f)和(g)。插入后的 B – 树见图 8-26(h)。

从上面的例子可以得到如下的在 B – 树中插入新元素的方法：

(1) 在 B – 树中搜索给定关键字值的元素，如果搜索成功，表示有重复元素，插入运算失败终止，否则将新元素和一个空指针插入搜索失败处的叶子结点中。

(2) 若插入新元素(和一个指针)后，结点 q 未溢出，即结点中包含的元素个数未超过 m−1(指针数未超过 m)，则插入运算成功终止。

(3) 若插入新元素(和一个指针)后，结点 q 已溢出，则必须进行结点的分裂操作，将结点一分为三。分裂发生在位置$\lceil m/2 \rceil$处。关键字值 $K_{\lceil m/2 \rceil}$ 之前的元素保留在原来的结点中，在它之后的元素存放在新创建的结点(设地址为 q')中，而关键字值为 $K_{\lceil m/2 \rceil}$ 的元素和地址 q' 将插入结点 q 的双亲结点中。这意味着在该双亲结点中新增了一个元素和一个指针，因此，必须检查此双亲结点的溢出问题。这同样可按(2)和(3)的原则，继续检查和处理该双亲结点。

(4) 如果按照(3)的原则，结点 q 产生分裂，而结点 q 是根结点。根结点没有双亲，那么分裂产生的两个结点的指针 q 和 q' 以及关键字为 $K_{\lceil m/2 \rceil}$ 的元素应组成一个新的根结点。这时，B – 树会长高。只要从根结点到新元素插入位置的路径上至少有一个结点未满，则 B-树不会长高。

结点分裂方法如图 8-27 所示。

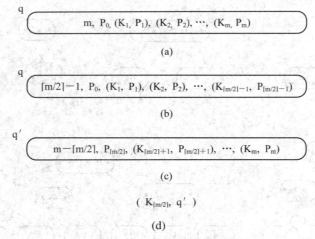

图 8-27   B – 树结点的分裂

(a) 插入新元素后产生溢出的 B-树结点； (b) 分裂后的前半部分元素结点；
(c) 分裂后的后半部分元素构成的新结点； (d) 分裂元素和指向新结点的指针

设 B – 树的高度为 h，那么在自顶向下搜索失败结点的过程中，需要进行 h 次读盘。插入操作常需要自底向上分裂结点。最坏情况下，从插入新元素的叶子结点开始，直到根结点的路径上所有结点都发生分裂。分裂根结点需要向磁盘写 3 个结点，而分裂一个非根的结点则需向磁盘写 2 个结点。如果内存工作区足够大，使得在向下搜索时读入的结点，在向上分裂时不必再次从磁盘读入，那么，在执行一次插入操作时有

读和写盘的总次数 = 搜索所需的读盘次数 + 分裂所需的写盘次数

$$= h + 2(h - 1) + 3 = 3h + 1 \tag{8-12}$$

假定从空树开始建立一棵有 N 个元素的 m 阶 B－树，最终得到有 p 个非失败结点的 B－树。此 p 个结点最多经过 p-2 次分裂得来，每次分裂在 B－树上新添一个非失败结点，根结点分裂将新增两个非失败结点。p 个非失败结点的 m 阶 B-树至少有 $1+(\lceil m/2 \rceil -1)(p-1)$个元素，所以 p 个结点的平均分裂次数 s(当 p > 2 时)为

$$s = \frac{p-2}{N} \leq \frac{p-2}{1+(\lceil m/2 \rceil -1)(p-1)} < \frac{1}{\lceil m/2 \rceil -1} \tag{8-13}$$

若 m=200，则意味着结点分裂的平均次数小于 1/99，因此读和写磁盘的平均次数为

$$h + 2s + 1 < h + \frac{2}{99} + 1 \approx h + 1 \tag{8-14}$$

8.3.6 B－树的删除

从 B－树上删除一个指定的元素的操作同插入时一样，是从叶子结点开始的。如果被删除的元素不在叶子结点中，那么由它的右边的子树上的最小元素取代之，即由大于被删除元素的最小元素取代之。这种"替代"使得删除操作成为从 B－树的叶子结点中删除一个元素的操作。图 8-28 是从图 8-24 的 4 阶 B-树上删除一个关键字值为 35 的元素的过程。

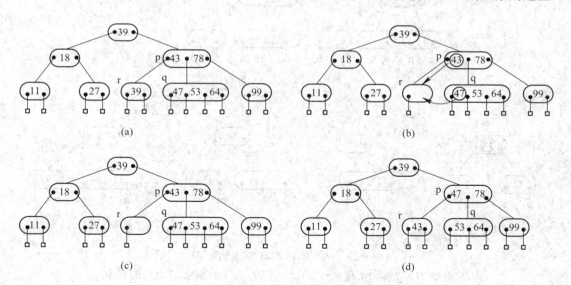

图 8-28 从图 8-24 的 B-树上删除 35

(a) 替代：以 39 取代 35；(b) 从 r 中删除(39, ⌐)；

(c) 借：向兄弟借一个元素；(d) 删除 35 之后的 B-树

由于 35 不在叶子结点中，因此必须首先用 39 替代 35，见图 8-28(a)。替代以后，从结点 r 中删除 39 和一个空指针(见图 8-28(b))。删除后，结点 r 中的元素个数不足 B－树规定的下限数(即至少$\lceil m/2 \rceil -1$ 个元素)，从而发生下溢。解决这一问题的做法首先是检查其左、

右两侧的兄弟结点中的元素个数，若左侧兄弟有多余的元素，则从左侧兄弟"借"一个元素，若右侧兄弟有多余的元素，则从右侧兄弟"借"一个元素。这种借是采用图 8-28(c)的旋转方式实现的：将双亲结点 p 中的元素 43 移至结点 r，r 的右侧兄弟中的元素 47 移至双亲结点 p，元素 47 左侧的指针应移到结点 r 中，成为元素 43 的右侧指针，显然它也是结点 r 的最右边的指针。我们可以这样约定，当一个结点在删除元素后，结点发生下溢，先检查其左侧兄弟是否有多余元素(至少⌈m/2⌉个元素)，若有，则采用上述旋转方式借元素；否则再检查右侧兄弟是否有多余元素，若有，则向其右侧兄弟借，如图 8-28 所示的做法。

但如果一个 B－树结点发生下溢时，其左、右两侧兄弟都恰好只有⌈m/2⌉－1 个元素，那么，只能采用"连接"的方式解决此类下溢问题。

图 8-29 是从图 8-28 的 B－树上删除 27 的过程。从结点 s 中删除 27 和一个空指针后，结点 s 发生下溢，其唯一的左侧兄弟 s' 没有多余元素，此时只能将结点 s 与 s' 以及其双亲结点中用来分割它们的元素 18 组成一个结点。不妨假定保留结点 s'，而将 18 以及结点 s 中全部元素和指针都移到结点 s'中，然后撤销结点 s。这也意味着从结点 u 中删除 18 和指向 s 的指针。由于 18 和一个指针被删除，结点 u 发生下溢，此时需从其右侧兄弟 r 借。我们已经看到，借是旋转进行的，结点 t 的 39 移到结点 u，结点 r 中的 47 移到结点 t 中，r 的最左边的子树成为 u 的最右边的子树，如图 8-29(c)所示。

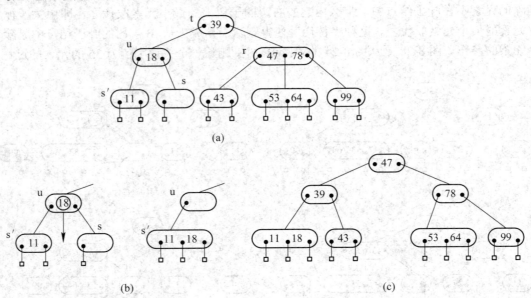

图 8-29   从图 8-28 的 B-树上删除 27

(a) 删除(27，▯)；(b) 连接结点 s 和左兄弟 s'；(c) 删除 27 之后的 B-树

从上面的例子我们可以得到从 B－树删除元素的方法：

(1) 首先搜索被删除的元素，如果不存在被删除的元素，则删除运算失败终止；如果搜索成功，且被删除的元素在叶子结点中，则从该叶子结点中删除该元素；如果被删除的元素不在叶子结点中，那么由它的右侧子树上的最小元素取代之(必定在叶子结点中)，然后从叶子结点中删除该替代元素。

(2) 如果删除元素后，当前结点中包含至少⌈m/2⌉－1 个元素，删除运算成功结束。

(3) 如果删除元素后，当前结点中包含不足 $\lceil m/2 \rceil - 1$ 个元素，则称发生下溢。处理的方法首先是借元素：如果其左侧兄弟包含多余 $\lceil m/2 \rceil - 1$ 个元素，则可以向其左兄弟"借"一个元素；否则如果其右侧兄弟有多余元素，则向其右侧兄弟借。借元素是旋转进行的，具体做法如图 8-28(c)所示。

(4) 如果删除元素后，当前结点产生下溢，且左、右两侧兄弟结点都只有 $\lceil m/2 \rceil - 1$ 个元素，则只能进行"连接"。若当前结点有左侧兄弟，则将该结点与其左侧兄弟连成一个结点，否则与右侧兄弟连接。连接是将两个结点中的元素，连同它们的双亲结点中用来分割它们的元素组合在一个结点中，另一个结点将撤销。这意味着从其双亲结点中删除分割元素和一个指向被撤销的结点的指针，这可能导致双亲结点的下溢，所以需继续检查其双亲结点。应按(2)、(3)、(4)所述方法处理从双亲结点中删除元素的问题。

(5) 如果由于连接操作，导致根结点中的一个元素被删除，并且该根结点只包含一个元素，则其中的元素被删除后，根结点成为不含任何元素的空结点，那么两结点连接后被保留的那个结点将成为 B – 树新的根结点，这时，B – 树会变矮。如果 B – 树本来就只有一个根结点，且该根结点只包含一个元素，那么当这唯一的元素被删除后，B – 树便成为空树。

*8.4 键 树

8.4.1 键树的定义

在前面用来表示集合的数据结构中，元素由主关键字唯一标识，关键字值总是作为一个整体存于结点中。相应的搜索操作都建立在关键字值之间比较的基础上，因而被称为比较关键字的搜索。

如果一个关键字可以表示成字符的序列，即字符串，那么我们可以用**键树**(又称数字搜索树或字符树)表示这样的字符串的集合。键树是一棵多叉树，树中每个结点并不代表一个关键字或元素，而只代表字符串中的一个字符。例如它可以表示数字串中的一个数位，或单词中的一个字母，或 C 语言标识符的一个字符，等等。第一层的结点对应于字符串的第一个字符，第二层的结点对应于字符串的第二个字符……每个字符串可由一个特殊的字符如 "⊥" 或 "$" 等作为字符串的结束符，用一个叶子结点表示该特殊字符。把从根到叶子的路径上所有结点(除根以外)对应的字符连接起来，就得到一个字符串。因此，每个叶子结点对应一个关键字。在叶子结点还可以包含一个指针，指向该关键字所对应的元素。整个字符串集合中的字符串的数目等于叶子结点的数目。如果一个集合中的关键字都具有这样的字符串特性，那么该关键字集合便可采用一棵键树来表示。事实上，我们还可以赋予"字符串"更广泛的含义，它可以是任何类型的对象组成的串。

为了搜索和插入方便，我们假定键树是有序树，即同一层中兄弟结点的序号自左向右有序，并约定结束符小于任何字符，它在最左边。

设有一个由 13 个关键字组成的集合：

             {a, and, are, be, but, by, for, from, had, have, he, her, here}

它可以用图 8-30 的键树结构表示。

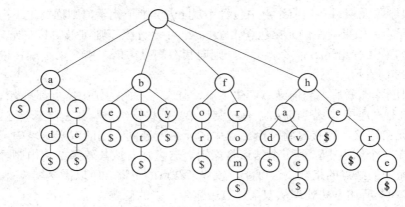

图 8-30   键树

如果除去键树的根结点，键树便成为森林。键树本质上是森林结构。在键树中，每一棵子树代表具有相同前缀的关键字值的子集合。如图 8-31 所示的子树代表具有相同前缀"ha-"的关键字值的子集合{had, have}。

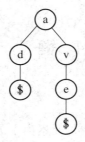

图 8-31   子树及其代表的关键字值的子集合

通常键树有两种存储结构：双链树和 Trie 树。在下面两小节我们将介绍这两种树结构。

8.4.2   双链树

我们可以采用前面讨论的将森林和树转换成二叉树的方法将图 8-30 的键树转换成二叉树形，然后采用二叉链表存储之，这时向下是第一个孩子，向右是下一个兄弟。图 8-32 给出图 8-30 所示键树的双链树的部分树形。

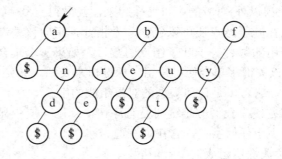

图 8-32   双链树示例

双链树的搜索可以这样进行：从双链树的根结点开始，将关键字(字符串)的第一个字符与该结点的字符比较，若相同，则沿孩子结点往下再比较下一个字符，否则沿兄弟结点顺序搜索，直到某个结点的值等于待比较的字符，或者某个结点的字符大于待查字符，或者不再有兄弟为止，则搜索失败。若比较在叶子结点处终止，则搜索成功，叶子结点包含指向该关键字值所标识的元素的指针。

双链树的插入方法是：首先进行搜索，如插入关键字 age，则搜索在第二层的$与 n 字符间失败。插入位置通常由三个指针 r、q 和 p 指示。本例中，我们将在 q 和 p 之间插入子树{g, e $}，如图 8-33 所示。

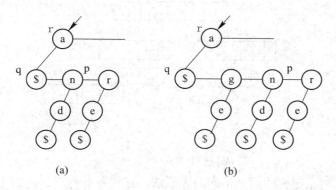

图 8-33　双链树上插入子树{g, e $}

(a) 插入前；(b) 插入后

在双链树上删除一个元素的做法与插入类似，它将删除一棵不同后缀的子树。

8.4.3　Trie 树

若键树以多重链表表示，则树中每个结点含 d 个指针域，d 是键树的度，它与关键字值的"基"有关。基就是每一位字符所有可取的值的数目，包括结束符。若关键字为英文单词，则 d=27。此时的键树又称 Trie(retrieval 的中间四个字母)树。若从键树的某个结点开始到叶子结点的路径上的每个结点中都只有一个孩子，则可将该路径上的所有结点压缩成一个"叶子"，且在该叶子结点中存储关键字值及指向该元素的指针等信息。Trie 树上有两类结点：分支结点和叶子结点。每个分支结点包含 d 个指针域和一个指示该结点非空指针域个数的整数。分支结点不包括实际字符，它所代表的字符由其双亲结点中指向它的指针在该双亲结点中的位置隐含确定。叶子结点包括关键字域和指向元素的指针域。

图 8-34 为图 8-30 所示的键树的 Trie 树结构。

在 Trie 树上进行搜索的过程为：从根结点开始，沿着待查关键字值相应的指针逐层往下比较，直到叶子结点；若该结点的关键字值等于待查值，则搜索成功，否则搜索失败。

在 Trie 树上容易实现插入和删除操作。插入时，只需相应地增加一些分支结点和叶子结点即可。删除时，当分支结点中的非空指针数为 1 时便可删除。

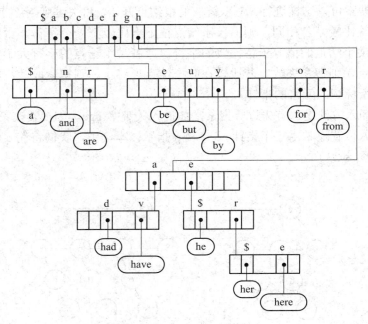

图 8-34　Trie 树示例

双链树和 Trie 树是键树的两种不同的表示法，它们各有特点。从其存储结构可见，若键树中结点的度较大，则采用 Trie 树为宜。

综上所述，搜索树的搜索都是从根结点开始的，其搜索时间依赖于树的高度。

第 6.5 节的哈夫曼编码树是一个二叉 Trie 树的例子。在哈夫曼树中，编码的完整值在叶子结点中。哈夫曼编码取决于 Trie 树结构中字母的位置。

8.5　伸　展　树

伸展树由 Sleator 和 Tarjan 于 1985 年提出，它是一种自调节搜索树。当对伸展树执行一系列运算时，有良好的时间性能。在伸展树上执行一个 m 次运算(搜索、插入和删除)的序列，总的时间为 O(m lbn)，因而有良好的平均分摊代价。伸展树被认为是平衡搜索树很好的替代结构。

8.5.1　自调节树和伸展树

自组织表通过**计数**、**移至开头**和**互换位置**等方法将频繁访问的元素移至表的前端，很少被访问的元素位于表的尾部，从而提高搜索效率。这种自调整方式在很多应用中十分有用。

伸展树(splay tree)是一棵二叉搜索树，它要求每执行一次运算后，将最新访问的元素移至搜索树的根部，来保证经常被访问的元素靠近根结点，较少访问的元素位于搜索树较低的层次上。这种将一个元素移**向**根部的操作称为一次**伸展**(splay)。

事实上，对于伸展树，并不仅仅在搜索运算后需做一次伸展操作，在插入和删除之后同样需做一次伸展操作。伸展树的单次伸展操作不一定会产生一棵更平衡的树，但每次运算后增加一次伸展操作，使得在执行一系列运算(搜索、插入和删除)后，伸展树在总体上趋于平衡。对于一棵有 n 个结点的伸展树，虽然某次运算的时间也许是 O(n)，但执行一个 m (m≥n)次的长运算序列，花费的总时间为 O(m lbn)，这样每个运算的平均分摊时间为 O(lbn)。这是一种**自调整搜索树**(self-adjusting search tree)。现实中，确有一些应用问题，它并不十分在意单次运算的效率，而更注重一个长运算序列的执行效率。

8.5.2　伸展树的伸展操作

一棵伸展树是一棵二叉搜索树。它的搜索、插入和删除运算的算法与普通的二叉搜索树完全相同，只是在每次运算执行后，需紧跟一次伸展操作。伸展操作的作用在于将树中某个结点移至根结点，这个结点称为**伸展结点**(splay node)。伸展操作结束，伸展结点成为树的根结点。可以按下列方式来确定伸展树运算的伸展结点。

(1) 搜索：搜索成功的结点为伸展结点；

(2) 插入：新插入的结点为伸展结点；

(3) 删除：被删除的结点的双亲为伸展结点；

(4) 若上述运算失败终止，则搜索过程中遇到的最后一个结点为伸展结点。

一次伸展操作由一组**旋转**(rotation)动作组成。有两类旋转：**单一旋转**(single rotation)和**双重旋转**(double rotation)。伸展操作结束，伸展结点被移至树根处。

设 q 是本次运算的伸展结点。下面分两种情况讨论如何实现伸展操作的旋转动作。

(1) 单一旋转。若 q 是其双亲 p 的左孩子，或者 q 是 p 的右孩子，则执行单一旋转。前者称为 **L 型(zig)旋转**，后者称为 **R 型(zag)旋转**。图 8-35 所示为 L 型旋转。经过一次单一旋转，树的高度并未减小，只是将伸展结点向上移了一层。

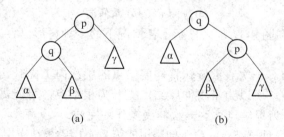

图 8-35　伸展树的 L 型(zig)旋转

(a) 旋转前；(b) 旋转后

(2) 双重旋转。第一种双重旋转称为**一字旋转**。如果伸展结点 q 是其祖父结点的左孩子的左孩子，或者是其祖父结点的右孩子的右孩子，则执行双重旋转的一字旋转。前者称为 **LL 型(zigzig)旋转**，后者称为 **RR 型(zagzag)旋转**。图 8-36 所示为 LL 型旋转。经过两个旋转步后，伸展结点 q 的位置提升到达原来 g 的位置。经过一次一字旋转，树的高度并未减小，只是把伸展结点 q 的位置向上移了两层。

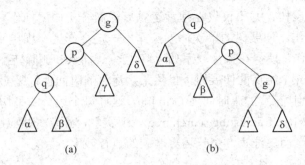

图 8-36　伸展树的双重旋转(LL 型)

(a) 旋转前；(b) 旋转后

　　第二种双重旋转称为**之字旋转**。如果伸展结点 q 是其祖父结点的左孩子的右孩子，或者是其祖父结点的右孩子的左孩子，则执行双重旋转的之字旋转。前者称为 **LR 型**(zigzag)**旋转**，后者称为 **RL 型**(zagzig)**旋转**。图 8-37 所示为 LR 旋转。经过两个旋转步后，伸展结点 q 的位置提升到达原来 g 的位置。经过一次之字旋转，树的高度减 1，且伸展结点 q 的位置向上移，离根的距离减少了两层。

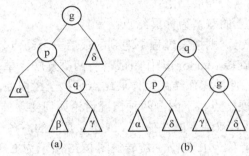

图 8-37　伸展树的双重旋转(LR 型)

(a) 旋转前；(b) 旋转后

　　图 8-35、图 8-36 和图 8-37 都只显示了各情况下的一种树形，容易得到三种对偶情况，请自行设计。

　　从上面的讨论可知，一次双重旋转将伸展结点的层次向上提升两层，而一次单一旋转只将伸展结点提升一层。所以为了将伸展结点提升为根结点，可能需要进行多次旋转，直到最终将伸展结点提升为根结点，这一次伸展操作才完成。

　　设伸展操作开始时，伸展结点 q 位于伸展树的第 k + 1 层(根结点层次为 1)，k 是从根到伸展结点的路径长度。那么，若 k 是偶数，则需执行 k/2 次双重旋转；若 k 是奇数，则除了执行 k/2 次双重旋转外，还需再执行一次单一旋转，才能最终将伸展结点 q 提升到根结点处。这也就是说，每个伸展操作可能需要若干次双重旋转，但至多需要一次单一旋转才能实现。单一旋转可安排在伸展过程开始时执行，也可安排在最后执行，其效果是相同的。伸展操作的结果总是将伸展结点移至根结点为止。此外，伸展树的伸展操作可以**自底向上**(bottom-up)进行，也可以**自顶向下**(top-down)进行。下面讨论自底向上的伸展过程。

　　图 8-38 所示是在伸展树中搜索 89 的例子。搜索 89 的过程与普通二叉搜索树完全一样。图中，q=89 是伸展结点，从根到 89 的路径长度为奇数 5。需执行两次双重旋转和一次单一

旋转才能将 q 提升为根结点。图中采取最后执行单一旋转的做法，即自底向上，先执行两次双重旋转，最后执行一次单一旋转。

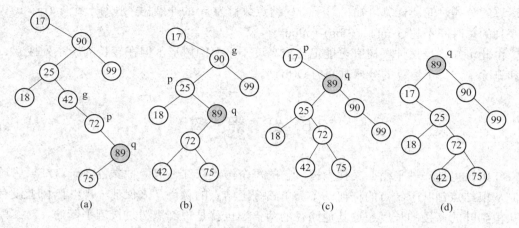

图 8-38 伸展树的伸展操作示例(一)

(a) 搜索 89；(b) 一字旋转后；(c) 之字旋转后；(d) 单一旋转后

图 8-39 所示也是自底向上进行伸展的，但它采取先执行一次单一旋转，再执行多次双重旋转的做法。

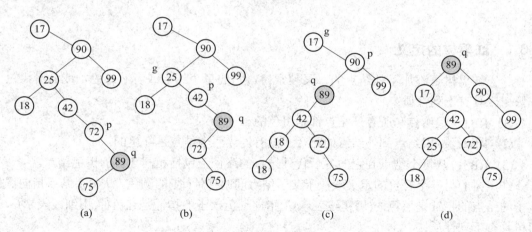

图 8-39 伸展树的伸展操作示例(二)

(a) 搜索 89；(b) 单一旋转后；(c) 一字旋转后；(d) 之字旋转后

8.5.3 分摊时间分析

前面章节中，算法分析都是对某个运算的一次执行而言的。最坏情况时间复杂度是指某个运算对某个输入有最长的执行时间。平均情况时间复杂度是指对各种可能的输入执行某个运算所需时间的平均值。

对伸展树进行的时间分析被称为**分摊**(amortizement)分析方法。分摊时间分析是对一个长的运算序列所需的最长时间的估计值。例如，假定对一棵伸展树进行了 m 次运算(搜索、插入或删除)，每次运算结束都需进行伸展。分摊分析将 m 次运算的总时间除以 m，得到每次运算的分摊时间。计算可知，对于一棵结点数目为 n 的伸展树，执行一个 m(m≥n)次运算序列的总时间不超过 m(1 + 3lbn) + nlbn。

由此可知，虽然伸展树有可能退化成高度不平衡的树形，但在较长的一系列搜索、插入和删除中，每个运算的分摊时间为 O(lb n)。

8.6　红　黑　树

红黑树也是一种平衡二叉搜索树，它的每个结点有红、黑两种颜色之一。红黑树通过限制从根结点到叶子结点的任何一条简单路径上结点的颜色，来保证一棵红黑树上没有一条从根到叶的路径的长度超过其他路径的两倍，也就是说红黑树是接近平衡的。对红黑树的一次运算在最坏情况下的时间是 O(lbn)。

为了容易理解，不妨对二叉搜索树中每个度为 1 的结点添加一个孩子和对每个度为 0 的结点添加两个孩子，形成一棵扩充二叉树，所有新添加的孩子结点成为外结点，在图中用方形结点表示。内结点是元素结点，外结点是搜索失败到达的结点，因而也称为失败结点。

8.6.1　红黑树的定义

红黑树是添加了外结点的二叉搜索树，它的每个结点或者着红色，或者着黑色。红黑树应具有下列性质：

(1) RB1：根结点和所有外结点都是黑色的。

(2) RB2：从根结点到外结点的路径上没有连续两个结点是红色的。

(3) RB3：从每个结点到它的各后代外结点的路径上包括相同数目的黑色结点。

红黑树的另一个等价的定义取决于父子结点间的指针(边)的颜色，从父亲结点指向黑色孩子的结点的指针是黑色的(用粗线表示)，指向红色孩子的指针是红色的(用细线表示)。红黑树具有下列性质：

(1) RB1′：从内结点指向外结点的指针都是黑色的。

(2) RB2′：从根结点到外结点的路径上没有连续两个红色指针。

(3) RB3′：从每个结点到它的各后代外结点的路径上包括相同数目的黑色指针。

如果知道指针的颜色，就可以推断结点的颜色，反之亦然。

图 8-40(a)是红黑树的一个例子，图中，粗黑圈灰色结点代表黑色结点，细黑圈结点代表红色结点，圆形结点是元素结点(内结点)，方形结点是外结点。图中所示的红黑树是一棵二叉搜索树，该树中，从根结点到外结点的每一条路径上都有 2 个黑色指针和 3 个黑色结点(包括根结点和外结点)，且不存在连续两个红色指针或红色结点。这棵树符合红黑树定义。

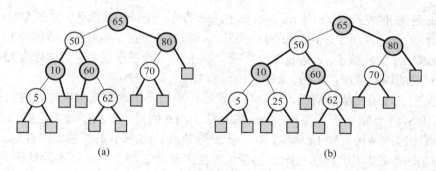

图 8-40　红黑树例子和插入 25 后

(a) 红黑树示例；(b) 在(a)中插入一个红色结点 25 后

8.6.2　红黑树的搜索

从红黑树的定义可知，红黑树是一棵二叉搜索树，所以在红黑树上搜索一个给定关键字的元素的方法与普通二叉搜索树无异，其搜索时间取决于树的高度。

8.6.3　红黑树的插入

与二叉平衡树的插入类似，红黑树的插入可先按普通二叉搜索树的插入方法进行，通常将新结点作为叶子插入树中。如果插入前的树是空树，插入的新结点就是根结点，其颜色是黑色的。如果插入前的树非空，假如对新结点着黑色，就会使得从根结点到新结点的两个外结点孩子的路径上多了一个黑色结点，这显然会违反 RB3。因此，新结点只能涂成红色。此时，如果新结点的双亲结点是黑色的，则插入完成。如果它的双亲结点是红色的，则将导致连续两个红色结点，这也违反了 RB2。此时需要通过改变部分结点的颜色以及树的旋转来确保着色规则满足，使得既能满足 RB2，又不破坏 RB3。

在图 8-40(a)中插入 25 是很简单的，因其双亲结点 10 是黑色的，按普通二叉搜索树方式插入 25 后，则插入操作完成(见图 8-40(b))。图 8-41 中所示的红黑树是从空树开始，按结点次序 (10,85,15,70,20,60,30, 50,65,80,90,40, 5, 55) 依次插入树中所形成的。

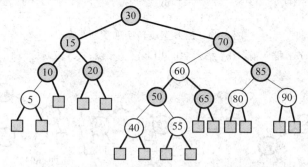

图 8-41　从空树开始依次插入结点所形成的红黑树

在红黑树中插入一个新的红色结点 u 后，如果导致不能满足性质 RB2，即 u 的双亲结点 pu 是红色的，则 pu 必定有黑色的双亲结点 gu(pu 不可能是根，根是黑色的)，所以，u 一定有黑色的祖父结点 gu。性质 RB2 的破坏可以有下列几种情况：

(1) pu 是 gu 的左孩子，u 是 pu 的左孩子，gu 的另一个孩子是黑色，被称为 LLb 不平衡；

(2) pu 是 gu 的左孩子，u 是 pu 的右孩子，gu 的另一个孩子是黑色，被称为 LRb 不平衡；

(3) pu 是 gu 的左孩子，u 是 pu 的左孩子，gu 的另一个孩子是红色，被称为 LLr 不平衡；

(4) pu 是 gu 的左孩子，u 是 pu 的右孩子，gu 的另一个孩子是红色，被称为 LRr 不平衡。

另有对偶的四种情况：RRb、RLb、RRr 和 RLr。

一旦发生上述不平衡的情况，可以分别通过相应的旋转动作来实现红黑树的重新平衡。图 8-42 和图 8-43 分别显示了当 pu 是 gu 的左孩子，gu 的另一个孩子是黑色的，u 分别是 pu 的左或右孩子时的两种旋转 LLb 和 LRb。新子树中 gu、pu 和 u 的颜色如图设定。新子树的根是黑色的，因此从根到新子树根的路径上不会出现连续两个红色结点的情况，也不会改变从根到所有外结点的路径上黑色结点的数目。旋转结束后的新树是红黑树，且新树仍能保持二叉搜索树的关键字特性，插入运算成功结束。图 8-44 和图 8-45 是 LLb 和 LRb 的具体例子。

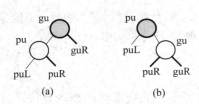

图 8-42　LLb 型旋转

(a) LLb 型不平衡；(b) LLb 旋转后

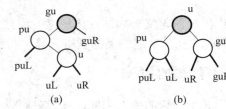

图 8-43　LRb 型旋转

(a) LRb 型不平衡；(b) LRb 旋转后

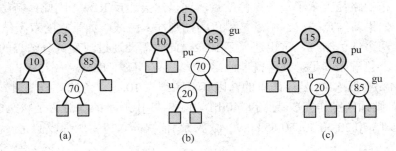

图 8-44　LLb 型旋转实现重新平衡

(a) 插入前；(b) 插入 20，LLb 型不平衡；(c) LLb 旋转后

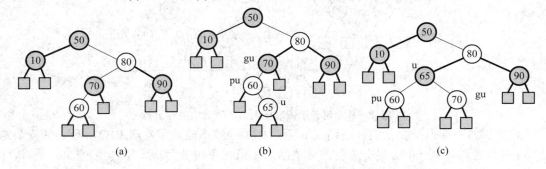

图 8-45　LRb 型旋转实现重新平衡

(a) 插入前；(b) 插入 65，LRb 型不平衡；(c) LRb 旋转后

　　图 8-46 和图 8-47 分别显示了当 pu 是 gu 的左孩子，gu 的另一个孩子是红色的，u 分别是 pu 的左或右孩子时的两种平衡 LLr 和 LRr。新子树中 gu、pu 和 u 的颜色如图设定。pu 和 pu 的兄弟的颜色从红色改为黑色。

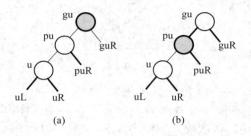

图 8-46　LLr 型重新平衡

(a) LLr 型不平衡；(b) 改变颜色后

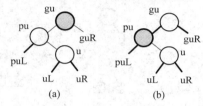

图 8-47　LRr 型重新平衡

(a) LRr 型不平衡；(b) 改变颜色后

　　若 gu 是根结点，则 gu 保持黑色不变，这时所有从根到外结点的路径上的黑色结点的数目加 1。

　　若 gu 不是根结点，则 gu 有双亲，将 gu 改成红色。此时，如果 gu 的双亲是根结点，则运算结束；否则，如 gu 的双亲是红色的，就会导致性质 RB2 的破坏向上传递，需要进一步解决上一层的 RB2 不平衡性。这时，因 gu 及其双亲都是红色的，gu 必有祖父结点，所以，可将 gu 视为新的 u 结点，gu 的双亲成为新的 pu，gu 的祖父便是新的 gu，继续考察上层结点的不平衡属于何种情况。直到或者 gu 是根，或者 gu 结点的颜色改变不违反 RB2 为止。

　　图 8-48 和图 8-49 分别是通过改变结点颜色处理 LLr 和 LRr 型不平衡的做法的例子。例子中，因 gu 不是根结点，由于 gu 的颜色从黑色变成红色，有可能破坏性质 RB2，因而需要进一步向上检查，即将 gu 视为新的 u，gu 的双亲作为新的 pu，gu 的祖父成为新的 gu。图 8-48 中，因 gu 的双亲 50 是根，所以平衡结束。图 8-49 情况类似。

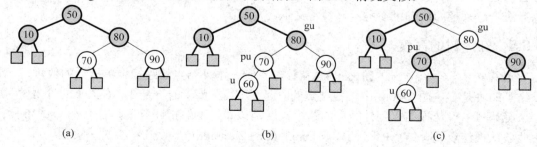

图 8-48　LLr 型不平衡改变颜色

(a) 插入前；(b) 插入 60，LLr 型不平衡；(c) 改变(b)中结点颜色

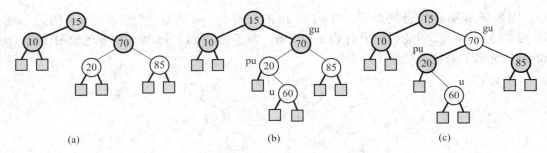

图 8-49　LRr 型不平衡改变颜色

(a) 插入前；(b) 插入 60，LRr 不平衡；(c) 改变结点颜色

图 8-50 是从空树开始，依次插入 10、80、50、90、70 所构造的红黑树。继续插入 60，得到图 8-48(c)所示的红黑树，再插入 65 得到图 8-45(c)所示的红黑树。请读者自行完成再插入 62 的操作。

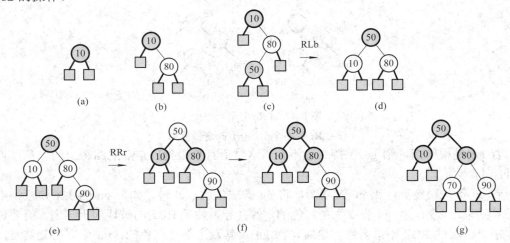

图 8-50　从空树开始，依次插入 10、80、50、90、70 形成的红黑树

(a) 插入 10；(b) 插入 80；(c) 插入 50；(d) RLb 旋转；(e) 插入 90；(f) RRr 改变颜色；(g) 插入 70

8.6.4　红黑树的删除

从红黑树中删除结点比插入更复杂。从红黑树中删除红色结点不困难，但删除黑色结点会引起不平衡。为了恢复平衡，需要考虑许多特殊情况，难以用较短的篇幅具体讨论删除算法。感兴趣的读者可参考本书参考文献。

8.6.5　红黑树的高度

红黑树中一个结点 x 的**阶**(rank)是从该结点到一个外结点的路径上黑指针的数目，一个外结点的阶是零。图 8-40(a)中，根结点的阶是 2，其左孩子的阶是 2，右孩子的阶是 1。

定理 1　设从根结点到外结点的路径长度是该路径上的指针数目。若 P 和 Q 是红黑树中两条从根结点到外结点的路径，则 Length(P)≤2Length(Q)。

证明：考察任意一棵红黑树，设该树根结点的阶是 r。由性质 RB1′，对于每条从根结点到外结点的路径，最后一个指针总是黑色的。由性质 RB2′可知，在这样的路径上没有两个连续的红色指针，即每个红色指针后面都会跟着一个黑色指针，因此，这样的路径上有 r～2r 个指针，因而有 Length(P)≤2Length(Q)。

定理 2　令 h 是一棵红黑树的高度(不含外结点)，n 是树中内结点的个数，r 是根结点的阶，则

(1) $h \leq 2r$；

(2) $n \geq 2^r - 1$；

(3) $h \leq 2lb(n+1)$。

证明： 由定理 1 可知，从根结点到外结点的路径长度不超过 2r，因此 $h \leq 2r$。因为根结点的阶是 r，所以从第 1 层到第 r 层没有外结点，这棵红黑树的上面 r 层上一共有 $2^r - 1$ 个内结点，因而，这棵红黑树的内结点至少有 $2^r - 1$ 个，即 $n \geq 2^r - 1$。由(1)和(2)，可以得到 $h \leq 2lb(n+1)$。

我们已知有 n 个结点的 AVL 树的高度 $h \leq 1.4404lb(n+2)$，所以，最坏情况下，红黑树的高度大于二叉平衡树的高度。由定理 2 可知，红黑树的高度最多为 $2lb(n+1)$，所以红黑树的搜索、插入和删除运算的时间是 O(lbn)。

最后需要提及的是，在 C++的 STL 标准库中，实现字典使用的结构是红黑树。

小　　结

本章讨论了采用二叉搜索树表示和实现集合的方法。当集合采用二叉搜索树(二叉搜索树、AVL 树、伸展树和红黑树等)表示时，可以方便地插入或删除元素。AVL 树和红黑树通过有效控制树的高度来避免产生普通二叉搜索树可能的退化树形。伸展树是一种自组织搜索树，通过伸展操作使经常访问的元素移到树的上层，从而提高搜索效率。伸展树的一次操作(搜索、插入和删除)的分摊时间为 O(lbn)。

二叉搜索树、AVL 搜索树、红黑树和伸展树适合内搜索，B－树和键树是多叉搜索树，适用于磁盘搜索的外搜索。本章讨论它们的表示方法，搜索、插入和删除操作的实现方法以及算法的效率。

习　题　8

8-1　建立以 37，45，91，25，14，76，56，65 为输入的二叉搜索树，再从该树上依次删除 76 和 45，则树形分别是怎样的？

8-2　试写一个判定任意给定的二叉树是否为二叉搜索树的算法。

8-3　已知对一棵二叉搜索树进行先序遍历的结果是：28，25，36，33，35，34，43，请画出此二叉搜索树。

8-4　编写一个从二叉搜索树中删除最大元素的算法。分析算法的时间复杂度。

8-5　编写一个递归算法，实现在一棵二叉搜索树上插入一个元素的功能。

8-6　说明二分搜索有序表和二叉搜索树搜索的适用场合。

8-7　什么是二叉搜索树？什么是 AVL 树？比较两者在表示集合中的性能。

8-8　以下列序列为输入，从空树开始构造 AVL 搜索树。

(1) A, Z, B, Y, C, X；

(2) A, V, L, T, R, E, I, S, O, K。

8-9　从空树开始，使用下列输入序列：

mar, may, nov, aug, apr, jan, dec, jul, feb, jun, oct, sep

建立一棵二叉平衡树。

8-10　一棵高度为 h 的 AVL 搜索树的最少结点数是多少？

8-11　设计一个算法，判定任意给定的一棵二叉树是否为 AVL 搜索树。

8-12　实现 AVL 搜索树上删除一个元素的算法。

8-13　什么是内搜索？什么是外搜索？说明两者的使用场合。

8-14　说明 B - 树适用于外搜索的理由。

8-15　5 阶 B - 树的高度为 2 时，树中元素个数最少为多少？

8-16　从空树开始，使用关键字序列：a, g, f, b, k, d, h, m, j, e, s, i, r, x，建立：

(1) 4 阶 B-树；

(2) 5 阶 B-树。

8-17　从上题的 4 阶 B-树上依次删除 a，e，f，h。

8-18　画出由下列关键字值的集合得到的键树：

{cai, cao, li, lan, cha, chang, wen, chao, yun, yang, long, wang, zhao, liu, wu, chen}

8-19　画出上题的键树所对应的双链树和 Trie 树。

8-20　在图 8-51 所示的二叉搜索树上完成下列运算及随后的伸展操作，画出每次运算加伸展操作后的结果伸展树。

(1) 搜索 80；

(2) 插入 80；

(3) 删除 30。

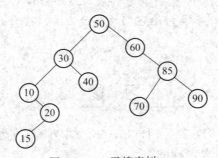

图 8-51　二叉搜索树

8-21　从空树开始，按结点次序 (10,85,15,70,20,60,30, 50,65,80,90,40, 5, 55)依次插入树中，生成图 8-41 所示的红黑树。要求画出每插入一个结点后的红黑树图。

8-22　程序设计题：实现二叉平衡树的搜索、插入和删除元素函数。并设计一个菜单方式的测试驱动程序，测试所有函数。

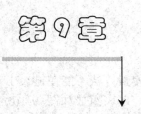

跳表和散列表

字典是记录的集合，本章将介绍另外两种表示集合的数据结构：跳表和散列表，它们利用随机性可获得较好的平均时间复杂度。

9.1 字 典

字典(dictionary)是记录的集合。字典的每个词条是一个记录，有关的单词是该记录的关键字(key)。词条中还包含其他信息。不同记录的关键字值各不相同。对字典的存取通过关键字进行。字典可以认为是一种特殊的集合，而集合讨论的范围则更广一些。字典上的运算与 ADT 7-1 的集合抽象数据类型所定义的基本相同，主要包括搜索、插入和删除。

可以扩充字典的定义使之允许包括重复记录。**有重复记录的字典**(dictionary with duplicates)允许字典中有多个相同关键字值的记录，在实现搜索、插入和删除操作时需要一个规则来消除歧义。也就是说，如果要搜索(或删除)关键字值为 k 的记录，在多个具有相同关键字值的记录中究竟选择哪一个，要按规则执行。

一个班的学生记录构成一个字典。编译器的符号表是一个有重复记录的字典。因为相同的标识符可以在不同的程序块中定义多次，所以符号表中必然存在多个记录具有相同的关键字值。

既然字典是集合，那么表示集合的数据结构也能用于表示字典。线性表和搜索树都可用于表示字典。表示字典的最简单的方式是线性表。当字典比较小时，AVL 搜索树具有较好的性能；对于较大的字典可使用 B－树。本章将介绍另外两种表示字典的数据结构：跳表和散列表，它们都有较好的平均时间复杂度。

*9.2 跳 表

跳表是 William Pugh 在 1989 年提出的，被认为是可以代替搜索树的另外一种数据结构。在上一章的讨论中，我们看到二叉搜索树会产生退化树形，AVL 搜索树虽能保证好的性能，但也增加了实现的难度。平均说来跳表具有好的搜索、插入和删除的时间效率，并且它比 AVL 搜索树更容易实现，因此，它是在实现的难度和性能之间作了很好的折中的一种数据结构。

9.2.1 什么是跳表

1. 跳表的结构

我们知道有序顺序表的二分搜索有很高的搜索效率，但是这种搜索方法不能在链表上进行，主要原因是它无法有效计算中间结点的地址。但如果将一个有序表组成如图 9-1(c) 所示的结构形式，就可以提高链表的搜索效率，这种结构称为**跳表**(skip list)。

下面来看跳表的结构。图 9-1(a)是一个简单的链表，其结点按记录的关键字值的次序排列。搜索一个链表需要沿着链表一次一个结点地移动，最坏情况下要比较 7 次。搜索时间为 O(n)。如果采用图 9-1(b)的方法，就可以把最坏情况下的比较次数减少到 4 次，即搜索一个记录时，首先将它与中间记录进行比较，然后根据比较结果，或者在前半部分搜索，或者在后半部分搜索。还可进一步像图 9-1(c)所示的那样，分别在链表的前半部分和后半部分的中间结点再增加一个指针。这样，图中有三条链，第 0 级是图 9-1(a)的初始链，包括 n 个记录，第 1 级包括 n/2 个记录，第 2 级包括 n/4 个记录。每隔 2^i 个记录有一个 i 级指针。一个记录是第 i 级链记录是指该记录在 0 到 i 级链上，但不在第 i+1 级链(若该链存在)上。图 9-1(c)中，22 是第 2 级链上唯一的记录，7 和 48 是第 1 级链记录，3、19、43 和 70 是第 0 级链记录。

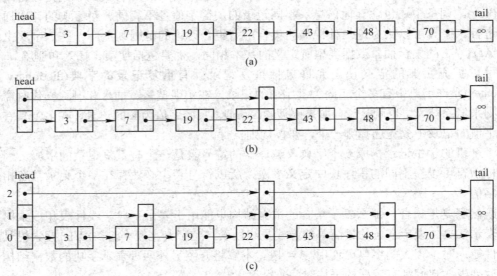

图 9-1　跳表的结构

(a) 有序链表；(b) 在链表中间增加一个指针；(c) 跳表

跳表的最下面一层组成一个普通的单链表，第 2^1，$2 \cdot 2^1$，$3 \cdot 2^1$，…结点链接起来成为第 1 层链接，第 2^2，$2 \cdot 2^2$，$3 \cdot 2^2$，…结点链接起来成为第 2 层链接……一个有 n 个记录的跳表理想情况下的链接级数为 $\lceil \mathrm{lb}\ n \rceil$，即跳表的最大层次为 $\lceil \mathrm{lb}\ n \rceil -1$。

2. 跳表的搜索

在跳表上的搜索从最高层表头结点开始，顺着指针向右搜索，当遇到某一关键字值大于等于待查关键字值时，则下降到下一层，沿较低层的指针向右搜索，逐步逼近待查记录，一直到第 0 层指针所指的关键字值大于等于待查关键字值时搜索终止。这时，如果指针指向具有待查关键字值的记录，则搜索成功终止，否则搜索失败终止。

例如要在图 9-1(c)的跳表中搜索关键字值 43。首先由第 2 层表头指针开始向右搜索，令 22 与 43 比较，因为 22<43，向右搜索；令∞与 43 比较，现有∞≥43，所以下降到 1 层；令 48 与 43 比较，这时有 48≥43，再次下降到第 0 层；最后令 43 与 43 比较，这时有 43≥43。在第 0 层的元素关键字值与待查关键字值比较后，还需最后进行一次比较，以确定两关键字值是否相等，若两者相等，则搜索成功，否则搜索失败。所以，在搜索过程中，与待查关键字值 43 比较的跳表中的关键字值依次为 22，∞，48，43，43。

要在图 9-1(c)的跳表中搜索关键字值 46 时，与 46 比较的跳表中的关键字值依次为 22，∞，48，43，48，48。

3. 跳表的插入

从图 9-1(c)所示的跳表中我们看到，有 1/2 的结点只有 1 个指针，1/4 的结点有 2 个指针，1/8 的结点有 3 个指针，依此类推，即有 $n/2^i$ 个记录为 i 级链记录。这样的跳表称为理想的跳表或"完全平衡"的跳表。在插入和删除过程中，要始终保持跳表的这种理想状态，其代价是很大的。事实上，每当插入一个结点时，就为该结点分配一个级别，指明它属于第几级链记录。一个结点的级别规定了该结点所包含的指针数。例如对一个新结点 56 分配级别 1，这意味着在将 56 插入 48 与 70 之间时，还需建立它在第 0 层和第 1 层的链接指针，如图 9-2 所示。

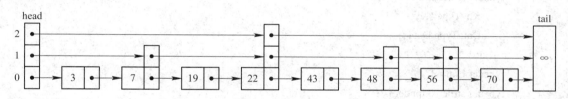

图 9-2　跳表的插入

为跳表结点分配级别是随机的，使用指数分布进行分配：结点有 1 个指针的概率是 1/2，有 2 个指针的概率是 1/4，依此类推。下面的程序段为要插入的记录确定级别：

```
int lev=0;
while (rand( )<= RAND_MAX/2)   lev++;
```

其中，rand( )是伪随机数产生函数，它返回一个伪随机数。常数 RAND_MAX 是可由该函数返回的最大值。这种方法的缺点是有可能为某些结点分配特别大的级别，从而导致一些记录的级别远远超过⌈lb n⌉（其中 n 是字典中预期的最大结点数）。为避免这种情况发生，可以对 lev 设定一个上限 MaxLevel，该上限值设定为⌈lb n⌉：

```
lev=(lev<=MaxLevel)?lev:MaxLevel;
```

即使采用上面所给出的上限，也还可能存在这样的情况，如插入一个新结点之前有 3 条链，即已存在级别为 0 至 2 的链，若现在分配给新结点的级别是 9，则插入新结点后便有了 10 条链。也就是说，在这之前尚未插入 3 至 8 级的结点，这些空链目前对搜索没有好处，因此可将新结点的级别调整为 3。

我们需要这样规定：设跳表当前的层次为 Level，则有

```
if (lev>Level) lev=++Level;
```

4. 跳表的删除

对于删除操作，我们无法加以控制。如删除图 9-2 的记录 56 之后，跳表又成为图 9-1(c)的形式。删除一个第 i 级链的结点后，需要改变从 0 到 i 级的链指针，使这些指针指向该结点后面的结点。

5. 跳表结点的 C 语言描述

下面的 C 语言类型声明给出了跳表结点的描述。从图 9-1 中我们看到，跳表由结点连接而成，其中：跳表的表头结点需要有足够的指针域，以满足构造最大级链的需要，但它并不需要记录(元素)域；在跳表的表尾结点中可以存放一个大值，作为搜索结束的条件，但它并不需要指针域。每个存有记录的结点有一个元素域和级数加 1 个指针域。指针域由一维指针数组 Link 表示，其中 Link[i]表示 i 级链指针。在 C 语言的一维数组的定义中，元素个数必须为常量，而跳表的每个结点中包括不等的指针域数目，无法事先确定，如果定义每个结点统一包括 MaxLevel+1 个指针域，显然是很不经济的。当我们用 C 语言描述结点结构类型 SkipNode 时，我们定义了长度为 1 的指针数组 struct skipnode* Link[1]，事实上，数组 Link 的实际长度在动态分配跳表的结点空间时确定。函数 SkipNode* NewSkipNode(int lev)用于在动态创建跳表结点时，根据所确定的该结点的级数(层次)申请元素域和指定数目的指针域所需的空间大小。数组名称 Link 是该数组存储块的地址。

```
typedef int KeyType;
typedef struct entry{
    KeyType Key;
    DataType Data ;
  }Entry;
typedef Entry T;
typedef struct skipnode{
    T Element;
    struct skipnode* Link[1];
  } SkipNode;
SkipNode* NewSkipNode(int lev)
{    SkipNode* p;
    p=(SkipNode*)malloc(sizeof(SkipNode)+(lev)*sizeof(SkipNode*));
    return p;
}
```

6. 跳表的 C 语言描述

跳表可以由下列语句定义：

```
typedef struct skiplist{
    int MaxLevel, Level;
    KeyType TailKey;
    SkipNode* Head, *Tail, **Last;
} SkipList;
```

程序 9-1 为跳表的构造函数，它构造了一个空的跳表。

【程序 9-1】　跳表的构造函数。

```
void CreateSkipList(SkipList * sl, KeyType maxnum, int maxlev)
{      int i;
       sl->MaxLevel=maxlev; sl->Level=0; sl->TailKey=maxnum;
       sl->Head= NewSkipNode(maxlev);
       sl->Tail= NewSkipNode(0);
       sl->Last=(SkipNode**)malloc((maxlev+1)*sizeof(SkipNode*));
       sl->Tail->Element.Key=maxnum;
       for (i=0; i<=maxlev; i++)
            sl->Head->Link[i]=sl->Tail;
}
```

程序 9-1 中：MaxLevel 应为 $\lceil lb\ n \rceil$；TailKey 是一个大值，跳表中所有记录的关键字值均小于此值；整数 Level 是当前出现的最大级数；Head 是表头结点指针；Tail 是表尾结点指针。在插入和删除操作之前进行搜索时，所遇到的每一条链上的最后一个结点的地址均被存入指针数组 Last 中。

函数 CreateSkipList 同时为表头结点、表尾结点和 Last 数组分配空间。表头结点中有 MaxLevel+1 个用于指向各级链的指针，它们被初始化为指向表尾结点。

9.2.2　跳表的搜索

本小节中我们介绍两个搜索跳表的函数 Search 和 SaveSearch。前者是字典(集合)上定义的函数，后者是为了实现插入和删除运算而设计的私有函数，并不面向用户。SaveSearch 函数除了包括 Search 函数的全部功能外，还把每一级遇到的最后一个结点的地址存放在数组 Last 中。函数 Search 的规范见 ADT7-1，下面给出函数 SaveSearch 的定义。

　　　　SkipNode* SaveSearch(SkipList *sl, KeyType k)

　　　　在跳表中搜索关键字值为 k 的记录,函数返回表中结点的地址,该结点的关键字值大于或等于 k,并且每个指针 sl->Last[i](0≤i≤Level)都指向该结点在相应层的链中的前一个结点。

程序 9-2 为跳表的两个搜索函数的实现。跳表的搜索从表头结点 sl.Head 开始，令指针 p 指向表头结点。搜索过程从最高层开始，顺着指针向右搜索，遇到某一关键字值大于等于待查关键字值时，则下降到下一层，沿较低层的指针向右搜索，逐步逼近待查记录，一直到第 0 层指针所指的关键字值大于等于待查关键字值时搜索终止。这时，如果指针 p->Link[0] 指向的结点的关键字值与待查关键字值相等,则搜索成功终止,否则搜索失败终止。SaveSearch 函数使用语句 sl->Last[i]=p; 把每一级遇到的最后一个结点的地址存放在指针数组 Last 中。

我们可以看到跳表的搜索算法很简单，也容易实现。

【程序 9-2】　跳表的搜索。

```
BOOL Search(SkipList sl, KeyType k, T *x)
{      SkipNode* p; int i;
       if (k>=sl.TailKey) return FALSE;
       p=sl.Head;
       for(i=sl.Level; i>=0; i−−)
```

```
                    while(p->Link[i]->Element.Key<k)
                            p=p->Link[i];
                *x=p->Link[0]->Element;
                return (x->Key==k);
        }


SkipNode* SaveSearch(SkipList *sl, KeyType k)
{       SkipNode* p; int i;
        if (k>=sl->TailKey) return NULL;
        p=sl->Head;
        for(i=sl->Level; i>=0; i--){
                while(p->Link[i]->Element.Key< k)
                        p=p->Link[i];
                sl->Last[i]=p;
        }
        return (p->Link[0]);

}
```

9.2.3 跳表的插入

程序 9-3 给出了为待插入记录分配级数，并将其插入跳表中的算法。若待查记录的值不比 TailKey 小，或表中已存在与待输入记录的关键字值相同的记录，则输出 BadInput 信息，否则调用 SaveSearch 函数搜索插入位置，使用 Level 函数为新记录分配级数 Lev，创建一个有 Lev+1 个指针的跳表结点来保存新记录，同时将该新结点链接到第 0 到第 lev 层的链中。

【程序 9-3】 跳表的插入。

```
    int     Level(SkipList sl)
    {       int lev=0;
            while (rand()<= RAND_MAX/2)
                    lev++;
            return (lev<=sl.MaxLevel)?lev:sl.MaxLevel;

    }
    BOOL Insert(SkipList *sl, T x)
    {       SkipNode *p, *y; int lev, i;
            KeyType k=x.Key;
            if (k>=sl->TailKey) {
                    printf("BadInput"); return FALSE;
            }
            p=SaveSearch(sl, k);
            if (p->Element.Key==k) {
                    printf("Duplicate"); return FALSE;
            }
```

```
lev=Level(*sl);
if(lev>sl->Level){
        lev=++sl->Level;
        sl->Last[lev]=sl->Head;
}
y= NewSkipNode(lev); y->Element=x;
for(i=0; i<=lev; i++){
        y->Link[i]=sl->Last[i]->Link[i];
        sl->Last[i]->Link[i]=y;
}
return TRUE;
}
```

插入算法首先调用 SaveSearch 函数搜索待插入的记录 x 的插入位置，并把搜索中遇到的每一级上的最后一个结点的地址存放在指针数组 Last 中。如果没有重复关键字值，则新记录将被插入到 Last[0]所指示的记录结点后面，并且在其他第 i 级上，新记录也将链接在 Last[i]指示的结点之后。由于在搜索中使用了 Last 数组，因此插入新结点时，建立各层的链接很容易实现。

9.2.4 跳表的删除

程序 9-4 给出了从跳表中删除一个关键字值为 k 的记录，并在变量*x 中返回该记录的算法。若表中没有这样的记录，则给出 BadInput 信息，否则将该记录从第 0 级到第 i 级的各级的链中拆除(设记录 k 是第 i 级链记录)。此外，如果该结点的删除使得较高层的链接撤除，则还需修改 Level 的值来反映当前的最大层数。

【程序 9-4】 跳表的删除。

```
BOOL Delete(SkipList *sl, KeyType k, T* x)
{       SkipNode* p; int i;
        if (k>=sl->TailKey) {
                printf("BadInput"); return FALSE;
        }
        p=SaveSearch(sl, k);
        if (p->Element.Key!=k) {
                printf("BadInput"); return FALSE;
        }
        for(i=0; i<=sl->Level && sl->Last[i]->Link[i]==p; i++)
                sl->Last[i]->Link[i]=p->Link[i];
        while (sl->Level>0&& sl->Head->Link[sl->Level]==sl->Tail)
                sl->Level--;
        *x=p->Element;
        free(p); return TRUE;
}
```

对有 n 个记录的跳表,搜索、插入和删除操作的最坏情况时间复杂度均为 O(n+MaxLevel),但其搜索、插入和删除的平均情况时间复杂度均为 O(lb n)。

至于空间复杂度,最坏情况下所有记录都可能是 MaxLevel 级,每个结点有 maxLevel+1 个指针,因此所需空间为 O(n × MaxLevel)。一般情况下,n 个记录在第 0 级,有 n/2 个结点在第 1 级,n × (1/2)^i 个结点在第 i 级,这样每个结点的指针域(不包括头尾结点的指针)的平均数为

$$\sum_i \left(\frac{1}{2}\right)^i = \frac{1}{1 - 1/2} = 2 \tag{9-1}$$

因此,虽然最坏情况下跳表的空间需求比较大,但平均的空间需求并不大,大约是 2n 个指针空间。

9.3　散　列　表

在前面讨论的用作表示集合和字典的数据结构(线性表、二叉排序树、二叉平衡树、B-树、Trie 树和跳表)中,元素在存储结构中的位置与元素的关键字值之间不存在直接的确定关系。在数据结构中搜索一个元素时需要进行一系列的比较,比较关键字值或组成关键字的字符。搜索效率取决于搜索过程进行的比较次数。散列表是表示集合和字典的另一种有效方法,它提供了一种完全不同的存储和搜索方式:通过将关键字值映射到表中某个位置来存储记录,然后根据关键字值,直接获取记录的存储位置访问记录。

9.3.1　散列技术

如果我们在记录的存储位置与记录的关键字值之间建立一种对应关系 h,使得每个关键字值与记录的存储位置相对应,即 Loc(key)=h(key)(Loc(key)表示关键字值为 key 的记录的存储位置),那么,如果集合中存在关键字值为 key 的记录,则必然在 h(key)的位置上。这样,我们不需要进行关键字值比较,便可直接取得该记录。这个把关键字值映射到位置的函数 h 称为**散列函数**(hash function),而这样建立的表称为**散列表**(hash list)。我们可以用散列表来表示集合和字典。

一个简单的例子是建立全国各省、市、自治区的人口统计简表。设该简表使用一个记录数组来保存,每个记录登记一个省、市、自治区的人口情况。我们取省、市、自治区名称的汉语拼音为关键字,取关键字值的第一个字母的编码(设 A～Z 的编码分别为 1～26)为散列函数 h。散列函数的值给出了记录在人口统计简表中的位置。

不幸的是,在实际建表中,我们看到

    h(Hebei)=h(Henan)=h(Hubei)=h(Hunan)

又有   h(Shandong)= h(Shanxi)= h(Shanghai)= h(Sichuan)

这给建表造成了困难,这种现象称为**冲突**(collision)。

所谓冲突,即对于关键字集合中的两个关键字值 K_i 和 K_j,当 $K_i \neq K_j$ 时,有 h(K_i)=h(K_j)。具有相同散列函数值的关键字值,对该散列函数而言称为**同义词**(synonym)。

　　冲突的发生与散列函数的选择有关。像上面这样简单地选第一个字母的编码的方法，其冲突现象十分严重。那么，能否找到一个散列函数对某个数据集合来说不发生冲突呢？这是很难做到的。上面的例子中，关键字值集合中有 31 个记录，如果我们建立一个有 40 个记录的散列表，也就是说散列地址的范围从 0 到 39，那么，从一个 31 个记录的集合，到另一个 40 个记录的集合有 40^{31} 种可能的函数关系，而它们当中仅有 $C_{40}^{31} \cdot 31! = 40!/9!$ 个函数能对每个变元给出不同的值，其中，$40^{31} \approx 4 \times 10^{49}$，而 $40!/9! \approx 10^{42}$，于是几千万个函数中只有一个函数是适用的。这样的函数是很难被发现的。著名的"生日悖论"断言，如果有 23 个以上的人在同一个房间里，则他们当中两个人有相同的出生年月日的可能性很大。事实上，如果我们随机选择一个函数作为散列函数，将一个有 23 个关键字值的集合映射到大小为 365 的地址集合上，则没有两个关键字值是同义词的概率为 0.4927，或者说发生冲突的概率超过二分之一。

　　此外，即使我们费尽心机地找到了一个函数，它将给定的关键字值集合毫无冲突地映射到各不相同的地址上，那么，首先计算 h(key)也许是费时的，其次这样的关键字值集合是不容修改的。

　　更遗憾的是，在一般情况下，关键字值集合往往比地址空间大得多，而不像生日悖论中，地址集合的大小十余倍于关键字值集合的大小。例如，高级语言编译程序需要为用户编写的源程序中的标识符建立一张散列表。如按语法规定，标识符可定义为以字母开头的最多 8 个字符，则标识符集合的大小为 $26 \cdot \sum_{i=0}^{7} 36^i$，而在一个源程序中出现的标识符是很有限的，设表长为 1000 也许就足够了，则地址集合的大小只需 1000。所以在一般情况下，散列函数是一个压缩映射，而且压缩程度很高，也就不可避免地会产生冲突。因此，要设计一种实用的散列表必须考虑如何解决冲突问题。

9.3.2　散列函数

　　构造一个散列函数的方法很多，但究竟什么是"好"的散列函数呢？一个实用的散列函数 h 应当满足下列条件：

　　(1) 能快速计算；

　　(2) 具有均匀性。

　　在这一节中，我们假定散列函数最多可取 M 个不同的值，即有 $0 \leqslant h(key) < M$。一个均匀的散列函数应当是：如果 key 是从关键字值集合中随机选取的一个值，则 h(key)以同等概率取区间[0，M−1]中的每一个值。

　　下面介绍几种目前比较通用的构造散列函数的方法。

1. 除留余数法(Division)

除留余数法的散列函数的形式如下：

　　　h(key)=key % M

其中，key 是关键字，M 是散列表的大小。M 的选择十分重要，如果 M 选择不当，在采用某些选择关键字值的方式时，会造成严重冲突。例如，若 $M=2^k$，则 h(key)=key % M 的值仅依赖于最后 k 个比特。如果 key 是十进制数，则 M 应避免取 10 的幂次。多数情况下，选择一个不超过 M 的素数 P，令散列函数为 h(key)=key % P，会取得好的效果。运算符%在这里是指对模数求剩余，与 C 语言的%运算不同。

2. 平方取中法(Mid-square)

在符号表应用中广泛采用平方取中散列函数。该方法首先把 key 平方，然后取$(key)^2$的中间部分作为 h(key)的值。中间部分的长度(或称位数)取决于 M 的大小。设关键字的内部码用八进制数表示，散列表长度为 3 位八进制数。请看表 9-1 所示的例子。

表 9-1　平方取中法

关键字值内码	内码的平方	散列地址
0100	0010000	010
1100	1210000	210
1200	1440000	440

3. 折叠法(Folding)

折叠法是把关键字值自左到右分成位数相等的几部分，每一部分的位数应与散列表地址的位数相同，只有最后一部分的位数可以短一些。把这些部分的数据叠加起来，就可以得到该关键字值的散列地址。

有两种叠加方法：

(1) 移位法(shift folding)：把各部分的最后一位对齐相加。

(2) 分界法(folding at the boudaries)：沿各部分的分界来回折叠，然后对齐相加。

例如，设关键字值为

$$key=12320324111220$$

若散列地址取 3 位，则 key 被划分为 5 段：

$$123\ 203\ 241\ 112\ 20$$

移位法的计算结果如图 9-3(a)所示，分界法的计算结果如图 9-3(b)所示。如果计算结果超出地址位数，则将最高位去掉，仅保留低的 3 位，作为散列函数值。

```
       123          123
       203          302
       241          241
       112          211
    +   20       +   20
    ──────       ──────
      699          897
      (a)          (b)
```

图 9-3　折叠法

(a) 移位法；(b) 分界法

4. 数字分析法(Digit Analysis)

数字分析法被用于一个事先已知关键字值分布的静态文件中。设关键字值是 n 位数，每位的基数是 r。使用此方法，首先应列出关键字值集合中的每个关键字值，分析每位数字的分布情况。一般来说，这 r 个数字在各位出现的频率不一定相同，可能在某些位上分布均匀些，在另一些位上分布不均匀。例如，有一组关键字值，见图 9-4，在第 4、5 和 6 位的各个数字分布相对均匀些，我们便取这几位作为散列函数值。当然选取的位数需根据散列表的大小来确定。

```
9 4 2 1 4 8
9 4 2 3 5 6
9 4 2 5 7 2
9 4 2 6 6 4
9 4 3 3 9 5
9 4 2 4 7 2
9 4 2 7 3 1
9 4 1 2 8 7
9 4 2 3 4 5
```

图 9-4　数字分析法

9.3.3　解决冲突的拉链法

上面的讨论表明，一个散列表中存在冲突是难以避免的，因此寻求较好的解决冲突的方法是一个重要的问题。**解决冲突**(collision resolution)也称为"溢出"处理技术。有两种常用的解决冲突的方法：**拉链**(chaining)的方法和**开地址**(open addressing)法。拉链的方法也称**开散列**(opening hashing)法，而开地址法又称**闭散列**(closed hashing)法。注意，开地址法恰好又称为闭散列法，容易引起混淆。

拉链是解决冲突的一种行之有效的方法。我们已经看到，某些散列地址可被多个关键字值共享。解决这一问题的最自然的方法是为每个散列地址建立一个单链表，表中存储所有具有该散列值的同义词，单链表可以按升序排列。图 9-5 显示了这种方法，该例子采用除法散列函数，其除数为 11。

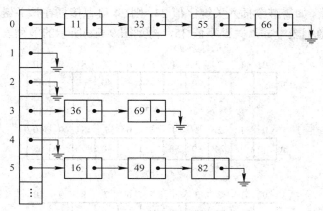

图 9-5 拉链的方法

在拉链的散列表中搜索一个记录是容易的。首先计算散列地址，然后搜索该地址的单链表。在插入时首先应保证表中不含有与该关键字值相同的记录，然后按在有序表中插入一个记录的方法进行。删除关键字值为 k 的记录，应先在该关键字值的散列地址处的单链表中找到该记录，然后删除之。

最坏情况下，用拉链的方法进行搜索时，要搜索所有 n 个结点。拉链方法搜索的平均比较次数的计算方法稍后给出。一般情况下有 n 个记录的散列表的链表的平均长度为 n/M。

9.3.4 解决冲突的线性探查法

解决冲突的另一类方法称为开地址法。这种方法不建立链表。散列表由 M 个元素组成，其地址从 0 到 M-1。我们通过从空表开始，逐个向表中插入新记录的方式建立散列表。插入关键字值为 key 的新记录的方法是：从 h(key)开始，按照某种规定的次序探查插入新记录的空位置。h(key)被称为基位置。如果 h(key)已经被占用，那么就需要用一种解决冲突的策略来确定如何探查下一个空位置，所以这种方法也称为空缺编址法。不同的解决冲突的策略，可产生不同的需要被检查的位置的序列，称为**探查序列**(probing sequence)。根据生成探查序列的不同规则，可以有**线性探查**(linear probing)法、**伪随机探查**(pseudo-random probing)法、**二次探查**(quafratic probing)法和**双散列**(double hashing)法等开地址法。下面重点介绍线性探查法。

1. 线性探查法概述

线性探查法是一种最简单的开地址法。它使用下列循环探查序列：

$$h(key), h(key)+1, \cdots, M-1, 0, \cdots, h(key)-1$$

从基位置 h(key)开始，探查该位置是否被占用，即是否为空位置，如果被占用，则继续探查位置 h(key)+1，若该位置也已占用，再检查探查序列中规定的下一个位置。

因此，探查序列为

$$h_i=(h(x)+i)\ \%\ M \qquad (i=0, 1, 2, \cdots, M-1)$$

先看线性探查法插入记录的方法。在图 9-6 的例子中，我们仍采用除数为 11 的除法散列函数。为了在图 9-6(a)中插入关键字值为 58 的记录，我们首先计算基位置 h(58)=58 %11=3。从图 9-6(a)中可见，位置 3 已占用，线性探查法需检查下一个位置。位置 4 当前空闲，所以可将 58 插入位置 4 处。如需继续插入关键字值 24，则 24 可直接插在该关键字值的基地址 2 处。继续在图 9-6(b)的散列表中插入关键字值 35，得到图 9-6(c)所示的散列表。

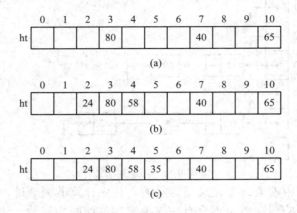

图 9-6　线性探查法

(a) 已有 3 个元素的散列表；(b) 插入关键字值 58 和 24；(c) 插入关键字值 35

对线性探查散列表的搜索同样从基位置 h(key)开始，按照上面描述的线性循环探查序列查找该记录。设 key 是待查关键字值，若存在关键字值为 key 的记录，则搜索成功，否则，或者遇到一个空位置，或者回到 h(key)(说明此时表已满)，则搜索失败。

例如，为了在图 9-6(c)的散列表中搜索 47，首先计算基位置 h(47)=47 % 11=3。令 47 与位置 3 处的关键字值 80 比较，不相等，继续按线性循环探查序列检查下一个位置处的关键字值，即将 47 与此处的 58 比较，由于此时仍不相等，需继续与 35 比较，还是不相等，再下一个位置是空位置，这表示 47 不在表中，搜索失败。

在散列表中删除记录，必须保证不能影响以后的搜索过程。例如，若从图 9-6(c)中删除 58 后，不能简单地将位置 4 处置成空，这样将无法找到 35。

从散列表中删除一个记录有两点需要考虑：一方面，删除过程不能简单地将一个记录清除，这会隔离探查序列后面的记录；另一方面，一个记录被删除后，该记录的位置能够重新使用。

我们通过对表中每个记录增设一个**标志位**(设为 Empty)来解决上述两点问题。空散列表的所有记录的标志位被初始化为 TRUE。当向表中存入一个新记录时，存入位置处的标志位置成 FALSE。删除记录时不改变相应记录的标志位，只是将该记录的关键字值置成一个不使用的特殊的空值(设为 NeverUsed)，初始时，所有位置都置成空值。这样，标志位被用于散列表的搜索过程，而空关键字值用于散列表的插入过程。在搜索一个记录时，当遇到一个标志位为 TRUE 的记录，或者搜索完表中全部记录，重新回到位置 h(key)时，表示搜索失败。在插入新记录(关键字值为 key)时，从基位置 h(key)开始搜索关键字值为 NeverUsed 的位置，将新记录插在按探查序列查找到的第一个空值的位置处。

这种方案的缺点是，过不了多久，几乎所有的标志位均被置成 FALSE，搜索时间增长。为了提高性能，经过一段时间后常常要重新组织散列表。

2．构造线性探查散列表

程序 9-5 是构造线性探查散列表的程序。散列表的结点结构定义为 HsNode 类型。每个结点有两个域 Element 和 Empty，Empty 是标志位。这样，散列表结构为 HashTable 类型，其中，M 为除留余数法的模，t 是指向动态生成的一维数组的指针，数组的元素类型为 HsNode。函数 CreateHashTable 构造一个空散列表，它使用下列 C 语言的带参数的宏定义语句

```
#define NewArray(k) (HsNode*)malloc((k)*sizeof(HsNode))
```

动态分配一个一维数组的存储空间，并返回所分配的存储块的地址。

【程序 9-5】　构造线性探查散列表。

```
typedef struct hsnode{
        T Element;
        BOOL Empty;
    } HsNode;
typedef struct hashtable{
        int M;
        HsNode* t;
    } HashTable;
void CreateHashTable(HashTable *htb , int divitor)
{       int i;
        htb->M=divitor;
        htb->t=NewArray(htb->M);
        for (i=0;i<htb->M;i++){
            htb->t[i].Empty=TRUE;
            htb->t[i].Element.Key=NeverUsed;
        }
}
```

3．线性探查散列表的搜索

程序 9-6 给出了线性探查散列表的搜索算法。函数 Search 调用函数 hSearch，实现在散列表中搜索关键字值为 k 的记录。函数 hSearch 定义如下：

```
enum ResultCode hSearch (HashTable htb,KeyType k,int * pos)
```

若散列表中存在关键字值为 k 的元素，则*pos 指示该位置，函数返回 Success；若不存在这样的元素且表未满，则函数返回 NotPresent 且*pos 指示首次遇到的空值位置，否则函数返回 Overflow。

枚举类型 ResultCode 定义如下：

　　enum ResultCode{ Underflow, Overflow, Success, Duplicate, NotPresent};

　　Search 函数调用 hSearch 函数，实现搜索运算。若函数 hSearch 返回 Success，则将 *pos 处的元素赋给参数 *x，函数返回 TRUE；否则搜索失败，返回 FALSE。

【程序 9-6】 线性探查散列表的搜索。

```
enum ResultCode hSearch (HashTable htb,KeyType k,int * pos)
{    int i,j;
     *pos=k % htb.M;
     if (*pos<0) *pos=htb.M+*pos;                        /*计算基地址*/
     i=*pos; j=-1;                                  /*j=-1 表示未找到空值位置*/
     do{
         if(htb.t[*pos].Element.Key==NeverUsed && j==-1)
                j=*pos;                                /*首次遇到空值的位置*/
         if(htb.t[*pos].Empty)  break;            /*表中没有关键字值为 k 的元素*/
         if(htb.t[*pos].Element.Key==k) return  Success;        /*搜索成功*/
         *pos=(*pos+1) % htb.M;
     }while (*pos!=i);                               /*已搜索完整个散列表*/
     if (j==-1) return  Overflow;                            /*表已满*/
     *pos=j;return NotPresent;               /*设置首次遇到的空值位置，并返回*/

}

BOOL Search(HashTable htb, KeyType k,T* x)
{        int *pos=(int*)malloc(sizeof(int));
         enum ResultCode result=hSearch (htb,k,pos);
         if(result==Success) {
                *x=htb.t[*pos].Element;return TRUE;
         }
         return FALSE;

}
```

4．线性探查散列表的插入

　　程序 9-7 给出了线性探查散列表的插入算法。函数探查第一个空值位置，即关键字值为 NeverUsed 的位置，以便插入新元素。函数 Insert 首先调用 hSearch 函数判定是否存在重复元素或表是否已满。新元素将插入首次遇到的空值位置处。

【程序 9-7】 线性探查散列表的插入。

```
BOOL Insert(HashTable *htb, T x)
{
        int *pos=(int*)malloc(sizeof(int));
        enum ResultCode result=hSearch (*htb,x.Key,pos);
        if(result==NotPresent){              /*如果原表未满且不包含重复元素*/
```

```
            htb->t[*pos].Element=x;                      /*将新元素插入首遇的空值处*/
            htb->t[*pos].Empty=FALSE;
            return TRUE;                                           /*插入成功*/
        }
        return FALSE;                      /*原表存在重复元素或表已满，插入失败*/
    }
```

5. 线性探查散列表的删除

程序 9-8 给出了线性探查散列表的删除算法。函数 Remove 调用函数 hSearch，如果表中存在关键字值为 k 的元素，则 hSearch 函数在*pos 中指示该元素的位置，可将该元素赋给参数*x，并将该处置成空值 NeverUsed，函数返回 TRUE；否则表示不存在这样的元素，函数返回 FALSE。

【程序 9-8】 线性探查散列表的删除。

```
    BOOL Delete(HashTable *htb, KeyType k, T* x)
    {
        int *pos=(int*)malloc(sizeof(int));
        enum ResultCode result=hSearch (*htb,k,pos);
        if(result==Success) {                                    /*删除成功*/
            *x=htb->t[*pos].Element;
            htb->t[*pos].Element.Key=NeverUsed;
            return TRUE;
        }
        return  FALSE;                  /*原表不存在指定的删除元素，删除失败*/
    }
```

9.3.5　解决冲突的其他开地址法

线性探查法有一个明显的缺点，它容易使许多记录在散列表中连成一片，从而使探查的次数增加，影响搜索效率。这种现象称为**基本聚集**(primary clustering)。理想的探查序列应当是散列表位置的一个随机排列。但实际上我们不能从探查序列中随机选择一个位置，因为，在以后搜索关键字时，无法建立同样的探查序列。以下是消除聚焦的几种方法。

1. 伪随机探查法

伪随机探查是为了消除线性探查的基本聚集而提出来的方法。其基本思想是：建立一个伪随机数发生器，当发生冲突时，就利用伪随机数发生器计算出下一个探查的位置。伪随机数发生器有各种不同的构造，现介绍一种较简单的发生器。其计算公式如下：

$$y_0=h(key)$$
$$y_{i+1}=(y_i+p) \% M \quad (i=0, 1, 2, \cdots)$$

式中，y_0 为伪随机数发生器的初值，M 为散列表的长度，p 为与 M 接近的素数。

设有关键字值序列为：12，24，9，20，15，6，5，并设 M = 8，由 h(key)计算得到的基位置见表 9-2。

表 9-2　关键字值序列及其基位置

key	12	24	9	20	15	6	5
h(key)	4	6	1	4	7	6	5

现取 p = 7，构造伪随机探查散列表。插入前三个关键字值 12、24 和 9 以后，接着：

(1) 插入 20：因 $y_1 = (4 + 7) \% 8 = 3$，位置 3 处空闲，故将 20 存入位置 3 处。

(2) 插入 15：15 可直接存入位置 7。

(3) 插入 6：因 $y_1 = (6 + 7) \% 8 = 5$，位置 5 处空闲，故将 6 存入位置 5 处。

(4) 插入 5：因 $y_1 = (5 + 7) \% 8 = 4$，$y_2 = (4 + 7) \% 8 = 3$，$y_3 = (3 + 7) \% 8 = 2$，故可将 5 存入位置 2 处。

由此，我们得到了表 9-3 所示的伪随机探查散列表。

表 9-3　伪随机探查散列表

0	1	2	3	4	5	6	7
	9	5	20	12	6	24	15

2. 二次探查法

消除基本聚集的另一种方法是二次探查法。二次探查法使用的循环探查序列由下列公式计算：

$$h_{2i-1}(key) = (h(key) + i^2) \% M \quad 和 \quad h_{2i}(key) = (h(key) - i^2) \% M \qquad (i = 1, 2, 3, \cdots, (M-1)/2)$$

其中，M 是表的大小，它应当是一个值为 4k+3 的素数，其中 k 是一个整数。这样的素数如 503、1019 等。这样，探查序列形如

$$h(key), h_1(key), h_2(key), \cdots, h_{2i-1}(key), h_{2i}(key), \cdots$$

图 9-7 是二次探查法的一个例子。

设有关键字值序列：

(Burke，Ekers，Broad，Blum，Attlee，Alton，Hecht，Ederly)

所使用的散列函数 h(k) 为：取第一个字母的编码(设从 0 到 25 对字母 A 到 Z 编码)，对表长 M 取余，由此得到各关键字值的基地址见图 9-7(a)。设散列表长度为 23，采用二次探查法可以得到如图 9-7(b)所示的散列表。

k	Burke	Ekers	Broad	Blum	Attlee	Hecht	Alton	Ederly
h(k)	1	4	1	1	0	7	0	4

(a)

0	1	2	3	4	5	6	7	8	9
Blum	Burke	Broad		Ekers	Ederly		Hecht		

13	14	15	16	17	18	19	20	21	22
						Alton			Attlee

(b)

图 9-7　二次探查散列表举例

(a) 关键字序列及其散列函数值；(b) 由(a)建立的二次探查散列表

伪随机探查法和二次探查法都能够消除基本聚集。但是如果两个关键字值有相同的基位置，那么它们就会有同样的探查序列。这是因为伪随机探查和二次探查产生的探查序列只是基位置的函数，而不是原来关键字值的函数。这个问题称为**二级聚集**(secondary clustering)。

3. 双散列法

使用双散列方法可以避免二级聚集。双散列法使用两个散列函数，第一个散列函数计算探查序列的起始值，第二个散列函数计算下一个位置的探查步长。

设表长为 M，双散列法的探查序列 H_0，H_1，H_2…为

$h_1(key)$, $(h_1(key)+h_2(key))\% M$, $(h_1(key)+2*h_2(key))\% M$, …

双散列法的探查序列也可写成：

$H_i=(h_1(key)+i \cdot h_2(key))\% M$, i=0, 1, …, M-1

设 M 是散列表的长度，则对任意 key，$h_2(key)$ 应是小于 M 且与 M 互质的整数。这样的探查序列能够保证最多经过 M 次探查便可遍历表中所有地址。

例如，若 M 为素数，可取 $h_2(key)=key \% (M-2)+1$。

在图 9-8 的例子中，$h_1(key)=key \% 11$，$h_2(key)= key \% 9+1$。

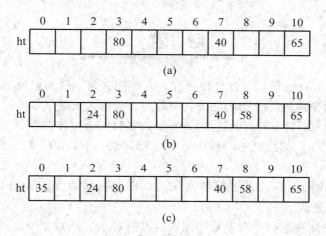

图 9-8 双散列法举例

(a) 已有 3 个元素的散列表；(b) 插入关键字值 58 和 24；(c) 插入关键字值 35

9.3.6 性能分析

在有 n 个记录的散列表中搜索、插入和删除一个记录的时间，最坏情况下均为 O(n)，但散列表的平均性能还是相当好的。

设 M 是散列表的长度，n 是表中已有的记录个数，则α=n/M 称为散列表的**装载密度** (loading density)。现使用均匀的散列函数计算地址，又设 S_n 是成功搜索一个随机选择的关键字值的平均比较次数，U_n 是搜索一个不在散列表中的关键字值的平均比较次数，那么采用上述不同的方法解决冲突时的散列表的平均搜索长度(即平均比较次数)如表 9-4 所示。详细证明可见 Knuth 的"The Art of Computer Programming:Sorting and Searching"。

表 9-4　各种方法解决冲突时的平均搜索长度

解决冲突的方法		平均搜索长度	
		成功搜索 S_n	不成功搜索 U_n
开地址法	线性探查法	$(1/2)(1+1/(1-\alpha))$	$(1/2)(1+1/(1-\alpha)^2)$
	二次探查法、双散列法	$-(1+\alpha)\ln(1-\alpha)$	$1/(1-\alpha)$
拉链方法(链地址法)		$1+\alpha/2$	$\alpha+e^{-\alpha}\approx\alpha$

小　结

　　跳表和散列表都使用了随机性来提高集合和字典操作的效率。在使用跳表时，插入操作使用随机过程来决定一个记录的级数。在散列表中，散列函数随机地将记录映射到不同的地址上。通过利用随机性，跳表和散列表操作的平均时间复杂度分别为对数时间和常数时间。两者的最坏情况时间都是 O(n)。

　　跳表比散列表更灵活，跳表也能方便地删除最大或最小记录。

习　题　9

　　9-1　修改 SkipList 的算法，使之能够允许有相同关键字值的记录出现。

　　9-2　试设计两个函数，分别删除跳表中的最小和最大关键字值的记录。

　　9-3　设散列表 ht[11]，散列函数 h(key)=key % 11。采用线性探查法、伪随机探查法、二次探查法解决冲突，试用关键字值序列 70，25，80，35，60，45，50，55 分别建立散列表。

　　9-4　对上题的例子，若采用双散列法，试以散列函数 $h_1(key)=key\%11$，$h_2(key)=key\%9+1$ 建立散列表。

　　9-5　给出双散列法的散列表搜索和插入运算的 C 语言函数实现。

　　9-6　给出用拉链方法解决冲突的散列表搜索和插入运算的函数实现。

　　9-7　设有 1000 个记录，其关键字值为 0~999 的整数。把这些数据存入长度为 200 的拉链方式的散列表中。试设计较好的散列函数，并说明理由。

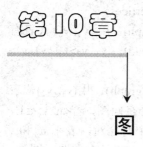

图

　　图是比线性表、树和集合更一般、更复杂的数据结构。在线性结构中，每个数据元素只有一个直接前驱和一个直接后继结点。在树结构中，数据元素之间有着明显的层次关系，同层的每个数据元素可以与它下一层的零个或多个元素相关，但只能与上一层中的一个元素相关。集合结构中，数据元素间除了同属于一个集合的联系之外没有其他关系。然而在图结构中，数据元素之间的关系是任意的，每个元素都可以和任何其他元素相关。

　　本章讨论图的基本概念、图的存储表示方法以及若干常见的图运算：图的遍历、拓扑排序、关键路径、最小代价生成树和最短路径算法。

10.1　图的基本概念

　　现代科技领域中，图的应用非常广泛，如电路分析、通信工程、网络理论、人工智能、形式语言、系统工程、控制论和管理工程等都广泛应用了图的理论。图的理论几乎在所有工程技术中都有应用。例如，在电路计算机辅助设计(CAD)中，首先必须将电路网络转化成图形，然后才能进行电路分析。图 10-1 为电路示例及其相应的图。图 10-1(b)中，线上的符号为支路名，结点上的符号为结点名。

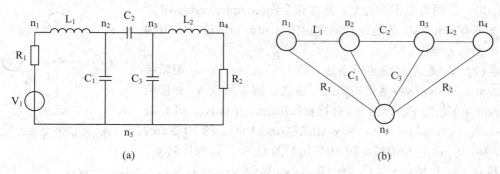

图 10-1　电路示例及其相应的图

(a) 电路示例；(b) 图(a)所对应的图

10.1.1　图的定义与术语

　　图(graph)是数据结构 G=(V，E)，其中 V(G)是 G 中结点的有限非空集合，结点的偶对称为**边**(edge)，E(G)是 G 中边的有限集合。图中的结点常称为**顶点**(vertices)。

若图中代表一条边的偶对是有序的，则称其为**有向图**(directed graph)。用<v_1, v_2>代表有向图中的一条有向边，v_1 称为边的**始点**(尾 tail)，v_2 称为边的**终点**(头 head)。<v_1, v_2>和<v_2, v_1>这两个偶对代表不同的边。有向边也称为**弧**(arc)。

若图中代表一条边的偶对是无序的，则称其为**无向图**(undirected graph)。用(v_1, v_2)代表无向图中的边，这时(v_1, v_2)和(v_2, v_1)是同一条边。事实上，对任何一个有向图，若<u, v>∈E，必有<v, u>∈E，即 E 是对称的，则可以用一个无序对(u, v)代替这两个有序对，表示 u 和 v 之间的一条边，此时有向图便成为无向图。图 10-2 中的 G_1 是无向图，G_2 是有向图。图中：

　　V(G_1)=V(G_2)={v_0, v_1, v_2, v_3, v_4}

　　E(G_1)={(v_0, v_1), (v_0, v_2), (v_0, v_4), (v_1, v_2), (v_2, v_3), (v_2, v_4), (v_3, v_4)}

　　E(G_2)={<v_0, v_1}, <v_1, v_2>, <v_2, v_0>, <v_2, v_4>, <v_3, v_0>, <v_3, v_2>, <v_3, v_4>}

如果边(v_i, v_i)或<v_i, v_i>是允许的，这样的边称为**自回路**(self loop)，如图 10-3(a)所示。两顶点间允许有多条相同边的图，称为**多重图**(multigraph)，如图 10-3(b)所示。在我们以后的讨论中，不允许存在自回路和多重图。

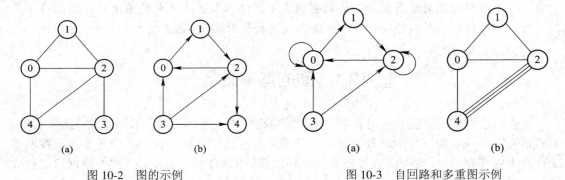

　　图 10-2　图的示例　　　　　　　　　　图 10-3　自回路和多重图示例

(a) 无向图 G_1；(b) 有向图 G_2　　　　　(a) 自回路；(b) 多重图

如果一个图有最多的边数，称为**完全图**(complete graph)。无向完全图有 n(n−1)/2 条边；有向完全图有 n(n−1)条边。图 10-4 是一个无向完全图。

若(v_1, v_2)是无向图的一条边，则称顶点 v_1 和 v_2 **相邻接**(adjacent)；若<v_1, v_2>是有向图的一条边，则称顶点 v_1 **邻接到**(adjacent to)顶点 v_2，顶点 v_2 **邻接自**(adjacent from)v_1，并称边(v_1, v_2)或<v_1, v_2>与顶点 v_1 和 v_2 **相关联**(incident)。图 10-2(a)的图 G_1 中，v_1 和 v_2 相邻接。图 10-2(b)的图 G_2 中，v_1 邻接到 v_2，v_2 邻接自 v_1，与顶点 v_2 相关联的弧有<v_1, v_2>、<v_2, v_0>、<v_2, v_4>和<v_3, v_2>。

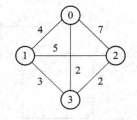

图 10-4　完全图示例

图 G 的一个**子图**(subgraph)是一个图 G'=(V', E')，使得 V'(G')⊆V(G), E'(G')⊆E(G)。图 10-5(a)和(b)各给出了图 10-2 所示的图 G_1 和 G_2 的一个子图。

在无向图 G 中，一条从 v_p 到 v_q 的路径(path)是一个顶点的序列：v_p, v_1, v_2, …, v_n, v_q，使得(v_p, v_1), (v_1, v_2), …, (v_n, v_q)是图 G 的边。若图 G 是有向图，则该路径使得<v_p, v_1>, <v_1, v_2>, …, <v_n, v_q>是图 G 的边。路径上边的数目称为**路径长度**(path length)。

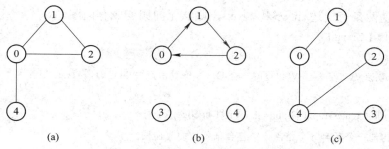

图 10-5　图 10-2 所示的图的子图

(a) 图 G_1 的子图；(b) 图 G_2 的子图；(c) 图 G_1 的生成树

如果一条路径上的所有结点，除起始顶点和终止顶点可以相同外，其余顶点各不相同，则称其为**简单路径**(simple path)。一个**回路**(cycle)是一条简单路径，其起始顶点和终止顶点相同。我们用结点序列来表示路径。图 10-2 的图 G_1 中，v_0, v_1, v_2, v_4 是一条简单路径，其长度为 3。v_0, v_1, v_2, v_4, v_0 是一条回路，v_0, v_1, v_2, v_0, v_4 是一条路径，但不是简单路径。

一个无向图中，若两个顶点 v_0 和 v_1 间存在一条从 v_0 到 v_1 的路径，则称 v_0 和 v_1 是连通的。若图中任意一对顶点都是连通的，则称此图是**连通图**(connected graph)。一个有向图中，若任意一对顶点 v_0 和 v_1 间存在一条从 v_0 到 v_1 的路径和一条从 v_1 到 v_0 的路径，则称此图是**强连通图**(strongly connected graph)。图 10-2 的图 G_1 是连通图，图 G_2 不是强连通图。

无向图的一个极大连通子图称为该图的一个**连通分量**(connected component)。有向图的一个极大强连通子图称为该图的一个**强连通分量**(strongly connected component)，如图 10-6 所示。

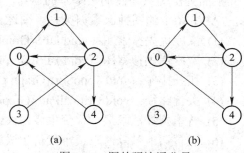

图中一个顶点的**度**(degree)是与该顶点相关联的边的数目。有向图的顶点 v 的**入度**(in-degree)是以 v 为头的边的数目，顶点 v 的**出度**(out-degree)是以 v 为尾的边的数目。图 10-6(a)中，顶点 0 的度为 4，入度为 3，出度为 1。

图 10-6　图的强连通分量

(a) 图 G_3；(b) 图 G_3 的两个强连通分量

一个无向连通图的**生成树**(spanning tree)是一个极小连通子图，它包括图中全部顶点，但只有足以构成一棵树的 n-1 条边(见图 10-5(c))。有向图的生成森林是这样的一个子图，它由若干棵互不相交的有根有向树组成，这些树包含了图中全部顶点。有根有向树是一个有向图，它恰有一个顶点入度为 0，其余顶点的入度为 1，并且如果略去此图中边的方向，将其处理成无向图，则图是连通的。不包含回路的有向图称为**有向无环图**(Directed Acyclic Graph，DAG)。一棵**自由树**(free tree)是不包含回路的连通图。

最后我们来看工程上经常使用的网的概念。在图的每条边上加上一个数字作**权**(weight)，也称为**代价**(cost)，带权的图称为**网**(weighted graph or network)。图 10-4 所示的完全图也是一个网。

10.1.2　图 ADT

现在我们用抽象数据类型(见 ADT 10-1)定义带权有向图。如果将一个无向图的每条边

(u，v)都看成是两条有向边<u, v>和<v, u>，则该无向图变成有向图。

ADT 10-1 Graph {

数据：

顶点的非空集合 V 和边的集合 E，每条边由 V 中顶点的偶对<u, v>表示。

运算：

void CreateGraph(Graph* g, int n, T noedge)

构造一个只有 n 个结点，不包含任何边的有向图。

BOOL Add(Graph *g, int u, int v, T　w)

向图中添加权值为 w(若边上没有权，则 w = 1)的边<u, v>，若插入成功，则函数返回 TRUE，否则返回 FALSE。

BOOL Delete(Graph *g, int u, int v)

从图中删除边<u，v>，若删除成功，则函数返回 TRUE，否则返回 FALSE。

BOOL Exist(Graph g, int u, int v)

如果图中存在边<u，v>，则函数返回 TRUE，否则返回 FALSE。

int Vertices Graph g)

函数返回图中顶点数目。

}

上面列出的只是图的最基本的运算。在以后的各小节中，我们将通过添加新运算，陆续扩充 ADT 10-1 的图抽象数据类型。图运算主要包括：

(1) 深度优先搜索图：void DFS(Graph g)；

(2) 宽度优先搜索图：void BFS(Graph g)；

(3) 拓扑排序：void TopoSort(Graph g)；

(4) 关键路径：void CriticalPath(Graph g)；

(5) 普里姆算法求最小代价生成树：void Prim(Graph g，int k)；

(6) 克鲁斯卡尔算法求最小代价生成树：void Kruskal(Graph g，int edges)；

(7) 迪杰斯特拉算法求单源最短路径：void Dijkstra(Graph g，int k, T d[], int p[])；

(8) 弗洛伊德算法求所有顶点之间的最短路径：void Floyd(Graph g，T**&d, int **&path)。

10.2　图的存储结构

10.2.1　矩阵表示法

1. 邻接矩阵

邻接矩阵是表示顶点之间相邻关系的矩阵。一个有 n 个顶点的图 G =(V, E)的**邻接矩阵**(adjacency matrix)是一个 n × n 的矩阵 A，A 中每一个元素是 0 或 1。邻接矩阵表示一个图中顶点间的相邻接的关系。

如果 G 是无向图，那么 A 中的元素定义如下：

$$A(u,v) = \begin{cases} 1 & \text{如果}(u,v) \in E \text{ 或 } (v,u) \in E \\ 0 & \text{其他} \end{cases}$$

如果 G 是有向图，那么 A 中的元素定义如下：

$$A(u,v) = \begin{cases} 1 & \text{如果} <u,v> \in E \\ 0 & \text{其他} \end{cases}$$

如果 G 是带权的有向图(网)，那么 A 中的元素定义如下：

$$A(u,v) = \begin{cases} w(u,v) & \text{如果} <u,v> \in E \\ 0 & \text{如果 } u = v \\ \infty & \text{其他} \end{cases}$$

其中，$w(u,v)$ 是边 $<u,v>$ 的权值。

图 10-7 给出了图的邻接矩阵表示的例子。图 10-7(d)是(a)的无向图 G_1 的邻接矩阵，它是对称矩阵，这是因为一条无向边被认为是两条有向边。图 10-7(f)是(c)的网 G_3 的邻接矩阵，主对角线为 0，若 $<u,v>$ 是图中的边，则 $A(u,v)$ 为边 $<u,v>$ 上的权值，否则 $A(u,v)$ 为 ∞。

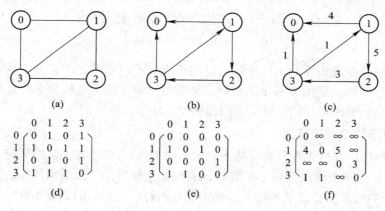

图 10-7 邻接矩阵示例

(a) 无向图 G_1；(b) 有向图 G_2；(c) 网 G_3；

(d) G_1 的邻接矩阵；(e) G_2 的邻接矩阵；(f) G_3 的邻接矩阵

2. 关联矩阵

前面提到，图在工程技术中应用十分广泛。例如，电路 CAD 中的关联矩阵(incidence matrix)便是图的另一种表示方法。对图 10-1 的电路，根据克希霍夫定律，列出结点的电流方程为

$$\begin{cases} i_{R1} + i_{L1} = 0 & (\text{结点 } n_1) \\ i_{C1} + i_{C2} - i_{L1} = 0 & (\text{结点 } n_2) \\ i_{L2} + i_{C2} - i_{C3} = 0 & (\text{结点 } n_3) \\ i_{R2} - i_{L2} = 0 & (\text{结点 } n_4) \end{cases}$$

写成矩阵形式为

$$
\begin{array}{c}
\\
n_1 \\
n_2 \\
n_3 \\
n_4
\end{array}
\begin{array}{ccccccc}
L_1 & C_1 & L_2 & R_1 & C_1 & C_3 & R_2 \\
\end{array}
\left[
\begin{array}{ccccccc}
1 & 0 & 0 & 1 & 0 & 0 & 0 \\
-1 & 1 & 0 & 0 & 1 & 0 & 0 \\
0 & -1 & 1 & 0 & 0 & 1 & 0 \\
0 & 0 & -1 & 0 & 0 & 0 & 1
\end{array}
\right]
\left(
\begin{array}{c}
i_{L1} \\
i_{C2} \\
i_{L2} \\
i_{R1} \\
i_{C1} \\
i_{C3} \\
i_{R2}
\end{array}
\right) = 0
$$

上式左边的矩阵是图的关联矩阵 A，右边向量称为支路电流向量 I_b，这样克希霍夫电流定律可写成矩阵表示式

$$A \cdot I_b = 0$$

事实上，对于一个图，除了可用邻接矩阵表示外，还对应着一个图的关联矩阵。关联矩阵是表示图中边与顶点相关联的矩阵。有向图 $G = (V, E)$ 的关联矩阵是如下定义的 $n \times m$ 阶矩阵：

$$
A(v, j) = \begin{cases}
1 & \text{如果顶点 v 是弧 j 的起点} \\
-1 & \text{如果顶点 v 是弧 j 的终点} \\
0 & \text{如果顶点 v 与弧 j 不相关联}
\end{cases}
$$

从上面的讨论中我们看到，一个图可以用矩阵表示，那么在计算机中就可以按照矩阵的存储方式来存储图，其中最常见的是用二维数组存储。图的结构复杂，使用广泛，所以存储表示方法也是多种多样的。对于不同的应用，往往有不同的存储方法。

3. 邻接矩阵的 C 语言定义

下面我们给出用邻接矩阵作为存储表示的图的 C 语言类型定义。图被定义成结构类型 Graph。Vertices 为图中的顶点数。A 是指向存储邻接矩阵的二维数组的指针，即它是一个指向类型为 T 的元素的指针的指针。邻接矩阵有两种：图和网的邻接矩阵。图的邻接矩阵的元素为 0 或 1，而网的邻接矩阵中包含 0、∞ 和边上的权值，权值的类型 T 可为整型、实型等，见图 10-7(f)。两种邻接矩阵中，主对角线元素总是 0。令 A[i][j] = w，若边 <u, v>∈E，则 w = 1(图)或 w = 边上的权(网)。若边 <u, v>∉E，则 w = 0(图)或 w = ∞(网)。所以，在类型 Graph 中，NoEdge 的值对图和网是不同的。若有向图不带权，则 NoEdge = 0，否则 NoEdge = ∞。

```
typedef struct graph{
    T NoEdge;
    int Vertices;
    T**A;
} Graph;
```

4. 建立邻接矩阵

函数 CreateGraph 构造一个有 n 个顶点，但不包含边的有向图。一个无向图的一条边可

以看成两条有向边。由于图的顶点数事先并不知道，因此我们使用动态存储分配的二维数组。程序 10-1 的构造函数 CreateGraph 完成对二维数组 A 的动态存储分配。其中，变量 NoEdge 用于表示 A[i][j] 处没有边时的值。对于不带权的图，NoEdge 为 0；对于网，NoEdge 为 ∞，A[i][i]=0。

【程序 10-1】 建立邻接矩阵。

```
void CreateGraph(Graph* g, int n, T noedge )
{
    int i, j;
    g->NoEdge=noedge;
    g->Vertices=n;
    g->A=(T**)malloc(n*sizeof(T*));
    for(i=0; i<n; i++)
    {
        g->A[i]=(T*)malloc(n*sizeof(T));
        for (j=0; j<n; j++)
            g->A[i][j]=noedge;
        g->A[i][i]=0;
    }
}
```

5. 边的插入、删除和搜索

程序 10-2 实现图的边的插入、删除和搜索运算。

(1) Add 函数：当 u<0 或 v<0 或 u>n−1 或 v>n−1 或 u==v 时，表示输入参数 u 和 v 无效，而若 g->A[u][v]!=g->NoEdge，则表示边<u，v>已经存在，不能再重复输入。如果不属于上述情况，则在邻接矩阵中添加边<u, v>，具体做法是：令 g->A[u][v]=w;，其中，对带权的图，w 的值是边<u, v>的权值，对一般的有向图，有 w=1。

(2) Delete 函数：当输入参数 u 和 v 无效，或当 g->A[u][v]==g->NoEdge 时，不能执行删除运算，否则从邻接矩阵中删除边<u, v>，即令 g->A[u][v]=g->NoEdge。

(3) Exist 函数：当输入参数 u 和 v 无效，或当 g->A[u][v]==g->NoEdge 时，表示不存在边<u, v>，函数返回 FALSE，否则函数返回 TRUE。

【程序 10-2】 边的插入、删除和搜索。

```
BOOL Add(Graph *g, int u, int v, T w)
{
    int n=g->Vertices;
    if(u<0 || v<0 || u>n−1 || v>n−1 || u==v || g->A[u][v]!=g->NoEdge)
    {
        printf("BadInput\n"); return FALSE;
    }
}
```

```
        g->A[u][v]=w; return TRUE;
    }
     BOOL Delete(Graph *g, int u, int v)
    {
        int n=g->Vertices;
        if(u<0 || v<0 || u>n-1 || v>n-1 || u==v || g->A[u][v]==g->NoEdge)
        {
                printf("BadInput\n"); return FALSE;
        }
        g->A[u][v]=g->NoEdge; return TRUE;
    }


    BOOL Exist(Graph g, int u, int v)
    {
        int n=g.Vertices;
        if(u<0 || v<0 || u>n-1 || v>n-1 || u==v || g.A[u][v]==g.NoEdge)
                return FALSE;
        return TRUE;
    }
```

10.2.2　邻接表表示法

1．邻接表

　　邻接表是图的另一种有效的存储表示方法。邻接表为图的每个顶点建立一个单链表。顶点 u 的单链表中的每个结点指示 u 的一个邻接点 v，它代表一条边<u, v>，所以称为**边结点**。这样，顶点 u 的单链表记录了与 u 相邻接(或邻接自 u)的所有顶点。实际上，每个单链表相当于邻接矩阵的一行，它指示了该行中的非零的元素。边结点通常有图 10-8(a)所示的格式。其中，AdjVex 域指示顶点 u 的一个邻接点，NextArc 指向 u 的下一个边结点。如果是网，则增加一个 W 域存储边上的权值，见图 10-8(b)。每个单链表可设立一个存放顶点 u 的有关信息的表头结点，也称**顶点结点**，其结构见图 10-8(c)。其中，Element 域存放顶点的名称及其他信息，FirstArc 指向 u 的第一个边结点。我们可以将顶点结点按顺序存储方式组织起来，例如，图 10-8(d)是图 10-7(b)中图 G_2 的邻接表表示。

　　在有向图的某些应用问题中，有时需要使用逆邻接表存储结构，它有助于设计解决该应用问题的更有效的算法。逆邻接表中，为一个顶点 u 建立的单链表中的每个结点指示邻接到 u 的一个邻接点 v，它代表与顶点 u 相关联的一条有向边<v, u>。

　　在图结构中，我们习惯用编号来标识顶点。为了简单起见，我们常省去保存顶点信息的 Element 域，图 10-8(e)是图 10-7(a)的无向图 G_1 的邻接表表示。在无向图的邻接表中，一条边对应两个边结点。图 10-8(f)是图 10-7(c)的网 G_3 的邻接表表示。图 10-8(g)是图 G_2 的逆邻接表表示。

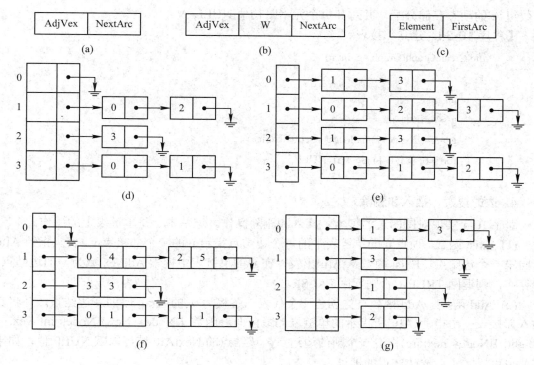

图 10-8 邻接表示例

(a) 边结点；(b) 带权的边结点；(c) 顶点结点；(d) 图 G₂ 的邻接表表示；

(e) 图 G₁ 的邻接表表示；(f) 网 G₃ 的邻接表表示；(g) 图 G₂ 的逆邻接表表示

2. 邻接表的 C 语言定义

下面我们给出用邻接表作为存储表示的图的 C 语言类型定义。边结点的结构类型为 ENode，每个结点有三个域 AdjVex、W 和 NextArc。图被定义成结构类型 Graph。Vertices 为图中的顶点数。邻接表的表头组成如图 10-8(e) 和 (f) 所示的一维指针数组，A 是指向该数组的指针。

```
typedef struct enode{
    int AdjVex;
    T W;
    struct enode * NextArc;
}ENode;
 typedef struct graph{
     int Vertices ;
     ENode** A;
 } Graph;
```

3. 建立邻接表

函数 CreateGraph 构造一个有 n 个顶点，但不包含边的有向图。由于图的顶点数事先并不知道，因此我们使用动态存储分配的一维指针数组。程序 10-3 的构造函数完成对一维指针数组 A 的动态存储分配，并对其每个元素赋初值 NULL。

【程序 10-3】 建立邻接表。

```
void CreateGraph(Graph* g, int n)
{
        int i;
        g->Vertices=n;
        g->A=(ENode**)malloc(n*sizeof(ENode*));
        for(i=0; i<n; i++) g->A[i]=NULL;
}
```

4. 边的搜索、插入和删除

程序 10-4 实现对图的边的搜索、插入和删除操作。这基本上是单链表上的操作。

(1) Exist 函数。顶点 u 的单链表中的每个边结点指示 u 的一个邻接点 v。表头指针 A[u] 指向第一个边结点。Exist 函数从 A[u]出发，在 u 的单链表中搜索 AdjVex 域为 v 的边结点，若存在，则返回 TRUE，否则返回 FALSE。

(2) Add 函数。Add 函数首先创建一个代表一条权为 w 的边<u, v>的新边结点，并将其插入邻接表中由指针 A[u]所指示的单链表的最前面。函数 ENode* NewENode(int vex, T weight, ENode* nextarc)构造一个新的边结点，该结点的 NextArc 域可以赋 NULL 值，如果需要也可以赋予后继边结点的地址。

(3) Delete 函数。Delete 函数先在邻接表的由指针 A[u] 所指示的单链表中搜索 AdjVex 域的值为 v 的边结点，若存在这样的结点，则删除之。删除操作与在单链表中删除一个结点的操作相同。

【程序 10-4】 边的搜索、插入和删除函数。

```
ENode* NewENode( int vex, T weight, ENode* nextarc)
{
        ENode* p;
        p=(ENode*)malloc(sizeof(ENode));
        p->AdjVex=vex; p->W=weight;
        p->NextArc=nextarc;
        return p;
}
BOOL Exist(Graph g, int u, int v)
{
        int n;          ENode* p;
        n=g.Vertices;
        if(u<0 || u>n-1) return FALSE;
        for(p=g.A[u]; p&&p->AdjVex!=v; )p=p->NextArc;
        if (!p) return FALSE;
        return TRUE;
```

```
        }
        BOOL Add(Graph *g, int u, int v, T w)
        {
            int n; ENode *p;
            n=g->Vertices;
            if (u<0 || v<0 || u>n-1 || v>n-1 || u==v || Exist(*g, u, v)){
                printf("BadInput\n"); return FALSE;
            }
            p=NewENode(v, w, g->A[u]); g->A[u]=p;
            return TRUE;
        }
        BOOL Delete(Graph *g, int u, int v)
        {
            int n=g->Vertices;        ENode* p, *q;
            if(u>-1 && u<n) {
                p=g->A[u]; q=NULL;
                while (p&& p->AdjVex!=v){
                    q=p; p=p->NextArc;
                }
                if (p) {
                    if (q) q->NextArc=p->NextArc;
                    else g->A[u]=p->NextArc;
                    free(p); return TRUE;
                }
            }
            printf("BadInput\n"); return FALSE;
        }
```

*10.2.3　正交链表和多重表表示法

1. 有向图的正交链表表示法

有向图也可采用正交链表(十字链表)(Orthogonal Lists)存储方法，它实际上是邻接表与逆邻接表的结合，即把每一条有向边的边结点<u, v>分别组织到以 u 为尾的链表和以 v 为头的链表中。在正交链表表示中，边(弧)结点和顶点结点的结构分别如图 10-9(a)和(b)所示。边(弧)结点中有五个域：尾结点域(TailVex)和头结点域(HeadVex)分别指示弧<u,v>的尾和头，指针域 TLink 指向以 u 为尾的下一条弧，指针域 HLink 指向以 u 为头的下一条弧，W 域保存该弧的相关信息。顶点结点由三个域组成：Element 域存储和顶点相关的信息，FirstIn 和 FirstOut 分别指向以该顶点为头和尾的第一个弧结点。图 10-9(d)是图 10-9(c)所示有向图的正交链表存储表示。在正交链表中既容易找到以某个结点为尾的弧，也容易找到以其为头的弧，因而很容易求得顶点的出度和入度。

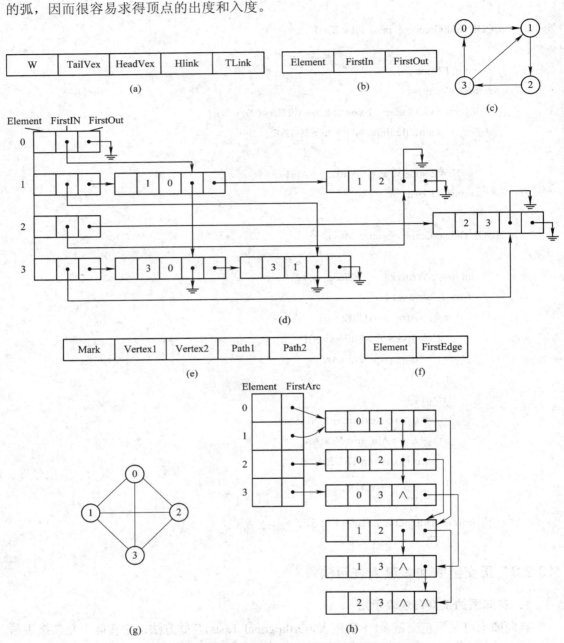

图 10-9　有向图的正交链表和无向图的多重表表示

(a) 正交链表边结点；(b) 正交链表顶点结点；(c) 有向图例子；(d) 图(c)的正交链表存储表示；

(e) 多重表边结点；(f) 多重表顶点结点；(g) 无向图例子；(h) 图(g)的多重表表示(∧代表 NULL)

　　若将有向图的邻接矩阵看成是稀疏矩阵的话，则正交链表也可以看成是邻接矩阵的链接存储结构。在图的正交链表中，弧结点所在的链表无需形成循环链表。

　　在本书第 4 章第 4.5 节中已经详细讨论了稀疏矩阵正交链表的存储结构，并具体讨论了建立正交链表和打印正交链表的算法。相信读者已能自行定义本节讨论的有向图的正交链表结构，也应能够设计在此结构上定义的图运算的算法。

2．无向图的多重表表示法

当用邻接表表示无向图(见图 10-8(e))时，每条边以(u, v)和(v, u)的形式在邻接表中出现两次。在某些图问题的求解中，需要给被处理的边加上标记，以免重复处理。若采用邻接表表示，需同时对邻接表中代表同一条边的两个边结点加标记，而这两处边结点又不在同一个顶点单链表中，这给搜索带来很大的不便。用邻接多重表表示无向图可简化上述问题的处理。

邻接多重表中，图的每条边用一个如图 10-9(e)所示的边结点表示，它由五个域组成，其中：Mark 是标记域，标记该边是否被处理或搜索过；Vertex1 和 Vertex2 是顶点域，指示该边相关联的两个顶点；Path1 是指针域，指示下一条与顶点 Vertex1 相关联的边；Path2 是指针域，指示下一条与顶点 Vertex2 相关联的边。如果是网，可采用与邻接表的边结点类似的做法，在边结点中增加一个 W 域用以存储边上的权值。与每个顶点相关的信息存储在顶点结点(见图 10-9(f))的 Element 域中，FirstEdge 指向与该顶点关联的第一条边，顶点结点充当多重表的表头。从某个顶点 u 的表头开始可以搜索与该顶点相关联的所有边，并可同时得到顶点 u 的所有邻接点。图 10-9(h)是图 10-9(g)的无向图的多重表表示。搜索图中与顶点 1 相关联的边可从顶点结点 1 出发，经边结点(0, 1)的 Path2，到达边结点(1, 2)，再经该结点的 Path1 到达边结点(1, 3)，直至该结点的 Path1 为空指针为止。总共有三条边(0, 1)、(1, 2)和(1, 3)。

10.3　图　的　遍　历

10.3.1　深度优先遍历

基于图的结构，以特定的顺序依次访问图中各顶点是很有用的图运算。给定一个图和其中任意一个结点 v，从 v 出发系统地访问图 G 的所有的结点，且使每个结点仅被访问一次，这样的过程叫作**图的遍历**(graph traversal)。遍历图的算法常是实现图的其他操作的基础。

和树的遍历相似，对于图也有两种遍历的方法：**深度优先搜索**(Depth First Search，DFS)和**宽度优先搜索**(Breadth First Search，BFS)。图的深度优先搜索可以看成是树的先序遍历的推广，而图的宽度优先搜索则类似于树的按层次遍历。

但与树遍历算法不同的是，图遍历必须处理两个棘手的情况。首先，从起点出发的搜索可能到达不了图的所有其他顶点，对于一个非连通无向图就会发生这种情况，这种现象对非强连通有向图也可能出现。其次，图可能存在回路，搜索算法应当不因此而陷入死循环。为了避免发生上述两种情况，图的搜索算法通常为图的每个顶点保留一个**标志位**(mark bit)。算法开始时，所有顶点的标志位清零。在遍历过程中，当某个顶点被访问时，其标志位被标记。在搜索中遇到被标记过的顶点则不再访问它。搜索结束后，如果还有未标记过的顶点，遍历算法可以选一个未标记的顶点，从它出发开始继续搜索。

1．深度优先搜索

假定初始时，图 G 的所有顶点都未被访问过，那么从图中某个顶点 v 出发的深度优先搜索图的递归过程可以描述如下：

(1) 访问顶点 v，并对 v 打上已访问标记；

(2) 依次从 v 的未访问的邻接点出发，深度优先搜索图 G。

对图 10-10(a)的有向图 G，从顶点 A 出发调用 DFS 过程，顶点被访问的次序是：A，B，D，C。这里假定邻接于 B 的顶点 C 和 D 的次序是先 D 后 C，即从 A 出发，访问 A，标记 A，然后选择 A 的邻接点 B，深度优先搜索访问 B。B 有两个邻接于它的顶点，假定先 D 后 C，所以先深度优先搜索访问 D。D 有两个邻接点，由于 D 的邻接点 A 已标记，所以深度优先搜索访问 C。这时，邻接于 C 的顶点 A 已经被标记，所以返回 D，这时 D 的所有邻接点均已打上标记，故返回 B，再返回 A。DFS 结束。

上述过程可能仅访问了图的一部分，类似于森林的先序遍历中遍历了一棵树，即对无向图，遍历了一个连通分量；对有向图，则遍历了所有从 A 出发可到达的顶点，即 A 的可达集。如果是连通的无向图或强连通的有向图，上述 DFS 算法必定可以系统地访问图中的全部顶点；否则，为了遍历整个图，还必须另选未标记的顶点，再次调用 DFS 过程，这样重复多次，直到全部顶点都已被标记为止。上例中，可另选 F，访问 F，再选 G，访问 G，最后选 E，访问 E。

图中所有顶点，以及在遍历时经过的边(即从已访问的顶点到达未访问顶点的边)构成的子图，称为图的**深度优先搜索生成树**(DFS spanning tree)(或生成森林)。

2. 深度优先搜索的递归算法

程序 10-5 给出了实现深度优先搜索的 DFS 递归函数，以及深度优先遍历的 Traversal_DFS 函数。后者调用前者完成对图的深度优先遍历。若算法采用图 10-10(b)的邻接表表示，则在该邻接表上执行 DFS 算法得到的深度优先遍历的生成森林见图 10-10(c)。

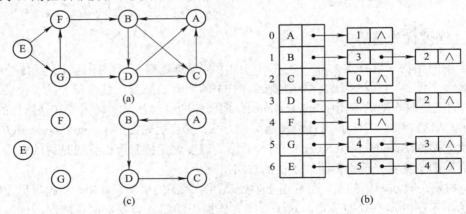

图 10-10   图的深度优先搜索

(a) 有向图 G；(b) 图 G 的邻接表(∧代表 NULL)；(c) 图 G 的深度优先搜索的生成森林

【程序 10-5】   DFS 递归算法。

```
void DFS(Graph g, int v, BOOL *visited)
{
    ENode *w;
    visited[v]=TRUE; printf("%d   ", v);
    for ( w=g.A[v]; w; w=w->NextArc)
        if (!visited[w->AdjVex] ) DFS(g, w->AdjVex, visited);
}
```

```
        void    Traversal_DFS(Graph g)
    {
            BOOL visited[MaxSize]; int i, n=g.Vertices;
            for(i=0; i<n; i++) visited[i]=FALSE;
            for (i=0; i<n; i++)
            if (!visited[i]) DFS(g, i, visited);
    }
```

深度优先搜索图的算法每嵌套调用一次，实际上是查看顶点 v 的所有的邻接点，或者说查看顶点 v 的所有出边，对其中未标记的邻接点嵌套调用 DFS 函数。因此 DFS 算法对有向图的每条边都恰好查看一次。对无向图，一条无向边被视作两条有向边，被查看两次。此外，DFS 算法中每个顶点仅被访问一次。设图的顶点数为 n，边数为 e，则遍历图算法的时间为 O(n+e)。如果用邻接矩阵表示图，则所需时间为 $O(n^2)$。

10.3.2　宽度优先遍历

1. 宽度优先搜索

假定初始时，图 G 的所有顶点都未被访问过，那么从图中某个顶点 v 出发的宽度优先搜索图的过程 BFS 可以描述为：访问顶点 v，并对 v 打上已访问标记，然后依次访问 v 的各个未访问过的邻接点，接着再依次访问分别与这些邻接点相邻接且未访问过的顶点。

对图 10-11(a)的无向图 G，从顶点 0 出发的宽度优先搜索过程是：首先访问顶点 0，然后访问与它相邻接的顶点 1，11，10，接着再依次访问这三个顶点的邻接点中未访问的顶点 2，5，6，9，…，得到的遍历顶点的序列是：0，1，11，10，2，5，6，9，3，4，7，8。

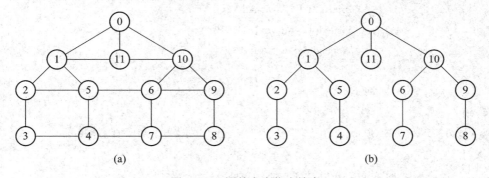

图 10-11　图的宽度优先搜索
(a) 无向图 G；(b) 图 G 的宽度优先搜索生成树

宽度优先搜索是按层次往外扩展的遍历方法。它需要一个队列来记录已经被访问过但其邻接点尚未考查的顶点。

同样，上面描述的过程可能仅访问了图的一部分。若此时图中尚有未访问过的顶点，则必须另选一个未标记的顶点作起点，重复上述过程，直到全部顶点都被标记为止。

图中所有顶点以及在遍历时经过的边(即从已访问的顶点到达未访问顶点的边)构成的子图称为图的宽度优先搜索生成森林(或生成树)。

2. 宽度优先搜索算法

　　程序 10-6 给出了实现宽度优先搜索的 BFS 函数以及宽度优先遍历的 Traversal_BFS 函数。后者调用前者完成对图的宽度优先遍历。该算法需要创建一个队列，作为辅助数据结构。在遍历中，对某个顶点 v (它自身已访问)，算法依次访问它的所有未访问过的邻接点时，需将这些邻接点保存在队列中。当顶点 v 的所有邻接点全部访问完毕后，从队列中取出一个顶点，接着访问这个顶点的邻接点，并依次进队列。需使用语句 #include"queue.h" 将队列数据结构包含在内。对图 10-11(a)的无向图 G 执行 BFS，得到的宽度优先遍历的生成树见图 10-11(b)。

【程序 10-6】　BFS 算法。

```
#include"queue.h"
void   BFS(Graph g, T v, BOOL *visited)
{
    ENode *w; T u; Queue    q;
    CreateQueue(&q, MaxNumVertices );
    visited[v]=TRUE; printf("%d    ", v);
    Append(&q, v);
    while (! IsEmpty(q))
    {
        QueueFront(q, &u); Serve(&q);
        for (w=g.A[u]; w; w=w->NextArc)
            if (!visited[w->AdjVex]){
                    printf("%d    ", w->AdjVex);
                    visited[w->AdjVex]=TRUE;
                    Append(&q, w->AdjVex);
            }
    }
}
void Traversal_BFS(Graph g)
{
    BOOL visited[MaxSize]; int i, n=g.Vertices;
    for(i=0; i<n; i++) visited[i]=FALSE;
    for (i=0; i<n; i++)
        if (!visited[i]) BFS(g, i, visited);
}
```

　　分析宽度优先搜索图的算法，可知每个顶点都进队列一次，而对于每个从队列取走的顶点 v，都查看其所有的邻接点，或者说查看顶点 v 的所有出边，因此 BFS 算法对无向图的每条边都恰好查看两次。此外，BFS 算法中每个顶点仅被访问一次。设图的顶点数为 n，边数为 e，则宽度优先遍历图算法的时间为 $O(n+e)$。如果用邻接矩阵表示图，则所需时间为 $O(n^2)$。

10.4　拓扑排序和关键路径

10.4.1　拓扑排序

1. 用顶点代表活动的网络(AOV 网络)

拓扑排序(topological sort)是求解网络问题所需的主要算法。管理技术如**计划评审技术**(Performance Evaluation and Review Technique，PERT)和**关键路径法**(Critical Path Method，CPM)都应用这一算法。通常，软件开发、施工过程、生产流程、程序流程等都可作为一个工程。一个工程可分成若干子工程，子工程常称为**活动**(activity)。因此要完成整个工程，必须完成所有的活动。活动的执行常常伴随着某些先决条件，一些活动必须先于另一些活动被完成。例如一个计算机专业的学生必须学习一系列课程，其中有些课程是基础课，而另一些课程则必须在学完它们规定的先修课程之后才能开始。如数据结构的学习必须有离散数学和高级程序设计语言的准备知识。这些先决条件规定了课程之间的领先关系。现假定计算机专业的必修课及其先修课程的关系如图 10-12(a)所示。

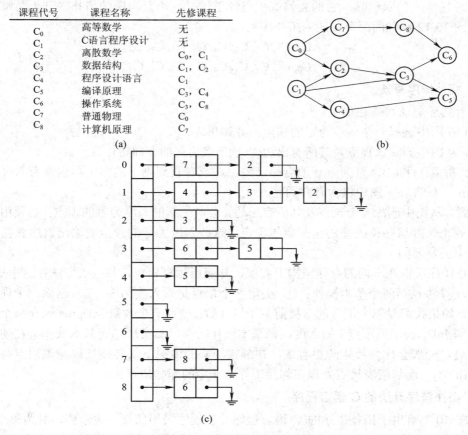

图 10-12　课程学习的 AOV 网络

(a) 课程及其先修关系；(b) 表示先修关系的有向图；(c) 图(a)的邻接表

利用有向图可以把这种领先关系清楚地表示出来。图中顶点表示课程，有向边表示先决条件。当且仅当课程 C_i 为 C_j 的一个先决条件时，图中才有一条边，见图 10-12(b)。

定义 1　一个有向图 G，若各顶点表示活动，各条边表示活动之间的领先关系，则称该有向图为**顶点活动网络**(activity on vertex network)或 AOV 网络。

图 10-12(b)的有向图即为一个 AOV 网络。

AOV 网络代表的领先关系应当是一种拟序关系，它具有**传递性**(transitive)和**反自反性**(irreflexive)。如果这种关系不是反自反的，就意味着要求一个活动必须在它自己开始之前就完成。这显然是荒谬的，这类工程是不可实施的。如果给定了一个 AOV 网络，我们所关心的事情之一，是要确定由此网络的各边所规定的领先关系是否是反自反的，也就是说，该 AOV 网络中是否包含任何有向回路。一般地，它应当是一个**有向无环图**(DAG)。

2. 拓扑序列和拓扑排序

定义 2　一个**拓扑序列**(topological order)是 AOV 网络中顶点的线性序列，使得对图中任意两个顶点 i 和 j，i 是 j 的前驱结点，则在线性序列中 i 先于 j。

我们可以用拓扑排序的方法来测试 AOV 网络的可行性，同时还可以得到各活动的一个拓扑序列。例如对图 10-12 所列的各门课程排出一个线性次序，按照该次序修读课程，能够保证学习任何一门课程时，它的先修课程已经学过。一个有向图的拓扑序列不是唯一的。下面是图 10-12 示例的两个可能的拓扑序列。

$$C_0, C_1, C_2, C_3, C_4, C_5, C_7, C_8, C_6$$
$$C_0, C_7, C_8, C_1, C_4, C_2, C_3, C_6, C_5$$

3. 拓扑排序算法

拓扑排序算法可描述如下：
(1) 在图中选择一个入度为零的顶点，并输出之；
(2) 从图中删除该顶点及其所有出边(以该顶点为尾的有向边)；
(3) 重复(1)和(2)，直到所有顶点都已列出，或者直到剩下的图中再也没有入度为零的顶点为止。后者表示图中包含有向回路。

注意，从图中删除一个顶点及其所有出边，会产生新的入度为零的顶点，必须用一个堆栈或队列来保存这些待处理的无前驱的顶点。这些入度为零的顶点的输出次序就拓扑排序而言是无关紧要的。

拓扑排序可以在不同的存储结构上实现，与遍历运算相似，邻接表方法在这里更有效。拓扑排序算法包括两个基本操作：① 决定一个顶点是否入度为零；② 删除一个顶点的所有出边。如果我们对每个顶点的直接前驱予以计数，使用一个数组 InDgree 保存每个顶点的入度，即 InDgree[i]为顶点 i 的入度，则基本操作①很容易实现。而基本操作②在使用邻接表表示时，一般会比邻接矩阵更有效。在邻接矩阵的情况下，必须处理与该顶点有关的整行元素(n 个)，而邻接表只需处理在邻接矩阵中非零的那些顶点。

4. 拓扑排序算法的 C 语言程序

程序 10-7 给出了拓扑排序的 C 语言程序。该程序采用邻接表表示图，并为每个顶点 i 设立了一个计数器 InDegree[i]，保存顶点 i 的入度。可以通过修改程序 10-1 和程序 10-2 的图的构造函数 CreateGraph 和插入函数 Add，在建立邻接表的同时计算顶点的入度，并将其

保存在 InDegree 数组中(见程序 10-8)。设 MaxVertices 是图的最多可能的顶点数，数组
order[MaxVertices]保存求得的一个拓扑序列。

【程序 10-7】 拓扑排序的 C 语言程序。

```
void TopoSort(Graph g，int *order)
{
        int i, j, k, count=-1, top=-1, n=g.Vertices;
        ENode * p;
        for (i=0; i<n; i++)                          /*图中入度为零的顶点进栈*/
            if (!InDegree[i]){
                InDegree[i]=top; top=i;
            }
        for (i=0; i<n; i++) {                          /*产生和输出拓扑序列*/
            if ( top==-1){        /*若尚未输出全部顶点，但堆栈已空，表示原图存在有向回路*/
                printf("Network has a cycle.Toposort terminated.");
                return;
             }
            else {
                j=top; top=InDegree[top];            /*入度为零的顶点 j 出栈*/
                order[++count]=j;                    /*输出顶点 j 到拓扑序列*/
                for ( p=g.A[j]; p; p=p->NextArc){
                    k=p->AdjVex; InDegree[k] --;          /*将 j 的邻接点 k 的入度减 1*/
                    if (!InDegree[k]){
                        InDegree[k]=top; top=k;          /*新的入度为零的顶点 k 进栈*/
                    }/*EndIf*/
                }/*EndFor*/
            }/*EndElse*/
        }/*EndFor*/
}/*EndTopoSort*/
```

【程序 10-8】 修改的构造函数和插入函数。

```
int InDegree[MaxVertices];
void CreateGraph(Graph* g, int n)
{
        int i; g->Vertices=n;
        g->A=(ENode**)malloc(n*sizeof(ENode*));
        for(i=0; i<n; i++){
                g->A[i]=NULL;
                InDegree[i]=0;
        }
```

```
        }
        BOOL Add(Graph *g, int u, int v, T   w)
        {
            int n; ENode *p; n=g->Vertices;
            if (u<0 || v<0 || u>n-1 || v>n-1 || u==v || Exist(*g, u, v)){
                printf("BadInput\n"); return FALSE;
            }
            p=NewENode(v, w, g->A[u]); g->A[u]=p;
            InDegree[v]++; return TRUE;
        }
```

程序 10-7 所示的算法没有专门创建一个堆栈来保存入度为零的顶点，而是直接利用 InDegree 数组空间，形成链式堆栈，保存入度为零的顶点。一个顶点 k 一旦成为入度为零的顶点，便将顶点 k 插入链接堆栈中，即顶点 k 成为新的栈顶元素。设指针 top 指向栈顶元素，则进栈操作为

InDegree[k]=top，top=k

表 10-1 列出当以图 10-12(c)的邻接表为输入时，InDegree 数组值的改变过程。初始时，InDegree[i]的值是顶点 i 的入度。算法执行过程中，表中阴影部分空间用于栈空间，空白部分为空闲部分，其余部分仍保存顶点入度。

表 10-1　InDegree 数组的值

输出顶点	top	0	1	2	3	4	5	6	7	8
顶点入度	−1	0	0	2	2	1	2	2	1	1
初始栈	1	−1	0	2	2	1	2	2	1	1
1	4	−1		1	1	0	2	2	1	1
4	0	−1		1	1		1	2	1	1
0	2			7	1		1	2	−1	1
2	3				7		1	2	−1	1
3	5						7	1	−1	1
5	7							1	−1	1
7	8							1		−1
8	6							−1		
6	−1									

程序 10-7 所示的整个算法主要包括三步：

(1) 计算每个顶点的入度，存于 InDegree 数组中。表 10-1 的第一行列出每个顶点的入度。此时链式栈为空栈(top=−1)。

(2) 检查 InDegree 数组中顶点的入度，将入度为零的顶点进栈。表 10-1 的第二行表明，此时栈中有两个顶点 1 和 0，top=1 指示栈顶为顶点 1，InDegree[1]=0 指示栈中下一个元素为 0，InDegree[0]=−1 表示链式栈结束。

(3) 不断从栈中弹出入度为零的顶点输出，并将以该顶点为尾的所有邻接点的入度减 1，

若此时某个邻接点的入度为 0，便令其进栈。重复步骤(3)，直到栈为空时停止。此时，或者所有顶点都已列出，或者因图中包含有向回路，顶点未能全部列出。表 10-1 从第三行起给出了每输出一个顶点后，top 和 InDegree 的值。

上述算法中，搜索入度为零的顶点的时间为 O(n)。若为有向无回路图，则每个顶点进一次栈，出一次栈。每出一次栈将检查该顶点的所有出边以修改 InDegree 值，同时将新产生的入度为零的顶点进栈。所以总的执行时间是 O(n+e)，n 为图的顶点数，e 为边数。

*10.4.2　关键路径

1. 用边代表活动的网络(AOE 网络)

前面讨论的 AOV 网络是一种以顶点表示活动，有向边表示活动之间的领先关系的有向图。有时，AOV 网络的顶点可以带权表示完成一次活动所需要的时间。

与 AOV 网络相对应的还有一种活动网络，称为 **AOE 网络**(activity on edge network)，它以顶点代表**事件**(event)，有向边表示**活动**(activity)，有向边的权表示一项活动**所需的时间**(duration)。顶点所代表的事件是指它的入边代表的活动均已完成，由它的出边代表的活动可以开始这样一种状态。这种网络可以用来估算一项工程的完成时间。

图 10-13(a)中的边<i, j>代表编号为 k 的活动，$a_k=w(i, j)$是边上的权值，它是完成活动 a_k 所需的时间。图 10-13(b)是 AOE 网络的一个例子，它代表一个包括 11 项活动和 9 个事件的工程，其中，事件 v_0 表示整个工程的开始，事件 v_8 表示整个工程的结束。每个事件 $v_i(i=1, \cdots, 7)$ 表示在它之前的所有活动都已经完成，在它之后的活动可以开始这样的事件。例如 v_4 表示活动 a_3 和 a_4 已经完成，a_6 和 a_7 可以开始。$a_0=6$ 表示活动 a_0 需要的时间是 6(天)，类似地，$a_1=4$ 也具有这样的含义。

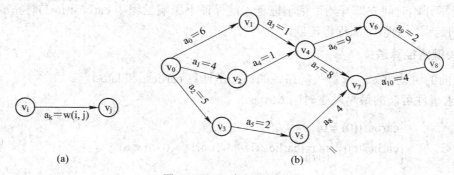

图 10-13　一个 AOE 网络
(a) 代表活动 a_k 的边<i, j>；(b) AOE 网络的例子

由于整个工程只有一个开始顶点和一个完成顶点，故在正常情况(无回路)下，网络中只有一个入度为零的顶点，称为**源点**(source)，以及一个出度为零的顶点，称为**汇点**(sink)。

2. 关键路径和关键活动

利用 AOE 网络可以进行工程进度估算。如研究完成整个工程至少需要多长时间，为缩短工期应该加快哪些活动的速度，即决定哪些活动是影响工程进度的关键。关键路径法是解决这些问题的一种方法。

因为在 AOE 网络中，有些活动可以并行地进行，所以完成工程所需的**最短时间**(minimun

time)是从开始顶点到完成顶点的**最长路径**(longest path)的长度(这里，路径长度等于路径上各边的权之和，而不是路径上弧的数目)。这条最长路径称为**关键路径**。例如，图 10-13 中，路径$(v_0, v_1, v_4, v_7, v_8)$就是一条长度为 19 $(a_0+a_3+a_7+a_{10}=19)$的关键路径，这就是说整个工程至少需要 19(天)才能完成。

分析关键路径的目的在于找出关键活动。所谓**关键活动**(critical activity)，就是对整个工程的最短工期(最短完成时间)有影响的活动，如果它不能如期完成就会影响整个工程的进度。找到关键活动，便可对其给予足够的重视，投入较多的人力和物力，以确保工程的如期完成，并可争取提前完成。

设有一个包含 n 个事件和 e 个活动的 AOE 网，其中，源点是事件v_0，汇点是事件v_{n-1}。为找关键路径，我们先定义几个有关的量：

(1) 事件v_i可能的最早发生时间 earliest(i)：是从开始顶点v_0到顶点v_i的最长路径的长度。

(2) 事件v_i允许的最迟发生时间 latest(i)：是在不影响工期的条件下，事件v_i允许的最晚发生时间，它等于 earliest(n-1)减去从v_i到v_{n-1}的最长路径的长度。顶点v_i到v_{n-1}的最长路径的长度表示从事件v_i实际发生以后(如果一切按进度规定执行)到事件v_{n-1}发生之间所需的时间。

(3) 活动a_k可能的最早开始时间 early(k)：等于事件v_i可能的最早发生时间 earliest(i)。设与活动a_k关联的边为$<v_i, v_j>$。

(4) 活动a_k允许的最迟开始时间 late(k)：等于 latest(i)-w(i, j)，w(i, j)是活动a_k所需的时间。设与活动a_k关联的边为$<v_i, v_j>$。

若 early(k)=late(k)，则活动a_k是关键活动。如果一个活动a_k是关键活动，它必须在它可能的最早开始时间立即开始，毫不拖延才能保证不影响工程在 earliest(n-1)时完成，否则由于a_k的延误，则整个工程将延期。

3. 关键路径算法

从上面的讨论可知，求解关键路径的核心是计算 earliest 和 latest。

(1) 求事件可能的最早发生时间 earliest：

$$\begin{cases} earliest(0) = 0 \\ earliest(j) = \max_{i \in P(j)}\{earliest(i) + w(i, j)\} & (0 < j < n) \end{cases} \tag{10-1}$$

公式(10-1)是计算各事件可能的最早发生时间的递推公式。计算从源点 earliest(0)=0 开始，按照一定次序递推计算其他顶点的 earliest(j)的值。其中，P(j)是所有以 j 为头的边$<i, j>$的尾结点 i 的集合。

为了使公式(10-1)的递推计算顺利进行，必须保证在计算每个 earliest(j)的值时，所有的 earliest(i)，$i \in P(j)$的值已经求得。为了满足这一点，计算可以按照顶点的拓扑次序进行。

(2) 求事件允许的最迟发生时间 latest：

$$\begin{cases} latest(n-1) = earliest(n-1) \\ latest(i) = \min_{j \in S(i)}\{latest(j) - w(i, j)\} & 0 \leqslant i < n-1 \end{cases} \tag{10-2}$$

公式(10-2)是计算各事件允许的最迟发生时间的递推公式。计算从汇点 latest(n−1)= earliest(n−1)开始，从后向前递推计算其他顶点的 latest(i)的值。其中，S(i)是所有以 i 为尾的边<i, j>的头结点 j 的集合。这一公式的计算要求保证，当计算某个 latest(i)的值时，所有的 latest(j)，j∈S(i)已经求得。如果已经求得 AOE 网的顶点的拓扑序列，则只需按**逆拓扑次序**(reverse topological order)进行计算，便可满足公式(10-2)递推计算的条件。

(3) 求活动的最早开始时间 early(k)和最迟开始时间 late(k)：设有边 $a_k=<i, j>$，则 early(k)= earliest(i)，而 late(k)= latest(i)−w(i, j)，w(i, j)是活动 a_k 所需的时间。

图 10-13(b)中 AOE 网络的关键路径的计算结果见图 10-14。

	v_0	v_1	v_2	v_3	v_4	v_5	v_6	v_7	v_8
earliest (i)	0	6	4	5	7	7	16	15	19
latest (i)	0	6	6	9	7	11	17	15	19

	a_0	a_1	a_2	a_3	a_4	a_5	a_6	a_7	a_8	a_9	a_{10}
early (k)	0	0	0	6	4	5	7	7	7	16	15
late (k)	0	2	4	6	6	9	8	7	11	17	15
关键路径	√			√				√			√

图 10-14　图 10-13(b)中 AOE 网络的关键路径

4. 关键路径算法的 C 语言程序

程序 10-9 给出计算 earliest 和 latest 的 C 语言函数：Earliest 和 Latest。

(1) 函数 Earliest：设拓扑排序的结果已被记录在 order 数组中，算法首先将 earliest 数组的所有元素初始化为 0，然后按拓扑次序计算 earliest 值。

(2) 函数 Latest：设拓扑排序的结果已被记录在 order 数组中，算法首先将 latest 数组的所有元素初始化为 earliest[n−1]，然后按逆拓扑次序计算 latest 值。

【程序 10-9】 关键路径的 C 语言程序。

```
void Earliest(Graph g,int* order,int *earliest)
{   int i,k,n=g.Vertices; ENode* p;
    for(i=0;i<n;i++) earliest[i]=0;                        /*将 earliest[]初始化为 0*/
    for(i=0;i<n;i++){
        k=order[i];                                        /*按拓扑次序计算*/
        for (p=g.A[k];p;p=p->NextArc)
            if (earliest[p->AdjVex]<earliest[k]+p->W)       /*计算 earliest[k]*/
                earliest[p->AdjVex]=earliest[k]+p->W;
    }
}
void Latest(Graph g, int *order, int *earliest, int *latest)
{   int i, j, k, n=g.Vertices;
```

```
        ENode * p;
        for (i=0; i<n; i++)
                latest[i]=earliest[n−1];                          /*对 latest[]初始化*/
        for (i=n−2; i>−1; i−−){
                j=order[i];
                for ( p=g.A[j]; p; p=p->NextArc){
                        k=p->AdjVex;
                        if (latest[j]>latest[k]-p->W)
                                latest[j]=latest[k]-p->W;
                }
        }
    }
```

使用顶点的 earliest 和 latest 的值，我们可以计算 early 和 late 的值。

我们已经知道利用函数 TopoSort 可以测试网中是否存在有向回路，但网络中还可能会存在其他错误。例如，网络中可能存在某些从源点出发不可到达的顶点。当我们对这样的网络进行关键路径分析时，会有多个顶点的 earliest[i]=0。我们假定所有活动的时间大于 0，只有源点的 earliest 的值为 0。因此，我们可以使用关键路径法来发现工程计划中的这种错误。

10.5　最小代价生成树

一个无向连通图的生成树是一个极小连通子图，它包括图中全部顶点，并且有尽可能少的边。遍历一个连通图得到图的一棵生成树。图的生成树不是唯一的，采用不同的遍历方法，从不同的顶点出发可能得到不同的生成树。对于带权的连通图即网络，如何寻找一棵生成树使得各条边上的权值的总和最小，是一个很有实际意义的问题。一个典型的应用是设计通信网。要在 n 个城镇间建立通信网，至少要架设 n−1 条线路，这时自然会考虑如何使得造价最小。我们用网络来表示 n 个城镇以及它们之间可能设立的通信线路，其中，图中顶点表示城镇，边代表两城镇之间的线路，边上的权值代表相应的代价。对于一个有 n 个顶点的网络，可有多棵不同的生成树，我们希望选择总耗费最少的一棵生成树。这就是构造连通图的最小代价生成树问题。

一棵生成树的**代价**(cost)是各条边上的代价之和。一个网络的各生成树中，具有最小代价的生成树称为该网络的**最小代价生成树**(minimum-cost spanning tree)。

构造最小代价生成树有多种算法，下面介绍其中的两种：**普里姆(Prim)算法**和**克鲁斯卡尔(Kruskal)算法**。这两种算法都建立在下面的结论之上。

设图 G=(V，E) 是一个带权连通图，U 是顶点集合 V 的一个非空子集。若(u, v)是一条具有最小权值的边，其中，u∈U，v∈V−U，则必存在一棵包含边(u, v)的最小代价生成树。

可以用反证法证明之。如果图 G 的任何一棵最小代价生成树都不包括(u, v)，设 T 是 G 的一棵最小代价生成树。当将(u, v)加到 T 中时，T 中必定存在一条包含边(u, v)的回路。另一方面，由于 T 是生成树，则 T 上必定存在另一条边(u′, v′)，其中，u′∈U，v′∈V−U，且 u 和 u′ 之间、v 和 v′ 之间均有路径相通。删除边(u′, v′)便可消除回路，并同时得到另一棵生成树 T'。因为(u, v)的代价不高于(u', v')，所以 T'的代价亦不高于 T。T' 包含(u, v)，故与假设矛盾。这一结论是下面讨论的 Prim 算法和 Kruskal 算法的理论基础。

10.5.1　普里姆算法

1．普里姆(Prim)算法概述

设 G=(V, E)是带权的连通图，T=(V', E')是正在构造中的生成树。初始状态下，这棵生成树只有一个顶点，没有边，即 V'={u_0}，E'={ }，u_0 是任意选定的顶点。

从初始状态开始，重复执行下列运算：

寻找一条代价最小的边(u', v')，边(u', v')是一个端点 u 在构造中的生成树上(即 u∈V')，另一个端点 v 不在该树上(即 v∈V−V')的所有这样的边(u, v)中代价最小的。将这条最小边(u', v')加到生成树上(即将 v' 并入集合 V'，边(u', v')并入 E')。重复以上操作，直到 V=V' 为止。这时 E' 中必有 n−1 条边，T=(V', E')是图 G 的一棵最小代价生成树。

图 10-15 给出了一个带权无向连通图以及用普里姆算法构造最小代价生成树的过程。

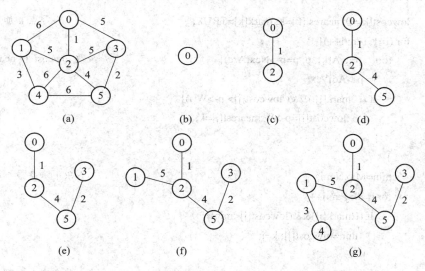

图 10-15　普里姆算法构造最小代价生成树

2．普里姆算法的 C 语言程序

实现普里姆算法，要使用两个一维辅助数组 nearest 和 lowcost。初始状态下，所有的 nearest[v]均为 u_0，lowcost[v]为 ∞。在算法执行过程中，设 v 是当前尚未选入生成树的顶点，nearest[v]中保存边(u, v)在生成树上的那个顶点 u，边(u, v)是所有 u∈V'的边中权值最小的边。该边上的权值保存在 lowcost[v]中，即(nearest[v], v, lowcost[v])代表一条权值为 lowcost[v]，两个顶点分别为 nearest[v]和 v 的边，它记录当前对 v 而言，与生成树上顶点相邻的所有边中权值最小者。辅助数组 mark 用于在算法执行中，标志某个顶点当前是否已被选入生成树。mark[v]=FALSE 表示顶点 v 尚未选入生成树，否则表示 v 已选入。MaxNum 是一个类型为 T 的不出现在图的边上的最大权值。

程序 10-10 为普里姆算法的 C 语言程序，该程序要求图以邻接表表示。程序 10-10 的执行结果保存在数组 nearest 和 lowcost 中。对于图 10-15(a)所示的网，若选择顶点 0 为起始顶点，并对每个顶点 v(0≤v＜n)按(nearest[v], v, lowcost[v])形式输出，将得到下列生成树的边集：(0, 0, 0)(2, 1, 5)(0, 2, 1)(5, 3, 2)(1, 4, 3)(2, 5, 4)。

【程序 10-10】 普里姆算法的 C 语言程序。

```
void Prim(Graph g, int k, int *nearest, T* lowcost)
{
    int i, j, min, n=g.Vertices;
    BOOL mark[MaxVertices]; ENode *p;
    if (k<0 || k>n−1){
        printf("BadInput\n"); return ;
    }
    for (i=0; i<n; i++){/* 初始化*/
        nearest[i]=−1; mark[i]=FALSE;
        lowcost[i]=MaxNum;
    }
    lowcost[k]=0; nearest[k]=k; mark[k]=TRUE;              /*源点 k 加入生成树*/
    for (i=1; i<n; i++){
        for(   p=g.A[k]; p; p=p->NextArc){                /*修改 lowcost 和 nearest 的值*/
            j= p->AdjVex;
            if (( !mark[j] )&&( lowcost[j]> p->W )){
                lowcost[j]=p->W; nearest[j]=k;
            }
        }
        min=MaxNum;                                       /*求下一条最小权值的边*/
        for (j=0; j<n; j++)
            if ((!mark[j])&&(lowcost[j]<min)){
                min=lowcost[j]; k=j;
            }
        mark[k]=TRUE;                                     /*将顶点 k 加到生成树上*/
    }
}
```

设图中顶点数为 n，普里姆算法的运行时间是 $O(n^2)$。

*10.5.2 克鲁斯卡尔算法

1. 克鲁斯卡尔(Kruskal)算法概述

设 G=(V, E) 是带权的连通图，T=(V', E')是正在构造中的生成树(未构成之前为由若干棵自由树组成的生成森林)。初始状态下，这个生成森林包含 n 棵只有一个根结点的树，没有边，即 V'=V，E'={ }。

从初始状态开始，执行下列运算：在 E 中选择一条代价最小的边(u, v)，并将其从 E 中删除；若在 T 中加入边(u, v)以后不形成回路，则将其加进 T 中(这就要求 u 和 v 分属于生成森林的两棵不同的树，由于边(u, v)的加入，这两棵树连成一棵树)，否则继续选下一条边，直到 E' 中包含 n−1 条边为止。此时，T=(V', E')是图 G 的一棵最小代价生成树。

图 10-16 给出了用克鲁斯卡尔算法，从图 10-15(a)的带权的无向连通图构造最小代价生成树的过程。

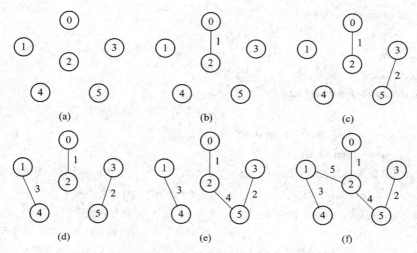

图 10-16 克鲁斯卡尔算法构造最小代价生成树

2. 克鲁斯卡尔算法的 C 语言程序

克鲁斯卡尔算法从边的集合 E 中，按照边的代价从小到大的次序依次选取边加以考察。根据这一做法，我们不妨使用一个优先权队列来保存一个图 G 的边的集合。设每条边具有如下定义的结构类型：

```
typedef struct edgenode{
    int u, v;
    E W;
}EdgeNode;
```

这样，优先权队列的每个元素有类型 EdgeNode。此优先权队列可以看成是图的存储表示形式。当我们从空优先权队列开始，使用优先权队列上定义的 Append 函数，将图中所有的边加入优先权队列后，优先权队列就成为图的存储结构。克鲁斯卡尔算法中使用了 Serve 函数，不断从优先权队列中取出具有最小代价的边。

从上面的讨论我们知道，在克鲁斯卡尔算法的执行中，构造中的生成树是由若干棵自由树组成的森林。在选择一条最小权值的边(u, v)时，必须保证当边(u, v)加入 T 时不会形成回路，才能将其加入(这就要求 u 和 v 分属于生成森林的两棵不同的树)，否则应继续选下一条边。使用并查集容易实现这一判定。并查集的每个子集合代表一棵自由树，组成的森林就是并查集。事实上，并查集正是用森林表示的。可利用并查集类的 Find 成员函数判断一条边(u, v)的两个顶点是否在同一子集合中，即是否在同一棵树上，若两者不在同一子集合中，则将该边(u, v)加入 T，否则舍弃之。在将边(u, v)加入 T 之后，应将这两个顶点所在的子集合使用 Union 成员函数合并成一个子集合。

程序 10-11 为克鲁斯卡尔算法的 C 语言程序。该程序要求图以边集的形式保存在优先权队列中，并给定图中顶点数。对于图 10-15(a)所示的网，程序 10-11 的执行结果将输出下列边集：

$$(0, 2, 1)(5, 3, 2)(1, 4, 3)(2, 5, 4)(2, 1, 5)$$

【程序 10-11】　克鲁斯卡尔算法的 C 语言程序。

```
typedef struct edgenode{
    int u, v;
    E W;
}EdgeNode;
void Kruskal(PQueue *pq, int n)
{                                /*优先权队列 pq 中保存无向图边的集合，n 是无向图的顶点个数*/
    UFset s; EdgeNode   x; int u, v, k=0;
    CreateUFset(&s, n);                                          /*建立一个并查集*/
    while (k<n−1 && !IsEmpty(*pq)){                  /*求最小代价生成树的 n−1 条边*/
        Serve(pq, &x);                  /* 从优先权队列 pq 中取出最小代价的边 x=(u, v, W) */
        u=Find(&s, x.u); v=Find(&s, x.v);              /*分别查找边的 x.u 和 x.v 所在的子集*/
        if (u!=v){                                       /*如果边的两个端点不在同一子集合*/
            Union(&s, u, v); k++;                             /*合并两个子集 u 和 v*/
            printf("(%d, %d, %d )\n", x.u, x.v, x.W);                    /*输出边 x */
        }
    }
    if (k<n−2) printf("The graph is not connected!");        /*不足 n−1 条边，原图不是连通图*/
}
```

克鲁斯卡尔算法的时间复杂度是容易分析的。设无向图有 n 个顶点和 e 条边，while 循环最多执行 e 次，对于 while 循环的每次迭代，Serve 运算的时间最多为 O(lb e)，改进的 Find 运算的时间不超过 O(lb n)，Union 的时间为 O(1)。一般地，我们有 e⩾n，这样，克鲁斯卡尔算法的时间复杂度为 O(e lb e)，建立优先权队列的时间也是 O(e lb e)。

*10.6　最 短 路 径

最短路径(shortest path)是又一种重要的图算法。在生活中常常遇到这样的问题，两地之间是否有路可通？在有几条通路的情况下，哪一条路最短？这就是路由选择。交通网络可以画成带权的图，图中顶点代表城镇，边代表城镇间的公路，边上的权值代表公路的长度。又如邮政自动分拣机也有路选装置。分拣机中存放一张分拣表，列出了邮政编码与分拣邮筒间的对应关系。信封上要求用户写上目的地的邮政编码，分拣机鉴别这一编码，再查一下分拣表即可决定将此信投到哪个分拣邮筒去。计算机网络的路由选择要比邮政分拣复杂得多，这是因为计算机网络结点上的路由选择表不是固定不变的，而是要根据网络不断变化的运行情况，随时修改更新。被传送的报文分组就像信件一样要有报文号、分组号以及目的地地址，而网络结点就像分拣机，根据结点内设立的路由选择表，决定报文分组应该从哪条链路转发出去。这就是路由选择。路由选择是计算机通信网络的网络层的主要部分。实现路由选择的一种方法就是用最短路径算法为每个站建立一张路由表，列出从该站到它所有可能的目的地的输出链路。当然，这时作为边上的权值就不仅仅是线路的长度，而应是线路的负荷、中转的次数、站的能力等综合因素。

下面是两种最常见的最短路径算法：求单源最短路径的**迪杰斯特拉(Djikstra)算法**和求所有顶点之间的最短路径的**弗洛伊德(Floyd)算法**。注意，这里所指的路径长度是指路径上的边所带的权值之和，而不是前面定义的路径上的边的数目。

10.6.1　单源最短路径

1. 迪杰斯特拉算法

单源最短路径问题是：给定带权的有向图 $G=(V, E)$，源点 $v \in V$，求从 v 到 V 中其余各顶点的最短路径。图 10-17(a)的有向图从顶点 0 到其余各顶点的最短路径列表于图10-17(b)中。

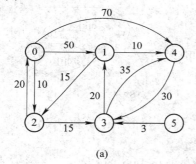

源点	终点	最短路径	路径长度
v_0	v_1	(v_0, v_2, v_3, v_1)	45
	v_2	(v_0, v_2)	10
	v_3	(v_0, v_2, v_3)	25
	v_4	$(v_0, v_2, v_3, v_1, v_4)$	55
	v_5	—	∞

(a)　　　　　　　　　　　　　　　(b)

图 10-17　单源最短路径示例

(a) 带权的有向图 G；(b) 图 G 的顶点 0 的单源最短路径

如何求这些最短路径呢？迪杰斯特拉提出了按路径长度的非递减次序逐一产生最短路径的算法：首先求得长度最短的一条最短路径，再求得长度次短的一条最短路径，依此类推，直到从源点到其他所有顶点之间的最短路径都已求得为止。

具体做法是：设集合 S 存放已经求得最短路径的终点。初始状态时，集合 S 中只有一个源点，设为顶点 v_0。以后每求得一条最短路径 $(v_0, v_1, \cdots, v_t)$，便将终点 v_t 加到集合 S 中去，直到全部顶点都已加到 S 中，算法结束。

我们用一维数组 d 保存各条最短路径的长度，其中，d[i]存放从顶点 v_0 到顶点 v_i 的最短路径的长度。在算法执行中，若 v_i 是尚未产生最短路径的顶点，则 d[i]被定义为"由已经产生的最短路径上再扩充一条边"所形成的从 v_0 到 v_i 的"当前最短路径"。换句话说，d[i]中存放的是从源点 v_0 起，中间只经过集合 S 中的结点而达到 v_i 的所有可能路径中的最短路径的长度。

初始状态下，集合 S 中只有一个源点 v_0，$S=\{v_0\}$，则

$$d[i] = \begin{cases} w(0, i) & \text{若 } <v_0, v_i> \in E \\ \infty & \text{若 } <v_0, v_i> \notin E \end{cases} \qquad (10\text{-}3)$$

其中，$w(0, i)$是边 $<v_0, v_i>$ 的权值。

设图中从 v_0 开始到所有其他顶点的最短路径中，最短的那条路径为(v_0, v_k)，则 k 满足

$$d[k] = Min\{d[i] \mid v_i \in V - \{v_0\}\} \qquad (10\text{-}4)$$

即该最短路径必定是以 v_0 为始点的边中最短的那一条边所形成的路径。

在图 10-17(a)中，设顶点 0 为源点，则最短的那条路径是$<v_0, v_1>$，$<v_0, v_2>$，$<v_0, v_4>$这三条直接与顶点 0 相邻接的边中，权值最小的边$<v_0, v_2>$，即首先求得的最短路径应为(v_0, v_2)，路径上只有一条边$<v_0, v_2>$，其权值为 10。

在求得一条最短路径之后，便将该路径的终点(设为 k)加入集合 S。为了使 d[i]的值仍为"由已经产生的最短路径上再扩充一条边"所形成的从 v_0 到 v_i 的当前最短路径的长度，应对所有的 $v_i \in V-S$ 作如下修改：

$$d[i]=Min\{d[i], d[k]+w(k, i)\} \qquad (10\text{-}5)$$

其中，w(k, i)是边$<v_k, v_i>$上的权值，见图 10-18。当 d[i]>d[k]+w(k, i)时，d[i]=d[k]+w(k, i)，否则，d[i]的值不变。

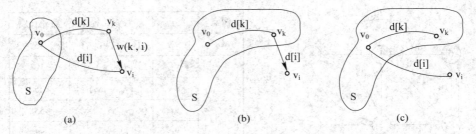

图 10-18   修改 d[i]的值

(a) 修改前；(b) 若 d[i]>d[k]+w(k, i)；   (c) 若 d[i]≤d[k]+w(k, i)

那么下一条最短路径如何计算呢？实际上，下一条最短路径总是在"由已产生的最短路径再扩充一条边"形成的当前最短路径中得到，它应是由已经产生的最短路径上再扩充一条边所形成的从 v_0 到 v_i 的当前最短路径中的最短者。这里，v_i 是尚未求得最短路径的顶点。设该最短路径的终点为 k，路径$(v_0, \cdots, v_k)$是长度为 d[k]所对应的那条路径，则

$$d[k] = Min\{d[i] \mid v_i \in V - S\} \qquad (10\text{-}6)$$

若不是这样，即$(v_0, \cdots, v_k)$不是下一条最短路径，而$(v_0, \cdots, v_t)$是下一条最短路径。由于路径$(v_0, \cdots, v_k)$是所有由已经产生的最短路径上再扩充一条边所形成的从 v_0 到 v_i 的当前最短路径中的最短者，所以路径$(v_0, \cdots, v_t)$显然不是这样的路径。那么在路径$(v_0, \cdots, v_p, v_t)$上还有另一个结点不属于集合 S，设为 v_p。

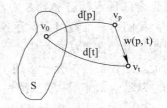

图 10-19   求下一条最短路径

图 10-19 告诉我们，路径$(v_0, \cdots, v_p, v_t)$不可能是下一条最短路径。这是因为在边的权值非负的情况下，显然路径$(v_0, \cdots, v_p)$的长度不会比路径$(v_0, \cdots, v_p, v_t)$长，即 d[p]+w(p, t)≥d[p]。由于 d[k]≤d[p]，因此路径$(v_0, \cdots, v_k)$应是下一条最短路径。

一维数组 path 指示该条最短路径。path[i]给出从 v_0 到 v_i 的最短路径上顶点 v_i 前面的那

个顶点。例如图 10-17(a)的有向图中从 v_0 到 v_1 的最短路径为(v_0, v_2, v_3, v_1)，则应有 path[1]=3，path[3]=2，path[2]=0，因此，从源点 v_0 到 v_1 的路径可以根据 path 经反向追溯获得。

2. 迪杰斯特拉算法的 C 语言程序

这里，我们采用邻接矩阵表示有向图，这并不意味着邻接表方法不适合。一般来说，在用邻接矩阵表示时，算法显得更简洁明了。迪杰斯特拉算法的 C 语言程序见程序 10-12。其中，Choose 函数实现从数组 d 中选择最小值的功能，参数 MaxNum 是一个大值。

Dijkstra 算法主要有以下步骤：

(1) 动态生成长度为 n 的一维布尔数组 s，用以表示某个顶点是否在集合 S 中。

(2) 初始化操作：每个 s[i]初始化为 FALSE，d[i]为 g.A[v][i]。如果 i!=v 且 d[i]<g.NoEdge，则令 path[i]=v，否则令 path[i]=-1。

(3) 将源点 v 加入集合 S(s[v]=TRUE; d[v]=0;)。

(4) 使用 for 循环，按照长度的非递减次序，依次产生 n-1 条最短路径：

① 选择最小的 d[u](u=Choose(d, n, s, g.NoEdge);)。

② 将顶点 u 加入集合 S(s[u]=TRUE;)。

③ 使用 for 语句修改数组 d 和 path 的值。

【程序 10-12】 迪杰斯特拉算法的 C 语言程序。

```c
int Choose(T d[], int n, BOOL *s, T MaxNumber )
{                           /*从数组 d 中选择最小值，函数返回该最小值元素在 d 中的下标*/
    int i, minpos; T min;
    min=MaxNumber; minpos=-1;
    for (i=0; i<n; i++)
        if (d[i]<=min &&!s[i]){
            min=d[i]; minpos=i;
        }
    return minpos;
}
void   Dijkstra(Graph g, int v, T d[], int path[])
{    int i, u, w, n=g.Vertices;
    BOOL *s=(BOOL*)malloc(n*sizeof(BOOL));
    if (v<0 || v>n-1){
        printf("BadInput"); return ;
    }
    for (i=0; i<n; i++){                                 /*初始化操作*/
        s[i]=FALSE;
        d[i]=g.A[v][i];
        if (i!=v && d[i]<g.NoEdge) path[i]=v;
        else path[i]=-1;
    }
```

```
        s[v]=TRUE; d[v]=0;                        /*将原点 v 加入集合 s*/
        for (i=1; i<=n-1; i++){                    /*产生 n-1 条最短路径*/
            u=Choose(d, n, s, g.NoEdge);           /*求当前路径最短者 u*/
            s[u]=TRUE;                             /*将顶点 u 加入集合*/
            for (w=0; w<n; w++)                    /*修改 d 和 path 的值*/
            if (!s[w] && d[u]+g.A[u][w]< d[w]){
                d[w]=d[u]+g.A[u][w]; path[w]=u;
            }
        }
    }
```

这一算法的执行时间很显然为 $O(n^2)$。如果人们只希望求从源点到某一个特定的终点之间的最短路径，那么该算法与求单源最短路径有相同的时间复杂度。

图 10-20 显示了在用迪杰斯特拉算法对图 10-17(a)的有向图计算最短路径的执行过程中，数组 d 和 path 的变化情况。

S	d [0] path [0]	d [1] path [1]	d [2] path [2]	d [3] path [3]	d [4] path [4]	d [5] path [5]
0	0, −1	50, 0	10, 0	∞, −1	70, 0	∞, −1
2	0, −1	50, 0	10, 0	25, 2	70, 0	∞, −1
3	0, −1	45, 3	10, 0	25, 2	60, 3	∞, −1
1	0, −1	45, 3	10, 0	25, 2	55, 1	∞, −1
4	0, −1	45, 3	10, 0	25, 2	55, 1	∞, −1

图 10-20   迪杰斯特拉算法求单源最短路径

10.6.2   所有顶点之间的最短路径

1. 弗洛伊德算法

有了上一节的讨论，求所有顶点之间的最短路径这一问题并不困难，只需每次选择一个顶点为源点，重复执行迪杰斯特拉算法 n 次，便可求得任意两对顶点之间的最短路径。总的执行时间为 $O(n^3)$。

下面介绍的弗洛伊德算法在形式上更直接些，虽然它的运行时间也是 $O(n^3)$。在实现弗洛伊德算法时，我们仍使用邻接矩阵表示有向图。

弗洛伊德算法的基本思想是：设集合 S 的初始状态为空集合，然后依次向集合 S 中加入顶点 v_0, v_1, …, v_{n-1}，每次加入一个顶点。我们用二维数组 d 保存各条最短路径的长度，其中，d[i][j]存放从顶点 v_i 到顶点 v_j 的最短路径的长度。在算法执行中，d[i][j]被定义为：从 v_i 到 v_j 的中间只经过 S 中的顶点的所有可能的路径中最短路径的长度(如果从 v_i 到 v_j 中间只经过 S 中的顶点当前没有路径相通，那么 d[i][j]为一个大值 MaxNum)。不妨称此时的 d[i][j]中保存的是从 v_i 到 v_j 的"当前最短路径"的长度。随着 S 中的顶点的不断增加，d[i][j]的值不断修正，当 S=V 时，d[i][j]的值就是从 v_i 到 v_j 的最短路径。

　　因为初始状态下集合 S 为空集合，所以 d[i][j]=A[i][j](A[i][j]是图的邻接矩阵)的值是从 v_i 直接邻接到 v_j，中间不经过任何顶点的最短路径。当 S 中增加了顶点 v_0，那么 $d_0[i][j]$ 的值应该是从 v_i 到 v_j，中间只允许经过 v_0 的当前最短路径的长度。为了做到这一点，只需对 $d_0[i][j]$ 作如下修改：

$$d_0[i][j] = \min\{d[i][j], d[i][0] + d[0][j]\}$$

　　一般情况下，如果 $d_{k-1}[i][j]$ 是从 v_i 到 v_j，中间只允许经过 $\{v_0, v_1, \cdots, v_{k-1}\}$ 的当前最短路径的长度，那么，当 S 中加进了 v_k，则应当对 d 修改如下(见图 10-21)：

$$d_k[i][j] = \min\{d_{k-1}[i][j], d_{k-1}[i][k] + d_{k-1}[k][j]\}$$

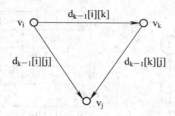

图 10-21　从 $d_{k-1}[i][j]$ 计算 $d_k[i][j]$

　　弗洛伊德算法中可另外使用一个二维数组 path 指示最短路径。path[i][j]给出从 v_i 到 v_j 的最短路径上，顶点 v_i 的前一个顶点。例如在图 10-22(a)的有向图中，从 v_0 到 v_2 的最短路径为(v_0, v_1, v_3, v_2)，则应有 path[0][2]=3，path[0][3]=1，path[0][1]=0，因此，从顶点 v_0 到 v_2 的路径可以根据 path 经反向追溯获得。从路径的终点 j 开始，其前一个顶点是 k=path[i][j]，再前一个顶点为 k=path[i][k]……直到始点 i 为止，形成一条路径：(i, …, path[i][path[i][j]], path[i][j], j)。

2. 弗洛伊德算法的 C 语言程序

　　程序 10-13 给出了弗洛伊德算法的 C 语言程序。对图 10-22(a)的有向图执行弗洛伊德算法的过程见图 10-22(c)。

　【程序 10-13】　弗洛伊德算法的 C 语言程序。

```
void    Floyd(Graph g, T d[][MaxVertices], int path[][MaxVertices])
{
    int i, j, k, n=g.Vertices;
    for( i=0; i<n; i++)                                    /*将 d 和 path 初始化*/
        for ( j=0; j<n; j++)
        {
            d[i][j]=g.A[i][j];
            if (i!=j && g.A[i][j]<g.NoEdge) path[i][j]=i;
            else path[i][j]=−1;
        }
    for ( k=0; k<n; k++) {            /*for 的每一次循环，意味着将一个顶点加入集合*/
        for ( i=0; i<n; i++)
```

```
for (   j=0; j<n; j++)
    if (d[i][k]+d[k][j] < d[i][j] ){
        d[i][j]=d[i][k]+d[k][j];                    /*修改 d[i][j]和 path[i][j]*/
        path[i][j]=path[k][j];
    }
}
}
```

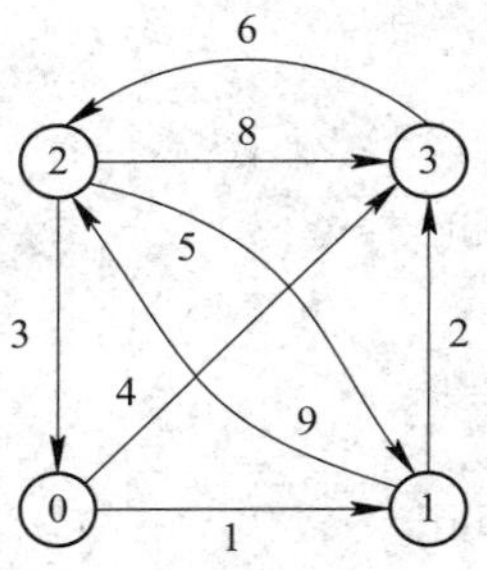

(a)

d_0

0	1	∞	4
∞	0	9	2
3	4	0	7
∞	∞	6	0

$path_0$

−1	0	−1	0
−1	−1	1	1
2	0	−1	0
−1	−1	3	−1

d_1

0	1	10	3
∞	0	9	2
3	4	0	6
∞	∞	6	0

$path_1$

−1	0	1	1
−1	−1	1	1
2	0	−1	1
−1	−1	3	−1

d

0	1	∞	4
∞	0	9	2
3	5	0	8
∞	∞	6	0

d_2

0	1	10	3
12	0	9	2
3	4	0	6
9	10	6	0

$path_2$

−1	0	1	1
2	−1	1	1
2	0	−1	1
2	0	3	−1

$path$

−1	0	−1	0
−1	−1	1	1
2	2	−1	2
−1	−1	3	−1

d_3

0	1	9	3
11	0	8	2
3	4	0	6
9	10	6	0

$path_3$

−1	0	3	1
2	−1	3	1
2	0	−1	1
2	0	3	−1

(b)　　　　　　　　　　　　　　　　　　(c)

图 10-22　弗洛伊德算法求所有顶点间的最短路径

(a) 带权的有向图 G；(b) 初始状态；(c) 弗洛伊德算法执行过程

　　容易看出，弗洛伊德算法的时间复杂度为 $O(n^3)$，与通过 n 次调用迪杰斯特拉算法来计算图中所有顶点间的最短路径的做法具有相同的时间复杂度。但如果实际需要计算图中任意两个顶点间的最短路径，弗洛伊德算法显然比迪杰斯特拉算法简洁。

小　结

　　图是一种最一般的数据结构，我们可以使用邻接矩阵、关联矩阵、邻接表和邻接多重表等多种存储方式在计算机内表示它。图的应用十分广泛，在 ADT10-1 Graph 的定义中，定义了一组基本的图运算，如建立一个图结构，插入、删除和搜索一条边等。在此基础上，本章介绍了一组常见的图算法，包括图的深度和宽度优先遍历、拓扑排序和关键路径、求最小代价生成树的普里姆算法和克鲁斯卡尔算法，以及求单源最短路径的迪杰斯特拉算法和求所有顶点间的最短路径的弗洛伊德算法。这些算法已分别在邻接表和邻接矩阵存储结构上实现。

习 题 10

10-1 对于图 10-23 的有向图，求：
(1) 每个顶点的入度和出度；
(2) 强连通分量；
(3) 邻接矩阵。

10-2 设无向图如图 10-24 所示，现从只有 6 个顶点没有边的图的邻接表出发，以边 <1, 0>, <1, 3>, <2, 1>, <2, 4>, <3, 2>, <3, 4>, <4, 0>, <4, 1>, <4, 5>, <5, 0>的次序，通过使用程序 10-4 的 Add 函数插入这些边，建立该图的邻接表结构。请画出所建立的邻接表结构。

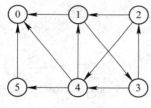

图 10-23 有向图

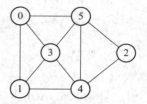

图 10-24 无向图

10-3 画出图 10-24 所示无向图的多重表。

10-4 已知有向图的邻接表，试写出计算各顶点的入度的算法。

10-5 设计一个函数，实现从一个二维数组表示的图的邻接矩阵建立该图的邻接表的功能。

10-6 在图 10-24 所建立的邻接表上进行以顶点 2 为起始顶点的深度优先搜索和宽度优先搜索。分别画出遍历所得到的深度优先搜索和宽度优先搜索的生成森林(或生成树)。

10-7 适当修改题 10-5 和 10-6 程序的图的深度优先和宽度优先搜索函数，使之能在邻接表上求有向图的深度优先搜索和宽度优先搜索的生成森林(生成树)。

10-8 一个有向无环图(DAG)的根结点是指某个结点 R，通过从它出发的有向路径可以到达 DAG 的任意一个结点。设计一个算法使之以一个有向图作为输入。若该图有一个根，请确定此图的根结点。

10-9 分别设计算法，在邻接矩阵上实现有向图的深度优先搜索和宽度优先搜索。

10-10 设图以邻接表存储，设计一个算法，确定一个有 n 个顶点的有向图是否包含回路。

10-11 设某项工程由图 10-25 所示的工序组成。若各工序以流水方式进行(即串行进行)：

(1) 画出该工程的 AOV 网络；

(2) 给出该工程的全部合理的工程流程。

图 10-25 中的紧前工序是指，设有工序 A 和 B，若工序 B 必须在工序 A 完成后才能开始，则工序 A 称为工序 B 的紧前工序。

工序	紧前工序
A	B, C
B	D
C	—
D	—
E	A, C, D

图 10-25　工序

10-12　设有边集合：<0，1>，<1，2>，<4，1>，<4，5>，<5，3>，<2，3>。

(1) 求此图的所有可能的拓扑序列；

(2) 若以此顺序通过加入边的方式建立邻接表，则在该邻接表上执行题 10-7 程序的拓扑排序算法(TopoSort)，将得到何种拓扑序列？

10-13　设 AOE 网络如图 10-26 所示。求各事件可能的最早发生时间和允许的最迟发生时间、各活动可能的最早开始时间和允许的最晚开始时间，以及关键活动和关键路径及其长度。

10-14　使用普里姆算法以 1 为源点，画出图 10-27 的无向图的最小代价生成树。

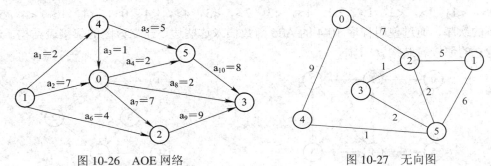

图 10-26　AOE 网络　　　　　　图 10-27　无向图

10-15　使用克鲁斯卡尔算法，画出图 10-27 的无向图的最小代价生成树。

10-16　证明：如果一个无向图中所有的边的代价均不相等，那么只存在一棵最小代价生成树。

10-17　现以邻接矩阵表示带权无向图，请实现普里姆算法。

10-18　用迪杰斯特拉算法求图 10-28 的有向图中以顶点 A 为源点的单源最短路径。写出一维数组 d 和 path 在执行该算法的过程中各步的状态。

10-19　用弗洛伊德算法求图 10-28 的有向图的所有顶点之间的最短路径。写出二维数组 d 和 path 在执行该算法的过程中各步的状态。

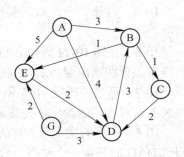

图 10-28　有向图

10-20　试设计一段程序，用弗洛伊德算法生成的二维数组 path 打印所有顶点之间的最短路径。

内 排 序

排序(sorting)又称分类，是数据处理中经常使用的一种重要运算，人们已经设计了许多很巧妙的算法来实现排序。简单地说，排序是将一个记录(元素)的序列调整为按指定关键字值的递增(或递减)次序排列的有序序列。与搜索算法类似，排序可分为**内排序**(internal sorting)和**外排序**(external sorting)。本章讨论几种典型的内排序算法。

11.1 排序的基本概念

排序是将一个记录的序列排成一个有序序列的过程。每个记录由两部分组成：关键字和其他信息。为了进行排序，记录的关键字必须是可比较大小的类型。也就是说，在此关键字类型上定义和实现了比较运算 >、<、== 等，我们将其称为**可排序的表**(sortable list)。

排序运算被普遍应用。例如，将学生成绩从高到低排列，将磁盘上的文件按日期排列，将电话簿按姓氏笔画排列等，都需要对记录的序列进行排序。

下面我们首先给出排序运算的定义。

定义：给定 n 个记录的序列(R_0, R_1, …, R_{n-1})，K_i 是 R_i 的关键字。所谓排序，就是找 (0, 1, …, n-1)的一种**排列**(permutation) (p(0), p(1), …, p(n-1))，使得记录序列按 $K_{p(0)} \leqslant K_{p(1)} \leqslant \cdots \leqslant K_{p(n-1)}$(非递减)次序排列为

$$(R_{p(0)}, R_{p(1)}, \cdots, R_{p(n-1)})$$

例如，设有记录的序列，其关键字值为：(K_0, K_1, K_2, K_3)=(25，16，71，30)，排序运算是求(p(0), p(1), p(2), p(3))，使得($K_{p(0)} \leqslant K_{p(1)} \leqslant K_{p(2)} \leqslant K_{p(3)}$)。

其结果应为：(p(0), p(1), p(2), p(3))=(1, 0, 3, 2)。此时有(K_1, K_0, K_3, K_2)=(16, 25, 30, 71)，是按关键字值递增的有序序列。

通俗地说，排序是将一组记录按关键字值的大小排成非递减的**有序序列**(sorted sequence)的过程。当然，还可以排列成非递增的有序序列。本章只考虑通过排序，实现按记录的关键字值的大小从小到大排列的做法。

对于序列中两个元素 R_i 和 R_j (i<j)，且 $K_i=K_j$，若排序后仍保持 p(i)<p(j)，即 R_i 仍然排在 R_j 之前，则称所用的排序算法是**稳定**(stable)的；反之，则称该排序算法是**不稳定**的。

如果待排序记录总数相对于内存而言较小，整个排序过程可以在内存中进行，则称之为**内排序**；反之，如果待排序的记录总数较多，不能全部放入内存，排序过程中需访问外存，则称之为**外排序**。本章只讨论内排序。

有很多非常有效的内排序算法，但每种算法都有不同的优缺点，适用于不同的应用场合。在本章的各种排序算法讨论中，我们将分析各算法的时间和空间，以便作相应的比较。

为了突出所讨论的排序算法的算法特点，我们假定记录类型为整型。本章的大部分算法都假定记录序列以数组方式顺序存储，部分算法给出了链接表示的相应版本。如果不加特殊说明，我们假定待排序的记录的顺序表和链表具有程序 11-1 所示的结构类型。

【**程序 11-1**】　排序使用的顺序表和链表结构。

```
typedef int T;
typedef struct list{
    int Size, MaxList;
    T Elements[MaxSize];
}List;
typedef struct node{
    T Element;
    struct node* Link;
} Node;
typedef struct list{
    Node * First;
    int Size;
} List;
```

如果按排序算法的基本操作分类，可分为插入排序、交换排序、合并排序和选择排序等，它们都是通过关键字值的比较实现排序的。基数排序是一种分配排序，也将在本章中讨论。

11.2　插　入　排　序

插入排序(insertion sorting)的基本操作是将一个记录插入到一个有序序列的恰当位置，使插入该记录后的序列仍然是有序的。直接插入排序和希尔(Shell)排序都可归入插入排序。

11.2.1　直接插入排序

设有 n 个记录的序列，直接插入排序将第一个记录看成是一个有序子序列，算法将以后的 n−1 个记录依次插入到一个已经有序的子序列中去，使得每次插入记录后的子序列也是有序的。也就是说，直接插入排序的每一**趟**(pass)插入一个记录，经过 n−1 趟排序后原序列就排成了有序序列。直接插入排序的算法示意图见图 11-1。

直接插入排序的核心操作是将一个记录插入到一个有序子序列中，使得该序列在插入后依然是有序的。例如，在图 11-2 中，第 5 趟排序是将 55 插入到前面的有序子序列中。在顺序表上查找 55 的适当插入位置的过程可以从有序子序列的最后开始，即从位置 5 处的记录 83 与 55 开始比较，由于 83 大于 55，则将 83 后移一个位置，再将 72 与 55 比较，72 仍需后移一位，直到 37 与 55 比较后，37 小于 55，此时可将 55 插在位置 2 处。

位置	0	1	2	3	4	5	6
初始序列	(64)	**37**	83	<u>64</u>	72	28	55
(1)	(37	64)	**83**	<u>64</u>	72	28	55
(2)	(37	64	83)	**64**	72	28	55
(3)	(37	64	<u>64</u>	83)	**72**	28	55
(4)	(37	64	<u>64</u>	72	83)	**28**	55
(5)	(28	37	64	<u>64</u>	72	83)	**55**
(6)	(28	37	64	<u>64</u>	72	83)	

图 11-1 直接插入排序示例

(5) (28 37 64 <u>64</u> 72 83) **55**

(28 37 64 <u>64</u> 72 83)

(28 37 64 <u>64</u> 72 83)

(28 37 64 <u>64</u> 72 83)

(28 37 64 <u>64</u> 72 83)

(6) (28 37 55 64 <u>64</u> 72 83)

图 11-2 在有序子序列中插入一个记录

1. 顺序表上的直接插入排序

程序 11-2 是在顺序表上进行直接插入排序的 C 语言程序。排序的每一趟都将待插入的关键字值与表中的关键字值比较，如果待插入的关键字值 x<lst->Elements[j]，则 x 继续与表中前一个记录再作比较，当 x≥lst->Elements[j]时，便将 x 插入位置 j+1 处。如果 x 等于 lst->Elements[j]，x 将插在该记录之后，而不是之前。程序 11-1 所示的直接插入排序是稳定的排序算法。在图 11-1 的例子中，相同关键字的记录 64 和 <u>64</u> 在排序后的相对位置不变。

【程序 11-2】 顺序表的直接插入排序。

```
void InsertSort(List *lst)
{
    int i, j; T x;
    for (i=1; i<lst->Size; i++){              /*执行 n−1 趟*/
        x= lst->Elements[i];                   /*待插入元素存入临时变量*/
        for (j=i−1; j>=0 && x< lst->Elements[j]; j--)   /*从后往前查找插入位置*/
            lst->Elements[j+1]= lst->Elements[j];       /*元素后移，j 指针前移*/
        lst->Elements[j+1]=x;                  /*待插入元素存入找到的插入位置*/
    }
}
```

分析一个排序算法的执行时间，可以通过考察算法执行中所需的记录的比较、移动、交换的次数来计算。

直接插入排序的程序体是由嵌套的两个 for 循环组成的。设表长为 n，则外循环总是执行 n−1 次，将 n−1 个记录插入有序子表。内循环的执行次数取决于 i 的值以及数据的次序。对于一个已经有序(从小到大)的输入数据，内循环体不执行，所以只需一次记录比较，而不必移动任何记录。最坏情况发生在初始数据逆序的情况下，需作 i + 1 次比较，并且需将从 0 到 i−1 位置上的总共 i 个记录依次后移一个位置，再加上前后两次赋值语句(一次将待插入的记录赋给 x，另一次将 x 插入适当位置)，需移动 i+2 次。所以，算法在最坏情况下所需执行的关键字值间的总的比较次数 $W_C(n)$ 和移动次数 $W_M(n)$ 分别是

$$W_C(n) = \sum_{i=1}^{n-1}(i+1) = \frac{(n+2)(n-1)}{2} = O(n^2) \tag{11-1}$$

$$W_M(n) = \sum_{i=1}^{n-1}(i+2) = \frac{(n+4)(n-1)}{2} = O(n^2) \tag{11-2}$$

平均情况下，当插入 Elements[i]时，它有 i 种可能的插入位置：在 Elements[0]之前，以及在 Elements[0], …, Elements[i−1]之后。假定记录 Elements[i]被插在所有这 i + 个位置处的可能性是相同的，那么，记录间比较的平均次数是

$$\frac{1+2+3+\cdots+i+i}{i+1} = \frac{i}{2} + \frac{i}{i+1} \approx \frac{i}{2} + 1 \tag{11-3}$$

当插入 Elements[i]时，记录的平均移动次数是

$$\frac{0+1+\cdots+i}{i+1} + 2 = \frac{i(i+1)}{2(i+1)} + 2 = \frac{i}{2} + 2 \tag{11-4}$$

因此，我们有

$$A_C(n) = \sum_{i=1}^{n-1}\left(\frac{i}{2}+1\right) = \frac{1}{2}\sum_{i=1}^{n-1}i + (n-1) = \frac{n(n-1)}{4} + (n-1) = O(n^2) \tag{11-5}$$

$$A_M(n) = \sum_{i=1}^{n-1}\left(\frac{i}{2}+2\right) = \frac{1}{2}\sum_{i=1}^{n-1}i + 2(n-1) = \frac{n(n-1)}{4} + 2(n-1) = O(n^2) \tag{11-6}$$

2. 链表上的直接插入排序

直接插入排序也可以在链表上实现。程序 11-3 是在单链表上的直接插入排序算法的 C 语言程序。单链表采用程序 11-1 中描述的单链表结构类型。在单链表表示下，将一个记录插入到一个有序子序列中，搜索适当的插入位置的操作可从链表的表头开始。图 11-3(a) 中，从 11 到 55 之间的记录已经有序，现要插入 26。我们从表头开始，将 26 依次与 12、21 和 33 比较。直到遇到大于或等于 26 的记录 33 为止，将 26 插在 21 与 33 之间。该插入操作如图 11-3(b)所示。

【程序 11-3】 单链表的直接插入排序。

```
    void InsertSort(List* lst)
{
    Node  *unsorted, *sorted, *p, *q;
    if  (lst->First != NULL)  {                                /*空链表*/
        sorted = lst->First;
        while (sorted->Link != NULL){                          /*至少一个结点*/
            unsorted = sorted->Link;                           /*unsorted 指示待插记录*/
            if  (unsorted->Element< lst->First->Element) {     /*若待插记录小于第一个记录*/
                sorted->Link = unsorted->Link;                 /*将待记录从链表取下*/
                unsorted->Link= lst->First;                    /*将待插记录插在链表的最前面*/
                lst->First = unsorted;
            }
            else {                                             /*若待插记录大于等于第一个记录*/
```

```
        q= lst->First; p= q->Link;
        while (unsorted->Element>p->Element) {        /*搜索待插记录的适当插入位置*/
            q= p; p = p->Link;
        }
        if (unsorted == p) sorted = unsorted;         /*将待插记录插在有序子表末尾*/
        else {                                        /*将待插记录插在结点*q 之后*/
            sorted->Link= unsorted->Link;
            unsorted->Link= p; q->Link= unsorted;
        }                                             /*else*/
    }                                                 /*else*/
  }                                                   /*while*/
 }                                                    /*if*/
}                                                     /*end InsertSort*/
```

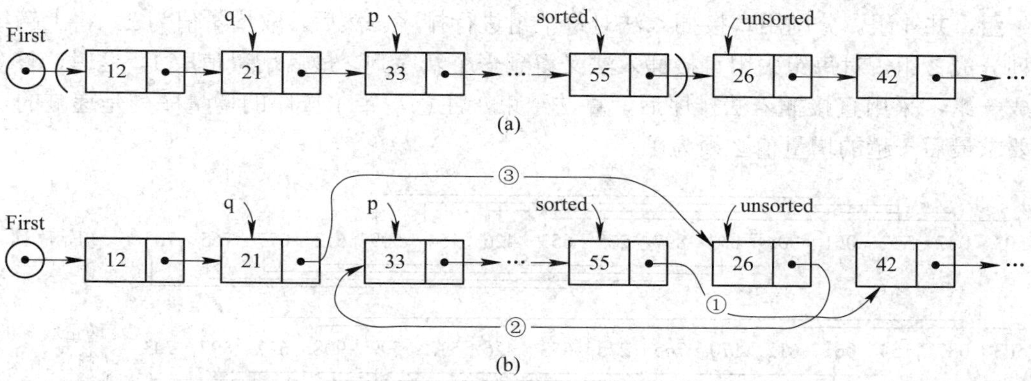

图 11-3　链表的直接插入排序

(a) 插入 26 前；(b) 插入 26 后

　　与顺序表的直接插入排序一样，链表上的直接插入排序算法首先将第一个记录视为只有一个记录的有序子序列，将第二个记录插入该有序子序列中，再插入第三个记录……直到插入最后一个记录为止。每趟插入，总是从链表的表头开始搜索适当的插入位置。程序 11-3 中，指针 p 指示表中与待插入的记录比较的结点，q 指示 p 的前驱结点。指针 sorted 总是指向单链表中已经有序的部分子表的尾部，而指针 unsorted 指向 sorted 的后继结点，即待插入的记录结点，见图 11-3(a)。如果待插入的记录小于第一个记录，则应将其插在最前面。请注意，下面的 while 循环总会终止。

```
        while (unsorted->Element>p->Element) {
            q= p; p = p->Link;
        }
```

　　如果 unsorted->Element 大于前面有序部分的所有记录，则当 unsorted->Element 等于 p->Element 时，循环结束，此时，指针 p 与 unsorted 指向同一个结点。这一结点在此处起了**哨兵**(sentinel)的作用。如果 while 循环终止，unsorted 与 p 不是同一个结点，则需将待插入

的结点 *unsorted 插在*q 与*p 之间。程序 11-3 所示的排序算法并不是稳定的。

*11.2.2 希尔排序

希尔排序又称渐减增量排序。这一方法是 Donard L.Shell 在 1959 年提出的，故称希尔排序。希尔排序也是一种插入排序类的方法。该方法的思路是：把记录按下标的一定增量分组，对每组中的记录使用直接插入排序方法。随着增量的逐渐减少，所分成的组中包含的关键字值越来越多，当增量值减少到 1 时，整个序列恰好被分成一个组。待到以整个记录序列为一组，使用直接插入方法排序后，算法结束。

请看图 11-4 所示的例子。设对图中所示的 16 个记录进行希尔排序，并设渐减的增量序列为 8，4，2，1，则当增量为 8 时，共分成 8 组，其中(503，653)为一组，(087，426)为一组……(275，703)为一组，每组有 2 个元素。采用直接插入法对每组分别进行排序，得到相应的结果。接着取增量值为 4，即将上趟的结果序列分成 4 组，如(503，612，653，908)为一组，(087，170，426，677)为一组，(154，765，512，897)为一组，(061，275，509，703)为一组，共 4 组。分别用直接插入法对每个组进行排序。然后，取增量值为 2，将上趟结果序列分成 2 组，对每组采用直接插入法又得到一个新序列。最后增量值取 1，这时，整个序列成一组，采用直接插入法排序后，算法结束。注意，希尔排序的增量序列是递减的，并且要求最后一趟的增量值必须为 1。

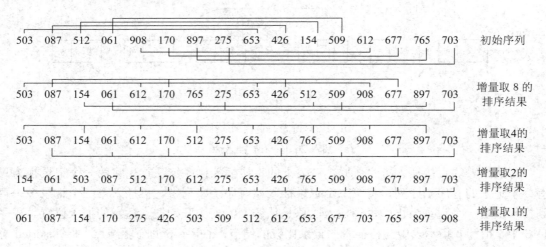

图 11-4 希尔排序示例

一般地，渐减增量可选如下任意自然数列：

$$n > h_t > h_{t-1} > \cdots > h_2 > h_1 = 1 \tag{11-7}$$

程序 11-4 为希尔排序的 C 语言程序。函数 ShellSort 调用修改的直接插入排序函数 InsSort 来实现在每一个增量值上，对各组执行一趟直接插入排序。函数 InsSort 的外层 for 循环，将下标值从 h(本趟的增量值)开始到 lts->Size−1 的所有记录，依次插入到相应分组的有序子序列中。对于位置 j 处的记录，它的同组的前一个记录的位置为 j−h。算法中增量序列的递减方式由语句 incr=incr/3+1;确定，这与图 11-4 例子中使用的增量序列不同。

【程序 11-4】 希尔排序。

```
void InsSort(List *lst, int h)
{
        int i, j; T x;
        for (i=h; i<lst->Size; i+=h){
            x= lst->Elements[i];
            for (j=i-h; j>=0 && x< lst->Elements[j]; j-=h)          /*位置 j 的同组前一个位置为 j-h*/
                    lst->Elements[j+h]= lst->Elements[j];
            lst->Elements[j+h]=x;
        }
}
void ShellSort(List *lst)
{
        int i，incr=lst->Size;
        do{
            incr=incr/3+1;                                          /*计算增量*/
            for (i=0; i<incr; i++) InsSort(lst, incr);
        }while (incr>1);
}
```

希尔排序的最后一趟的增量总是 1，即最后一趟是普通的直接插入排序。希尔排序的前面几趟都是为最后一趟直接插入排序作准备的，是一种预处理。希尔排序的正确性与直接插入排序是完全相同的。它的时间分析是一个复杂的问题，它的时间与所选择的增量序列有关。到目前为止，尚未有人求得一种最好的增量序列，但大量的研究已得到一些局部的结论，如有人指出，当增量序列取形如 $2^p 3^q$ 且小于 n 的所有自然数的集合(即 $\{2^p 3^q | 2^p 3^q < n\}$)时，算法的运行时间为 $O(n(\text{lb } n)^2)$。然而尽管如此，许多排序的例子已经说明希尔排序是非常好的排序算法。

希尔排序也是不稳定的排序算法。

11.2.3 对半插入排序

对半插入排序算法是插入排序的另一种版本。为了在有序序列中插入一个记录，必须搜索该记录的插入位置。与直接插入法不同的是，对半插入排序使用对半搜索方法搜索插入位置，然后将插入位置后面的记录后移，空出位置来插入待插记录。具体算法留作习题，请读者在顺序表上自行实现一个稳定的排序算法。

11.3 交 换 排 序

交换排序(exchange sort)的基本运算是交换两个逆序元素。最简单的一种交换排序就是人们熟悉的**冒泡排序**(bubble sort)。**快速排序**(quick sort)是另一种性能良好的交换排序算法。

11.3.1 冒泡排序

冒泡排序的思路很简单。设有 n 个记录，其关键字值序列为：$K_0, K_1, \cdots, K_{n-1}$，冒泡排序算法首先将 K_0 与 K_1 进行比较，若为逆序(即 $K_0 > K_1$)，则将两个记录交换位置，然后将 K_1 与 K_2 比较……直到将 K_{n-2} 与 K_{n-1} 进行比较，若为逆序，则交换。这是冒泡排序的一趟处理。经过这样一趟排序后，序列中关键字值最大的记录被安置在最后一个记录的位置上，然后对前 n–1 个记录进行同样的操作，将具有次大关键字值的记录安置在倒数第二个位置上。重复上述过程直到没有记录需要交换为止。图 11-5 是冒泡排序示例。在执行第 6 趟排序中没有记录因逆序而交换，冒泡排序结束。

位置	0	1	2	3	4	5	6	7	8
初始序列	35	56	72	49	49	28	39	65	82
(1)	35	56	49	49	28	39	65	72	82
(2)	35	49	49	28	39	56	65	72	82
(3)	35	49	28	39	49	56	65	72	82
(4)	35	28	39	49	49	56	65	72	82
(5)	28	35	39	49	49	56	65	72	82
(6)	28	35	39	49	49	56	65	72	82

图 11-5 冒泡排序示例

程序 11-5 是冒泡排序的 C 语言程序。宏定义 Swap(x，y，t)用于交换两个记录 x 和 y，t 是临时变量。程序使用布尔变量 sorted 指示是否在一趟排序中发生过记录交换。如果在某趟排序中，始终没有发生过记录交换，sorted 为 TRUE，则冒泡排序算法终止。

【程序 11-5】 冒泡排序。

```
#define Swap(x, y, t)((t)=(x), (x)=(y), (y)=(t))
void BubbleSort(List *lst)
{      int j, i=lst->Size − 1; T temp;
       BOOL sorted=FALSE;
       while (i>0 && !sorted){
          sorted=TRUE;
          for (j=0; j<i; j++)
             if (lst->Elements[j+1]< lst->Elements[j]){
                Swap(lst->Elements[j], lst->Elements[j+1], temp);
                sorted=FALSE;
             }
          i −−;
       }
}
```

我们可以通过改进程序 11-5 的冒泡排序算法，缩短算法的执行时间。其做法是：在每趟排序过程中，记录该趟排序中最后一次被交换的两记录的位置。设某趟排序的序列范围为 $K_0, \cdots, K_i$，在该趟排序中最后发生交换的两记录设为 K_s 和 K_{s+1}，$s<i$。根据程序 11-5 的做法，下趟排序的序列范围应为 $K_0, \cdots, K_{i-1}$，改进后的冒泡排序将下趟排序范围定为 $K_0, \cdots,$ K_s。图 11-6 为改进的冒泡排序的例子，带下划线的记录是 K_s。该例子经过 4 趟排序后结束冒泡排序。程序 11-6 是改进后的冒泡排序的 C 语言程序。

位置	0	1	2	3	4	5	6	7	8
初始序列	65	86	36	42	26	48	56	62	74
(1)	65	36	42	26	48	56	62	<u>74</u>	86
(2)	36	42	26	48	56	<u>62</u>	65	74	86
(3)	36	<u>26</u>	42	48	56	62	65	74	86
(4)	<u>26</u>	36	42	48	56	62	65	74	86

图 11-6　改进的冒泡排序示例

【程序 11-6】 改进的冒泡排序。

```
void BubbleSort1(List *lst)
{
    int i, j, last; T temp;
    i=lst->Size-1;
    while (i>0){                                    /*最多进行 n-1 趟*/
        last=0;                                     /*进行循环就将 lash 置成 0*/
        for (j=0; j<i; j++)                         /*从前往后进行相邻元素的两两比较*/
            if (lst->Elements[j+1]<lst->Elements[j]){
                Swap(lst->Elements[j], lst->Elements[j+1], temp);
                last=j;
            }
        i=last;
    }
}
```

当原始数据正向有序时，冒泡排序出现最好的情况，此时只需进行一趟排序，作 n-1 次比较就可以了。因此冒泡排序最好情况下的时间复杂度是 $O(n)$。当原始数据反向有序时，冒泡排序出现最坏情况，此时需进行 n-1 趟排序，第 i 趟需作 n-i 次关键字间的比较，并且需执行 n-i 次记录交换，这样比较次数为 $\sum_{k=1}^{n-1}(n-i)=\frac{1}{2}n(n-1)$，移动元素次数为 $\frac{3}{2}n(n-1)$。

因此冒泡排序最坏情况下的时间复杂度为 $O(n^2)$。程序 11-5 和程序 11-6 所示的冒泡排序都是稳定的排序算法。

11.3.2　快速排序

快速排序的名称是恰当的，因为它目前仍然是最快的一种内排序算法。

快速排序(quick sort)又称分划交换排序。分划交换排序的基本做法是：首先在待排序的序列$(K_0, K_1, \cdots, K_{n-1})$中选择一个记录作为分划元素，被称为**主元**(pivot)。例如可以取序列的第一个记录为主元，但这不是必需的，而且通常也不是最佳的。接着，以主元为轴心，经过一趟特殊的排序处理，实现对原序列的重新排列。设在新序列中，主元处于位置 k 处，则新序列应满足条件：从位置 0 到位置 k−1 的所有记录的关键字值都小于或等于主元的值；从位置 k + 1 到位置 n−1 的所有记录的关键字值都大于或等于主元的值。这样，序列被分成三部分：主元和左、右两个子序列：

$$(K_{p(0)}, \cdots, K_{p(k-1)}) K_{p(k)} (K_{p(k+1)}, \cdots, K_{p(n-1)})$$

其中，$K_{p(k)}$是本趟排序处理选定的主元，现位于位置 k 处。

事实上，这也是将对原序列的排序问题，分解成了两个待解决的、性质相同的子问题，即分别对子序列$(K_{p(0)}, \cdots, K_{p(k-1)})$和$(K_{p(k+1)}, \cdots, K_{p(n-1)})$进行排序。因为此时，只要分别将这两个子序列排成有序序列，则整个序列也就排成了有序序列。我们将对序列按上述要求重新排列的过程，称为一趟**分划**(partition)操作。那么，接着应采用什么方法分别对这两个子序列进行排序呢？当然，仍然可以继续使用快速排序方法。也就是说，只要待排序的子序列中超过 1 个记录，我们就可以同样对其执行分划操作，将该子序列细分成三部分：主元和两个更小的子序列。这种分划需要对每个长度大于 1 的子序列进行，直到所有子序列的长度不超过 1 为止。此时，整个序列已经排成有序序列。

分划操作是快速排序的核心操作，下面介绍一种可行的分划方法。

假定选择 left 位置处的记录为主元，在图 11-7 所示的例子中，选 72 为主元，使用两个下标变量 i 和 j 作为指针，i 的初值为 left，而 j 的初值为 right+1。i 自左向右移动，而 j 自右向左移动。先移动 i，让它指向 left+1，将主元与下标为 i 的记录的关键字值进行比较。如果主元大于 i 所指示的记录，则 i 右移一位，指向下一个记录，继续与主元比较。直到遇到一个记录的关键字值不小于主元时，指针 i 停止右移。

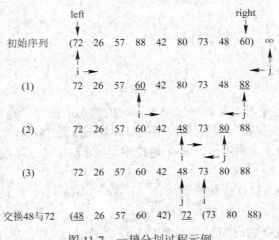

图 11-7   一趟分划过程示例

如图 11-7(1)所示，i 停止在位置 3(原 88)处。这时，开始左移指针 j。让主元与指针 j 指示的记录的关键字值比较，如果主元小于 j 所指示的记录，则 j 左移一位，指向前一个记录，继续与主元比较。直到遇到一个记录的关键字值不大于主元时，指针 j 停止左移。如图

11-7(1)所示，j 停止在位置 8(原 60)处。将 60 与 88 交换。下一步，继续右移 i，i 将终止在下一个遇到的不小于主元的记录处，再左移指针 j，j 将终止在下一个遇到的不大于主元的记录处。交换指针 i 和 j 所指示的两个记录，这里即交换 80 和 48，如图 11-7(2)所示。指针 i 和 j 的这种相向移动，直到 i≥j 时结束，见图 11-7(3)。最后，将主元与位于 j 的记录交换，见图 11-7，交换 48 与 72。这样，便结束了一趟分划操作，将序列分成三部分：

$$(48 \quad 26 \quad 57 \quad 60 \quad 42)72 \quad (73 \quad 80 \quad 88)$$

以后应对左右两个子序列分别进行快速排序，将它们排成有序序列。

快速排序的过程示例如图 11-8 所示。算法要求在待排序的序列的尾部设置一个大值∞作为哨兵，防止指针 i 在右移过程中不能终止。

初始序列	(72	26	57	88	42	80	73	48	60)	∞
(1)	(48	26	57	60	42)	72	(73	80	88)	
(2)	(42	26)	48	(60	57)	72	73	80	88	
(3)	(26)	42	48	60	57	72	73	80	88	
(4)	26	42	48	(57)	60	72	73	80	88	
(5)	26	42	48	57	60	72	73	(80	88)	
(6)	26	42	48	57	60	72	73	80	(88)	

图 11-8　快速排序的过程示例

程序 11-7 是在顺序表上实现的快速排序算法。该程序由三个函数组成：Partition、QSort 和 QuickSort。其中，Partition 为分划函数，QSort 是快速排序的递归函数，函数 QuickSort 调用 QSort 实现对顺序表的快速排序。

【程序 11-7】　快速排序。

```
int Partition(List *lst, int left , int right)
{
        char c;
        int i=left, j=right+1; T temp;                   /*确定分划序列的指针 i, j */
        T pivot=lst->Elements[left];
        do {
            do i++; while (lst->Elements[i]< pivot);      /*i 从左向右找第一个不小于 pivot 的元素*/
            do j--; while (lst->Elements[j]> pivot);      /*j 从右向左找第一个不大于 pivot 的元素*/
            if (i<j) Swap(lst->Elements[i], lst->Elements[j], temp);
        } while (i<j);
        Swap(lst->Elements[left], lst->Elements[j], temp);     /*交换位于 left 和 j 的元素*/
        return j;
}
void QSort (List *lst, int left , int right)
{
        int k;
        if (left<right){
```

```
        k=Partition(lst, left, right);                    /*对 left 和 right 之间的序列进行分划*/
        QSort(lst, left, k − 1);                          /*对左子序列进行快速排序*/
        QSort(lst, k+1, right);                           /*对右子序列进行快速排序*/
    }
}
void QuickSort(List *lst)
{
    QSort(lst, 0, lst->Size−1);                          /*以给定的初始序列 1st 调用快速排序函数*/
}
```

从上述快速排序算法中可以看出，如果每一次分划操作后，左、右两个子序列的长度基本相等，则快速排序的效率最高，其最好情况时的时间复杂度为 $O(n \operatorname{lb} n)$；反之，如果每次分划操作所产生的两个子序列其中之一为空序列，此时，快速排序效率最低，其最坏情况时的时间复杂度为 $O(n^2)$。如果选择左边第一个记录为主元，则快速排序的最坏情况发生在原始序列正向有序或反向有序时。快速排序的平均情况时间复杂度为 $O(n \operatorname{lb} n)$。

我们先来讨论最坏情况下快速排序的时间。设 $W_C(n)$ 是快速排序算法对 n 个记录的序列进行排序所作的比较次数。显然 $W_C(0)=W_C(1)=0$。容易看到，在每次分划操作中，主元和表中关键字值的比较不超过 n+1 次，所以有

$$
\begin{aligned}
W_C(n) &= (n+1) + W_C(n-1) \\
       &= (n+1) + n + W_C(n-2) \\
       &\vdots \\
       &= (n+1) + n + \cdots + 3 + WC(1) \\
       &= (n+4)(n-1)/2 = O(n2)
\end{aligned}
$$

我们再来看快速排序的平均情况时间。设 $A_C(n)$ 是对 n 个记录进行快速排序所需的平均比较次数。平均情况介于最好与最坏情况之间。平均情况时间复杂度需要考虑各种可能的输入，对各种输入下所需的时间求和，然后除以输入的总情况数，求得平均时间值。

为了分析快速排序算法的平均时间，我们作如下假定：
(1) 序列中，记录的关键字值各不相同；
(2) 每次分划(子)序列时，主元位于(子)序列中任意位置的概率是相等的。

对一个长度为 n 的记录序列执行一次分划操作，将序列分成三部分，设左、右两个子序列分别包括 k 个记录和 n−k−1 个记录。前面提到，在每次分划操作中，主元和表中关键字值的比较不超过 n+1 次。我们通过两次递归调用分别对两个子序列执行快速排序，所需的时间分别为 $A_C(k)$ 和 $A_C(n-k-1)$。由于主元位于从 0 到 n−1 各个位置上的可能性是相等的，于是有

$$
A_C(n) = n+1+\frac{1}{n}\sum_{k=0}^{n-1}(A_C(k)+A_C(n-k-1)) = n+1+\frac{2}{n}\sum_{k=0}^{n-1}A_C(k) \tag{11-8}
$$

用 n 乘式(11-8)两边，得

$$
nA_C(n) = n(n+1)+2\sum_{k=0}^{n-1}A_C(k) \tag{11-9}
$$

用 n−1 代换式(11-9)中的 n，得

$$(n-1)A_C(n-1) = n(n-1) + 2\sum_{k=0}^{n-2} A_C(k) \qquad (11\text{-}10)$$

用式(11-9)减去式(11-10)，得

$$nA_C(n) - (n-1)A_C(n-1) = 2n + 2A_C(n-1) \qquad (11\text{-}11)$$

即

$$\frac{A_C(n)}{n+1} = \frac{A_C(n-1)}{n} + \frac{2}{n+1} = \frac{A_C(n-2)}{n-1} + \frac{2}{n+1} + \frac{2}{n}$$

$$= \frac{A_C(n-3)}{n-2} + \frac{2}{n+1} + \frac{2}{n} + \frac{2}{n-1}$$

$$\vdots$$

$$= \frac{A_C(1)}{2} + \frac{2}{n+1} + \frac{2}{n} + \frac{2}{n-1} + \frac{2}{3}$$

$$= 2\sum_{k=3}^{n+1} \frac{1}{k} \leqslant 2\int_{2}^{n+1} \frac{dx}{x} < 2\ln(n+1)$$

所以

$$A_C(n) < 2(n+1)\ln(n+1) = O(n\ \text{lb}\ n) \qquad (11\text{-}12)$$

　　这就是说，快速排序的平均时间复杂度为 $O(n\ \text{lb}\ n)$，但它具有与直接插入排序和冒泡排序相同的最坏情况时间复杂度。此外，为了实现快速排序，需要有一个堆栈来实现递归，在最坏情况下，栈的最大深度为 $O(n)$。

　　迄今为止，我们已经对快速排序的效率作了较详细的讨论。为了避免产生最坏情况，进一步提高快速排序的速度，可以作如下改进：

　　(1) 改进主元的选择方法：在每趟排序前选择主元时可以作如下三种处理：

　　① 将 $K_{(left+right)/2}$ 作为主元，与 K_{left} 交换；

　　② 选 left 到 right 间的随机整数 j，以 K_j 作为主元，与 K_{left} 交换；

　　③ 取 K_{left}、$K_{(left+right)/2}$ 和 K_{right} 之中间值为主元，与 K_{left} 交换。

　　(2) 在快速排序过程中，子序列会变得越来越小，当子序列的长度小到一定值时，快速排序的速度反而不如一些简单的排序算法，如直接插入法。此时，我们可以对长度很小(如小于 10)的子序列不再继续分划，而使用直接插入法进行排序。

　　(3) 递归算法的效率常常不如相应的非递归算法，所以为了进一步提高快速排序的速度，可以设计非递归的快速排序算法。它的主要做法是使用一个堆栈，在一次分划操作后，将其中一个子序列下标的上、下界进栈保存，而对另一个子序列继续进行分划排序。当处理这个子序列时，仍将分划得到的一个子序列的上、下界进栈保存，对另一个子序列进行排序，直到分划所得的子序列中至多只有一个元素为止，再从栈中取出保存的某个尚未排序的子序列的上、下界对其进行快速排序。为了减少栈空间的大小，每次分划处理后，我们都将较大的子序列的上、下界进栈，而对较小的子序列先进行排序。这样可使所需的栈空间的大小降为 $O(\text{lb}\ n)$。

　　程序 11-7 所示的快速排序算法是不稳定的排序算法。快速排序可以有多种不同的算法版本，有兴趣的读者可以参考相关的书籍。

11.4　合并排序

11.4.1　两路合并排序

合并排序(merge sort)的基本运算是把两个或多个有序序列合并成一个有序序列。例如，我们可以用很简单的方法把序列(5，25，55)和(10，20，30)合并成(5，10，20，25，30，55)，比较两个序列中的最小关键字值，输出其中较小者，然后重复此过程，直到其中一个序列为空，如果此时另一个序列还有记录未输出，则将它们依次输出。

图 11-9 是两个有序序列的合并过程。

$$
\begin{cases}(5,\ 25,\ 55)\\(10,\ 20,\ 30)\end{cases} \quad (5)\begin{cases}(25,\ 55)\\(10,\ 20,\ 30)\end{cases} \quad (5,\ 10)\begin{cases}(25,\ 55)\\(20,\ 30)\end{cases} \quad (5,\ 10,\ 20)\begin{cases}(25,\ 55)\\(30)\end{cases}
$$

(a)   (b)   (c)   (d)

$$
(5,\ 10,\ 20,\ 25)\begin{cases}(55)\\(30)\end{cases} \quad (5,\ 10,\ 20,\ 25,\ 30)\begin{cases}(55)\\(\ )\end{cases} \quad (5,\ 10,\ 20,\ 25,\ 30,\ 55)
$$

(e)   (f)   (g)

图 11-9　两个有序序列合并的过程

通过将两个有序序列合并成一个有序序列的过程可以实现两路合并排序。其做法是：首先把输入序列分成长度为 1 的子序列(只包含一个记录的序列被认为是有序的)，总共有 n 个长度为 1 的有序子序列，这样，我们便可以实施两两合并，然后合并相邻的两个子序列，得到大约 n/2 个长度为 2 的有序子序列，再合并相邻的子序列，得到约 n/4 个长度为 4 的子序列，重复这样的过程，直到合并成长度为 n 的一个有序序列为止。在合并过程中，除了最后一个子序列可能较短外，其余子序列都有相同长度。图 11-10 为合并排序的例子。

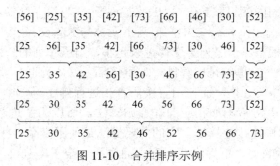

图 11-10　合并排序示例

11.4.2　合并排序的迭代算法

11.4.1 小节中介绍了两路合并过程和合并排序的方法，图 11-10 的例子给出了合并排序的迭代算法的具体做法。下面我们在顺序表上实现这一算法。

1. 两路合并过程

我们先来实现将两个有序序列合并成一个有序序列的 Merge 函数。该函数将两个子序列$(K_{i1}, K_{i1+1}, \cdots, K_{j1})$和$(K_{i2}, K_{i2+1}, \cdots, K_{j2})$合并为一个子序列，存放在临时数组中从下标 k 开始到下标 j1−i1+j2−i2+k+1 的范围内，即(Temp[k], ⋯, Temp[j1−i1+j2−i2+k+1])。程序 11-8
为 Merge 函数的 C 语言程序。

【程序 11-8】　Merge 函数的 C 语言程序。

```
void Merge(List *lst, T Temp[], int i1, int j1, int i2, int j2, int *k)
{       int i=i1, j=i2;
        while (( i<=j1 )&& (j<=j2)){                    /*若两个子序列都不空，则循环*/
            if (lst->Elements[i]<=lst->Elements[j])
        Temp[(*k)++]=lst->Elements[i++];                /*将较小元素存入 Temp[*k] */
            else Temp[(*k)++]=lst->Elements[j++];
        }
        while (i<=j1) Temp[(*k)++]=lst->Elements[i++];   /*将子序列 1 中剩余元素存入 Temp*/
        while (j<=j2) Temp[(*k)++]=lst->Elements[j++];   /*将子序列 2 中剩余元素存入 Temp*/
}
```

将两个长度之和为 n 的有序子序列合并成一个有序序列的函数 Merge，在执行中最多需
进行 n−1 次关键字值间的比较，其时间复杂度为 O(n)。

2．两路合并排序的迭代算法

程序 11-9 所示的函数 MergeSort 通过调用函数 Merge 实现两路合并排序。这是合并排
序算法的非递归版本。其中，变量 size 是子序列的大小，初值为 1，每趟排序结束时乘 2，
直到 size 大于等于原序列长度时排序结束。

【程序 11-9】　MergeSort 函数。

```
void MergeSort(List *lst)
{       T Temp[MaxSize];
        int i1, j1, i2, j2, i, k, size=1;        /*i1，j1 和*i2，j2 分别是两个子序列的上、下界*/
        while (size<lst->Size) {
            i1=0;    k=0;
            while (i1+size<lst->Size){
                                        /*若 i1+size<n，则说明存在两个子序列，需再两两合并*/
                i2=i1+size;    j1=i2-1;            /*确定子序列 2 的下界和子序列 1 的上界*/
                if (i2+size-1>lst->Size-1) j2=lst->Size-1;        /*设置子序列 2 的上界*/
                else j2=i2+size-1;
                Merge(lst, Temp, i1, j1, i2, j2, &k);             /*合并相邻两个子序列*/
                i1=j2+1;                           /*确定下一次合并第一个子序列的下界*/
            }
            for (i=0; i<k; i++) lst->Elements[i]=Temp[i];
            size*=2;                                              /*子序列长度扩大一倍*/
        }
}
```

易见，函数 MergeSort 的 size 取值不超过 $\lceil \text{lb } n \rceil$ 个，即最多进行 $\lceil \text{lb } n \rceil$ 趟排序。对 size 的每个值都将扫描 n 个记录，所以函数 MergeSort 的运行时间为 O(n lb n)。合并排序需要与原序列相同长度的辅助数组 Temp，所需的额外空间为 O(n)。程序 11-9 的两路合并排序是一种稳定的排序方法。

*11.4.3 链表上的合并排序

1. 合并排序的递归算法

在 11.4.1 和 11.4.2 小节中，我们讨论了合并排序的迭代算法。我们还可以设计它的递归算法。合并排序的递归算法是建立在对问题分解的基础上的。设待排序的序列为 $(K_0, K_1, \cdots, K_{n-1})$，合并排序的递归算法的基本思想是：为了将这一序列排成有序序列，我们可以如对半搜索一样，将序列对半分成左右两个长度基本相等的子序列，对两个子序列分别进行排序。当两个子序列分别排成有序序列后，可采用将两个有序序列合并成一个有序序列的方法合并之。那么，采用什么方法分别对两个子序列进行排序呢？仍然采用合并排序。所谓仍然采用合并排序，是说如果子序列中多余一个记录，我们对它继续进行对半分割，再分成两半，如果分割后的子序列还不够小，即还多于一个记录，则还应继续分割，直到分割而成的子序列中只包含一个记录或为空序列为止，这时需调用 Merge 函数实施合并操作，从而实现合并排序。

图 11-11 为合并排序的递归算法示例。

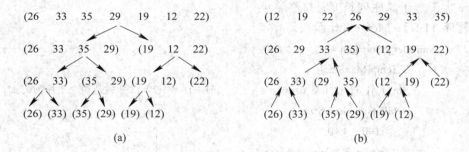

图 11-11 合并排序递归算法
(a) 分割过程；(b) 合并过程

我们将在单链表上实现合并排序的递归算法。所采用的单链表结构同直接插入法，见程序 11-1 中描述的单链表结构类型。

2. 两路合并过程

单链表上的两路合并函数 Node *Merge(Node *p, Node* q)有两个指针参数 p 和 q，它们分别指向两个有序子链表的表头。程序 11-10 使用了一个哑结点(dummy node)，它不包含记录，仅作为合并后的有序链表的表头结点，简化指针操作。比较 p 和 q 所指示的记录，将较小关键字值的记录链接到结果链表的表尾。指针 rear 始终指向结果链表的表尾。这一过程进行到两个子链表之一成为空表时停止，然后再将另一个子表的剩余部分链在结果链表的尾部，算法结束，函数返回 head.Link 的值，该值保存着结果链表的起始结点的地址。合并过程示意图见图 11-12。具体的 Merge 函数见程序 11-10。程序中的结点 head 是哑结点。

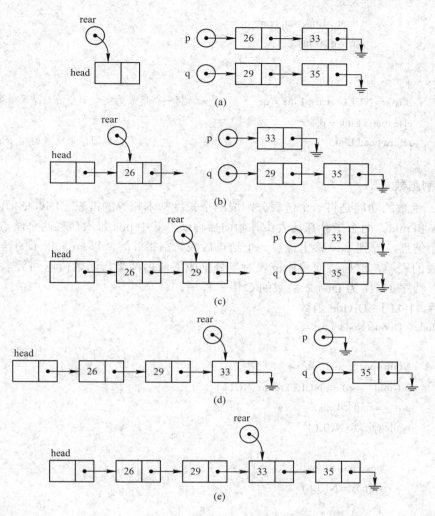

图 11-12　有序链表的合并过程

(a) 初始状态；(b) 输出 26；(c) 输出 29；(d) 输出 33；(e) 将表 q 的剩余部分链至 rear

【程序 11-10】 合并函数。

```
Node * Merge(Node *p, Node* q)
{
    Node *rear , head;                          /*head 为哑结点，rear 为指针变量*/
    rear= &head;                                /*rear 指向 head 结点*/
    while (p != NULL && q != NULL) {            /*合并两个有序链表*/
        if (p->Element <= q->Element)
        {
            rear->Link = p; rear = p;
            p = p->Link;
        }
        else {
```

```
                rear->Link = q; rear= q;
                q = q->Link;
            }
        }
        if (p == NULL) rear->Link = q;        /*将一个链表的剩余部分链至结果链表的尾部*/
        else rear->Link = p;
        return head.Link;                              /*返回结果链表的起始结点地址*/
    }
```

3. 分割函数

Divide 函数的功能是将一个链表分割成两个长度基本相等的链表。Divide 函数使用两个指针 pos 和 mid。两个指针都从表头开始向后移动，其中 pos 每次后移两个结点，mid 每次后移一个结点，等到 pos 移出最后一个结点后成为空指针时，以 mid 指示的结点作为前半部分子表的表尾，这样，便将原链表对半分割成了前后两半。函数值返回后半部分子表的头指针。程序 11-11 为 Divide 函数的 C 语言程序。

【程序 11-11】 Divide 函数。

```
    Node * Divide(Node * p)
    {
        Node *pos , *mid , *q;
        if ((mid    = p) == NULL) return NULL;
        pos    = mid ->Link;
        while (pos != NULL)
        {
            pos= pos->Link;
            if (pos!= NULL)
            {
                mid = mid ->Link; pos = pos ->Link;
            }
        }
        q= mid->Link; mid->Link = NULL;
        return q;
    }
```

4. 两路合并排序

利用 Divide 和 Merge 函数，我们可以很容易地实现合并排序的递归程序。程序首先调用函数 Divide 将链表对半分割成前后两个子链表。分别对这两个子链表实行合并排序，也就是执行递归调用语句，通过两次递归调用，将这两个子链表分别排序成有序表。最后，调用 Merge 函数将这两个有序子链表合并成一个有序链表，从而结束合并排序。由于对链表的合并排序被设计成递归函数，因此，我们还需要设计一个面向用户的排序函数来调用此递归函数，完成排序运算。两路合并排序的 C 语言实现见程序 11-12。

【程序 11-12】　两路合并排序。

```
void RMSort(Node** sublst)
{
    if (*sublst != NULL && (*sublst)->Link != NULL) {
        Node *second = Divide(*sublst);
        RMSort(sublst);
        RMSort(&second);
        *sublst = Merge(*sublst, second);
    }
}
void   RMergeSort(List *lst)
{
    RMSort(&lst->First);
}
```

图 11-13 是将图 11-11(a)的分割过程和图 11-11(b)的合并过程结合在一起描述合并排序递归算法执行过程的递归树。

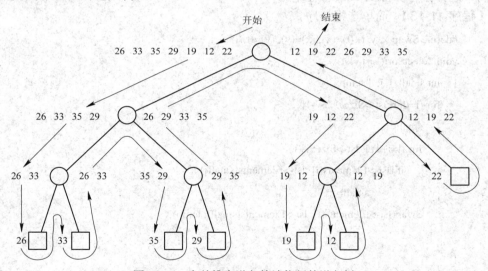

图 11-13　合并排序递归算法执行的递归树

合并排序递归算法的时间复杂度为 O(n lb n)。递归树的高度为 O(lb n)。

11.5　选　择　排　序

选择排序(selection sort)的基本运算是在由 n 个记录组成的序列中，选择一个最小(或最大)关键字值的记录输出，接着在剩余的 n−1 个记录中再选一个最小(或最大)关键字值的记录输出……依此类推，直到序列中只剩下一个记录为止。由于从一个序列中选择最小记录的方法可以不同，因此可有不同的选择排序算法。下面介绍两种选择排序算法：简单选择排序和堆排序。

11.5.1　简单选择排序

图 11-14 是一个简单选择排序的例子。其基本做法是：从 8 个记录组成的初始序列中，选择最小关键字值的记录 29，与最前面的记录 36 交换，再在剩余的 7 个记录的序列中选择最小记录 30，与处于位置 1 的 47 交换……经过 7 趟排序处理后，剩余序列中只包含一个记录 86，简单选择排序算法结束。

位置	0	1	2	3	4	5	6	7
初始序列	36	47	86	39	<u>47</u>	55	29	30
(1)	**29**	(47	86	39	<u>47</u>	55	**36**	30
(2)	29	**30**	(86	39	<u>47</u>	55	36	**47)**
(3)	29	30	**36**	(39	<u>47</u>	55	**86**	47)
(4)	29	30	36	**39**	<u>47</u>	55	86	47)
(5)	29	30	36	39	<u>**47**</u>	(55	86	47)
(6)	29	30	36	39	47	**47**	(86	**55)**
(7)	29	30	36	39	<u>47</u>	47	**55**	**(86)**

图 11-14　简单选择排序示例

简单选择排序算法的 C 语言程序见程序 11-13。

【程序 11-13】　简单选择排序。

```
#define Swap(x, y, t)((t)=(x), (x)=(y), (y)=(t))
void SelectSort(List *lst)
{   int small, i, j; T temp;
    for (i=0; i<lst->Size-1; i++){
        small=i;
        for (j=i+1; j<lst->Size; j++)
            if (lst->Elements[j]<lst->Elements[small])
                small=j;
        Swap(lst->Elements[i], lst->Elements[small], temp);
    }
}
```

上述算法有内外两层循环。设初始序列的长度为 n，对于循环变量的某个 i 值，剩余序列的长度为 n–i，在一个长度为 n–i 的序列中选择一个最小值的记录需作 n–i–1 次关键字值间的比较。所以，完成对长度为 n 的初始序列的简单选择排序，需要作 $T_C(n) = n(n-1)/2$ 次关键字值间的比较和 $T_E(n) = n-1$ 次的记录交换，即

$$T_C(n) = \sum_{i=0}^{n-2}(n-i-1) = \frac{n(n-1)}{2}$$

$$T_E(n) = n-1 \tag{11-14}$$

简单选择排序的最好、最坏和平均情况的执行时间是相同的。从图 11-14 的例子可以看到，简单选择排序是不稳定的排序算法。与直接插入排序一样，我们也可以设计简单选择

排序在链表上的实现版本，我们将这一实现留作作业。

*11.5.2 堆排序

堆排序是另一种选择排序，它使用堆数据结构来完成选择最小(或最大)记录的工作。

利用 6.4.1 节介绍的堆运算：向下调整 AdjustDown，我们容易实现选择排序的思想。堆排序分两步进行：第一步，将初始序列构成最小堆；第二步为选择排序，即从堆中重复选择最小记录输出。由于堆顶记录总是最小记录，因此只需输出堆顶记录即可，再调整其余记录，使它们重新构成堆，然后再输出堆顶记录，再调整，直到堆中全部记录输出为止。

图 11-15(a)是由 n=8 个记录的初始序列构成的堆。图 11-15(b)显示了堆排序中输出堆顶记录的做法。它是将堆顶记录与原堆底记录交换，堆中剩余记录组成的堆将比原始的堆减少一个记录，这样，堆的大小应减一。图 11-15(c)是对位于堆顶的记录实施向下调整操作，此时堆的大小为 7。记录 19 已经输出。继续上述步骤，直到剩余堆中只有一个记录时为止。采用此方法进行堆排序后，我们所得到的有序序列是以从大到小的次序排列的。

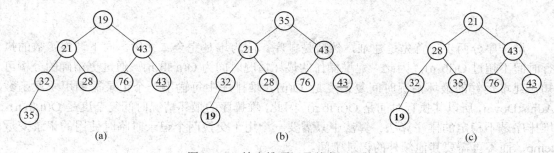

图 11-15   输出堆顶记录并向下调整

(a) 建成的堆；(b) 输出 19；(c) 向下调整 35

如果希望得到按从小到大次序排列的序列，有两种做法。一是仍以上述方法排序，然后按逆序输出。另一种方法是建立最大堆，并按最大堆的要求向下调整。将初始序列建成堆，然后执行堆排序的例子如图 11-16 所示。程序 11-14 是堆排序的 C 语言程序。应当注意的是，在堆数据结构的讨论中，我们假定堆中记录保存在数组中从下标 1 开始的位置上。函数 AdjustDown 见 6.4.1 节程序 6-14。

位置	1	2	3	4	5	6	7	8
初始序列	32	21	43	19	28	76	43	35
建成的堆	19	21	43	32	28	76	43	35
(1)	21	28	43	32	35	76	43	19
(2)	28	32	43	43	35	76	21	19
(3)	32	35	43	43	76	28	21	19
(4)	35	43	43	76	32	28	21	19
(5)	43	76	43	35	32	28	21	19
(6)	43	76	43	35	32	28	21	19
(7)	76	43	43	35	32	28	21	19

图 11-16   堆排序示例

【程序 11-14】 堆排序。

```
typedef struct minheap{
    int Size, MaxHeap;
    T Elements[MaxSize];
 }MinHeap;
void HeapSort(MinHeap *hp)
{
    int i; T temp;
    for (i=hp->Size/2; i>0; i--)                          /*建堆*/
        AdjustDown(hp->Elements, i, hp->Size);
    for (i=hp->Size; i>1; i--){                           /*选择排序*/
        Swap(hp->Elements[1], hp->Elements[i], temp);
        AdjustDown(hp->Elements, 1, i-1);
    }
}
```

堆排序分两步：首先是建堆，然后是排序。因为堆是完全二叉树，向下调整函数的执行时间不超过 $O(lb\ n)$，因此，建堆操作的最坏情况时间为 $O(n\ lb\ n)$。通过更精确的分析可知，建堆运算的最坏情况时间复杂度是 $O(n)$。堆排序中每输出一个记录需调用一次函数 AdjustDown，所以其执行时间是 $O(n\ lb\ n)$。因此，堆排序的最坏情况时间复杂度是 $O(n\ lb\ n)$。堆排序是不稳定的排序算法。算法中只需要一个用于交换两个记录时临时使用的记录变量 temp，而不再需要其他额外的记录空间。

*11.6　排序算法的时间下界

迄今为止，我们已经介绍了多种通过关键字的比较来实现的排序算法，这些算法被称为基于关键字比较的排序算法。除希尔排序外，我们对这些排序算法的时间都作了分析，见表 11-1。

表 11-1　基于关键字比较的排序算法的时间

排序算法	最好情况	平均情况	最坏情况
简单选择排序	$O(n^2)$	$O(n^2)$	$O(n^2)$
直接插入排序	$O(n)$	$O(n^2)$	$O(n^2)$
冒泡排序	$O(n)$	$O(n^2)$	$O(n^2)$
快速排序	$O(n\ lb\ n)$	$O(n\ lb\ n)$	$O(n^2)$
两路合并排序	$O(n\ lb\ n)$	$O(n\ lb\ n)$	$O(n\ lb\ n)$
堆排序	$O(n\ lb\ n)$	$O(n\ lb\ n)$	$O(n\ lb\ n)$

可以看到在最坏情况下，没有一种排序算法的时间会比 $O(n\ lb\ n)$ 更好。事实上，可以证

明在最坏情况下，任何一种基于比较的排序算法所需的比较次数不会少于(n/4) lb n。下面我们来证明这一点。

对 7.3.2 节中定义的二叉判定树稍加修改，就可以得到排序问题的二叉判定树。这里，我们假定待排序的 n 个记录的关键字值各不相同。模拟基于关键字比较的排序算法的二叉判定树可以这样定义：在算法执行中，两个记录间所作的一次比较，在判定树中用一个内结点表示，并用进行比较的两记录的下标标识为 "i：j"。算法总是在外结点处终止。从根到外结点的每一条路径分别代表对一种可能的输入序列的排序结果。

我们知道，$(0, \cdots, n-1)$ 有 n! 种不同的排列$(p(0), \cdots, p(n-1))$，而每一种排列对应于 n 个记录的一种可能输入的排序结果，因此，该二叉判定树上至少有 n! 个外结点，每一个外结点对应一种输入序列。图 11-17 给出了对 3 个记录的某种基于关键字比较的排序算法的二叉判定树。例如，输入序列为(15, 19, 17)，则使用图 11-17 的排序算法对其排序，算法执行$(0：1)$、$(1：2)$、$(0：2)$三次比较后到达外结点$(0, 2, 1)$处。

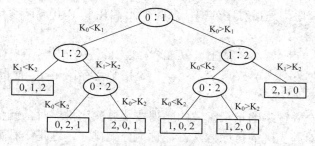

图 11-17　排序算法的二叉判定树(n=3)

对 n 个记录进行排序的最坏情况下所需的比较次数取决于它的二叉判定树的高度。

根据 6.2.1 节二叉树的性质 4 可知，任意一棵二叉树中，叶结点的个数比度为 2 的结点的个数多一个。由于二叉判定树上至少有 n!个外结点，因此它至少有 n!−1 个内结点。

根据二叉树的性质 3 可知，包含 N 个元素的二叉树的高度至少为$\lceil lb(N+1) \rceil$。现考虑不包括外结点的那部分树的高度。不计入外结点的树中结点个数 N = n!−1，所以它的高度至少为 $\lceil lb(N+1) \rceil = \lceil lb\, n! \rceil$。

因为当 n>1 时有 $n! \geq n(n-1)(n-2)\cdots(\lceil n/2 \rceil) \geq (n/2)^{n/2}$，所以当 $n \geq 4$ 时有 $T_C(n) \geq \lceil lb\, n! \rceil \geq lb\, n! \geq (n/2)\, lb(n/2) \geq (n/4)\, lb\, n$。因此，基于关键字比较的排序算法在最坏情况下所需的比较次数当 $n \geq 4$ 时不会少于(n/4) lb n，即具有与 n lb n 相同的阶。

*11.7　基　数　排　序

基数排序(radix sort)和前面所述的各类排序方法不同。所有前面的排序算法都是基于关键字值之间比较的算法，而基数排序是基于分配的算法。这是一种借助于多关键字排序思想对单关键字进行排序的做法。

首先我们来看什么是多关键字排序。例如扑克牌排序，每张扑克牌有两个属性：花色和面值，现规定：

(1) **花色** k^0(suit)：♣ < ♦ < ♥ < ♠；

(2) **面值** k^1(face value)：2 < 3 < … < 10 < J < Q < K < A。

我们的目的是要将扑克牌排成下列次序：

$$♣2, …, ♣A, ♦2, …, ♦A, ♥2, …, ♥A, ♠2, …, ♠A$$

这也就是所谓的字典有序序列。如果将花色和面值看成是扑克牌记录的两个关键字，则扑克牌排序就是一种多关键字排序。有两种方法可实现扑克牌排序。一种方法是先按花色分成 4 叠，然后将这 4 叠按花色的次序叠在一起；接着再按面值分成 13 叠，然后将这 13 叠按面值的次序叠起来。另一种方法是先按面值分成 13 叠，然后将这 13 叠按面值的次序叠在一起；接着再按花色分成 4 叠，然后将这 4 叠按花色的次序叠起来。

一般情况下，我们假定序列中有 n 个记录($R_0, R_1, …, R_{n-1}$)，每个记录包含 d 个关键字($k^0, k^1, …, k^{d-1}$)，其中 k^0 是最高位关键字，k^{d-1} 是最低位关键字。我们称一个序列对关键字($k^0, k^1, …, k^{d-1}$)有序，是指对序列中任意两个元素 R_i 和 R_j ($0 \leqslant i<j \leqslant n-1$)都满足**字典次序**关系：

$$k_i^0, k_i^1, …, k_i^{d-1} \leqslant k_j^0, k_j^1, …, k_j^{d-1}$$

字典次序($x^0, x^1, …, x^{d-1}$) < ($y^0, y^1, …, y^{d-1}$)是指必定存在 m<d，使得 t=1, 2, …, m-1 时，$x^t = y^t$ 且 $x^m < y^m$。

当需要对由多个关键字的记录组成的序列按字典次序排序时，就称此排序为多关键字排序。上面使用的对扑克牌的排序方法，被称为分配排序，这是一种很自然的多关键字排序方法。

有两种分配排序的方法：其一是**最高位优先法**(Most Significant Digit first，MSD)，其二是**最低位优先法**(Least Significant Digit first，LSD)。

最高位优先法的做法是：排序按关键字 $k^0, k^1, …, k^{d-1}$ 的次序进行，即先按最高位关键字将序列分成若干叠，然后再按次高位分成若干叠……最低位优先法的做法是：排序按关键字 $k^{d-1}, k^{d-2}, …, k^0$ 的次序进行，即先按最低位关键字将序列分成若干叠，然后再按次低位分成若干叠……

对于扑克牌，先按花色分配，再按面值分配的做法是最高位优先法；反之是最低位优先法。

最高位优先法和最低位优先法的思想可以用于对单关键字记录的序列进行排序。基数排序就是一种最低位优先法的单关键字排序方法，这里的"位"是单关键字中的一个分量。

如果一个记录的单关键字 k_i 可以分解为 d 个分量 $k_i^0, k_i^1, …, k_i^{d-1}$，其中，最高位分量是 k_i^0，最低位分量是 k_i^{d-1}，每个分量有 radix 种取值，radix 称为**基数**(比如整数 614 可按基数 radix=10 分解成 d=3 个分量)，那么，我们就可以将一个关键字看成是由多个成分关键字组成的组合关键字，从而可以采用上述分配排序的思想进行排序。

图 11-18 给出了对 d=3，radix=10 的 10 个记录的序列进行基数排序的各趟排序过程。假定记录序列用链表存储。

所以，基数排序是一种最低位优先法。它先按最低位 k^{d-1} 将序列中的 n 个记录"分配"到 0 到 radix-1 个子序列中，再将序列按顺序"收集"起来成为一个序列，完成第 1 趟排序；

第 2 趟排序按次低位 k^{d-2} 将序列中的 n 个记录"分配"到 0 到 radix-1 个序列中，再按顺序将子序列"收集"起来……直到最后一趟，按 k^0 "分配"和"收集"完成后，基数排序结束。

初始序列：L→362→745→885→957→054→786→080→543→012→565。

首先，将表中记录按个位数分配到编号从 0 到 9 的 10 个子链表中。

[0]→080	[5]→745→885→565
[1]→	[6]→786
[2]→362→012	[7]→957
[3]→543	[8]→
[4]→054	[9]→

然后，将上面 10 个链表收集起来，成为一个链表(所谓收集，就是将 10 个链表依次链接起来)：

L→080→362→012→543→054→745→885→565→786→957

再次将表中记录按十位数分配到编号从 0 到 9 的 10 个子链表中。

[0]→	[5]→054→957
[1]→012	[6]→362→565
[2]→	[7]→
[3]→	[8]→080→885→786
[4]→543→745	[9]→

然后，将上面 10 个链表收集起来，成为一个链表：

L→012→543→745→054→957→362→565→080→885→786

再将表中记录按百位数分配到编号从 0 到 9 的 10 个子链表中。

[0]→012→054→080	[5]→543→565
[1]→	[6]→
[2]→	[7]→745→786
[3]→362	[8]→885
[4]→	[9]→957

最后，将上面 10 个链表收集起来，成为一个链表，基数排序结束。链表为

L→012→054→080→362→543→565→745→786→885→957

图 11-18 基数排序示例

我们看到基数排序中，反复使用了"分配"和"收集"这两种基本操作。为实现基数排序，我们假定关键字是由 d 个分量组成的组合关键字，每个分量具有 T 类型，类型 T 的基数为 radix。我们需要一个由 radix 个链表构成的存储结构，每个链表设立一个表头指针 f 和一个表尾指针 r，这样需要两个长度均为 radix 的指针数组。

下面我们将采用图 11-19 所示的静态链表实现之。所谓**静态链表**，是指预先分配一块连续的 n 个记录大小的存储空间，将组成链表的结点保存在此连续空间中。一个结点的地址为该结点在存储区的位置。这样，我们可以定义如下的结点类型：

```
typedef struct rnode{
    T Key[d];
    int Link;
}RNode;
```

静态链表中每个结点有两个域：Key[d]和 Link。其中，Key[d]保存关键字的 d 个分量，Link 是指向下一个结点的指针。

静态链表有如下定义：

```
typedef struct slist{
    int Size, Head;
    RNode Nodes[MaxSize];
} SList;
```

图 11-19 给出了图 11-18 所示的例子的初始序列和排成的有序序列的静态链表结构示意图。记录保存在 SList 类型结构中的数组 Nodes 中，Head 是指向表头的指针。初始链表中 Head=0，而其他时间 Head 指向当前链表的首结点。

0	1	2	3	4	5	6	7	8	9
080	362	012	543	054	745	885	565	786	957
1	2	3	4	5	6	7	8	9	−1

↑
Head=0

(a)

0	1	2	3	4	5	6	7	8	9
080	362	012	543	054	745	885	565	786	957
1	3	4	7	0	8	9	5	6	−1

↑
Head=2

(b)

图 11-19   静态链表存储表示

(a) 初始序列；(b) 排成的有序序列

程序 11-15 是基数排序的 C 语言程序。程序的外层 for 循环实行最低位优先法。变量 i 取从 d−1 到 0 的每一个值。对 i 的每个值要执行一趟分配和收集。分配是将链表中的每个结点，根据其关键字的第 i 位的值分配。设当前被分配的结点在静态链表中的位置为 k，该结点的关键字的第 i 位的值为 j，分配是将该结点插到第 j 个子链表的表尾。第 j 个子链表的表头指针为 f[j]，r[j]指向它的表尾。语句

if (f[j]==−1) f[j]=k; else lst->Nodes[r[j]].Link=k;

将位置为 k 的结点插入第 j 个子链表的表尾。f[j]==−1 表示该子链表当时为空表，结点 k 是分配给它的第一个结点；否则，将结点 k 链至结点 Nodes[r[j]] 的后面，即 lst->Nodes[r[j]].Link=k，然后执行 r[j]=k，使 r[j]指向新的表尾结点。收集操作是将所有 radix 个子链表按次序重新链接成一个链表，即将后一个链表的头结点链在前一个链表的表尾。

【程序 11-15】 基数排序。

```
void RadixSort(SList *lst)
{
    int i, j, k, tail, f[radix], r[radix];
    for (i=d -1; i>=0; i--){
        for (j=0; j<radix; j++) f[j]= -1;                    /*分配*/
        for ( k=lst->Head; k>-1; k=lst->Nodes[k].Link){
            j=lst->Nodes[k].Key[i];
            if (f[j]== -1) f[j]=k;
            else lst->Nodes[r[j]].Link=k;
            r[j]=k;
        }
        for (j=0; f[j]== -1; j++);                           /*收集*/
        lst->Head=f[j]; tail=r[j];
        while (j<radix){
            for (j++; j<radix; j++) if (f[j]>-1) {
                lst->Nodes[tail].Link=f[j]; tail=r[j];
            }
        }
        lst->Nodes[tail].Link=-1;
    }
}
```

该算法对 n 个元素共进行 d 趟排序，每趟的“分配”需将元素放到 radix 个队列中，“收集”需要收集 n 个元素，这样每趟“分配”和“收集”需花时 O(radix+n)，因此总的时间复杂度为 O(d × (radix+n))。此外，基数排序需要(n+2 × radix)个附加空间。基数排序是稳定的排序方法。

小 结

本章讨论了各种不同的内排序算法，介绍了它们的基本方法，并讨论了它们的时间和空间效率以及稳定性。本章还对排序问题的时间下界作了论证。

习 题 11

11-1 什么是排序？什么是内排序？什么是外排序？

11-2 设有记录序列：61, 87, 12, 03, 08, 70, 97, 75, 53, 26。现按下列算法对它分别进行排序，请手工模拟算法的执行过程，给出每趟排序结果。

(1) 直接插入排序；

(2) 希尔排序；

(3) 冒泡排序；

(4) 快速排序；

(5) 简单选择排序；

(6) 堆排序；

(7) 两路合并排序。

11-3 设有记录序列：165，993，278，756，643，853，697，503，972，229。现使用基数排序对它进行排序，请给出每趟分配和收集的结果。

11-4 从以下几个方面比较题 11-2 中各种排序算法。

(1) 最好、最坏和平均情况下的时间复杂度；

(2) 空间复杂度；

(3) 稳定性(对不稳定的算法给出一个简单的实例)；

(4) 指出第 1 趟排序结束后就能确定某个元素最终位置的算法。

11-5 什么是排序算法的二叉判定树？画出 n=3 时的直接插入排序的二叉判定树。

11-6 在带表头结点的单链表上实现简单选择排序。

11-7 编写一个双向冒泡排序算法，即一趟排序结束后最大元素沉底，最小元素"冒"到最前面。应避免已到位的元素重复比较。

11-8 编写程序实现快速排序的非递归算法。

11-9 对半插入排序算法是插入排序的另一种版本。为了在有序序列中插入一个记录，必须搜索该记录的插入位置。与直接插入法不同的是，对半插入排序算法使用对半搜索方法搜索插入位置，然后将插入位置后面的记录后移，空出位置来插入待插记录。请在顺序表上实现之。

11-10 证明在最坏情况下实现快速排序算法所需的堆栈的大小为 O(n)。

11-11 快速排序中，为了减少算法所需的栈空间，可以在每次分划处理后，将较大的子序列的上、下界进栈，而对较小的子序列先进行排序。证明为什么这样做可使所需的栈空间的大小降为 O(lb n)。

11-12 已知有 n 个元素的整型数组中的元素有正有负。编写算法，在一个元素的附加空间和 O(n)的时间复杂度内完成将所有负数放在所有正数之前。

11-13 编写两路合并排序算法的递归算法。

11-14 画出题 11-2 的两路合并排序算法的递归树。

11-15 有 n 个不同值元素存于一个一维数组中，设计算法，实现不经过完全排序从中选出自大到小的前 k(k < n)个元素的功能。

11-16 有 n 个不同值元素存于一维数组 A 中，编写计数排序算法：设有数组 C，其中 C[i]存放小于 A[i] 的元素个数，若 C[i]=0，则 A[i] 必为最小值元素。按 C[i] 的值重新排列 A 中元素，则可得有序序列。

11-17 编写一种混合排序算法，在元素个数 n≤20 时使用直接插入排序法，否则使用快速排序法。

文件和外排序

辅助存储器也称外存储器(例如磁盘和磁带)，与主存储器(内存)在性能上有很大区别。外存储器是一种存储量大的永久存储器，但它的访问速度要比内存慢得多。当数据量较大，需要永久保存时，一般都组织成文件，保存在外存上。文件的广泛应用和外存的特点，使得我们有必要对文件进行单独讨论，研究文件的组织方式，以及有别于内排序的文件排序方法。

*12.1　辅助存储器简介

12.1.1　主存储器和辅助存储器

主存储器(primary memory)和**辅助存储器**(secondry storage，peripheral storage)是两种不同的存储器，它们在性能上有着明显的差异。主存储器一般是指**随机访问存储器**(random access memory)，而辅助存储器是指硬盘、软盘和磁带这样的设备。现在 CPU 的速度越来越快，计算机的主存储器和辅助存储器的容量也随之增大。辅助存储器(外存)较之主存储器(内存)至少有两个优点：一是价格较低；二是永久性，也就是关机后信息不会消失。辅助存储器的缺点是显而易见的，它的速度明显低于内存。内存与外存的速度之比可达一百万比一。设想一下，如果在内存中访问一条记录的时间是 20 秒，则在外存上执行相同的操作大约需要 8 个月。

由于访问磁盘中的数据相对来说实在太慢，因而我们在程序设计时必须考虑如何使磁盘访问次数最少。

12.1.2　磁盘存储器

磁盘通常称为**直接访问**(direct access)存储设备，它与磁带之类的**顺序访问**(sequential access)存储设备不同，访问磁盘文件中任何一个记录所花费的时间几乎相同。

目前用得较多的是活动臂硬盘，如图 12-1 所示。**硬盘**(disk)一般有多个**盘片**(platter)和多个**读/写磁头**(read/write head)。多个盘片固定在一个**主轴**(spindle)上，并随着主轴沿一个方向高速旋转。最顶层和最下面的盘片的外侧面不用，其余盘片记录数据，称为记录盘。每个记录盘面对应一个磁头，磁头安装在一个可活动的**臂**(arm)上，这些活动臂与**主杆**(boom)相连。随着主杆的向里或向外移动，所有磁头可在盘面上一起做径向移动。每个记录盘面上都有许多**磁道**(track)，即记录盘面上的同心圆。数据就记录在磁道上。运行时，当磁头从一个磁道移到另一个磁道时，由于盘面高速旋转，磁头所在的磁道上的数据相继在磁头下通过，从而可以把数据读入计算机。以类似的方式也可以把数据写到磁道上。

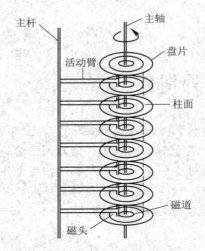

图 12-1　磁盘物理结构示意图

各记录盘面上具有相同半径的磁道合在一起称为一个**柱面**(cylinder)。一个柱面就是当活动臂在一个特定位置时，所有磁头可以读得的所有数据。活动臂移动时，实际上是将磁头从一个柱面移到另一个柱面。一个磁道可划分成若干段，称为**扇区**(sector)。每个扇区之间有**间隔**(intersector gap)，在扇区的间隔中不存储数据，这些间隔使磁头可以识别扇区边界。这样，对磁盘存储器来说，从大到小的存储单位是盘片组、柱面、磁道和扇区。虽然外面的磁道比里面的磁道长，但它们的存储量是相同的，所以，每个扇区中包含相同的数据量，里层磁道的数据密度高于外层磁道。**CD-ROM** 由一个单一的螺旋磁道组成。沿着磁道的比特信息分布距离相等，因此磁道里面和外面的信息密度是一样的。为了保持信息沿着螺旋磁道以固定的速率流动，随着 I/O 磁头向中心移动，驱动器必须减慢磁盘旋转的速率，这就形成了更复杂的机制，读/写速度也降低了。

从硬盘中读取数据可以分以下几个独立的步骤。第一，必须选定柱面，即需要将磁头移到该柱面，所需的时间称为**定位**或**寻找时间**(seek time)。这是机械动作，所以较慢。第二，确定磁道，这实际上是选定哪个磁头的问题，这是由电子线路实现的，所以很快。第三，确定所要读/写的数据的准确位置，这就需要等待包含所需数据的扇区旋转到读/写磁头下。平均情况下，需要等待半圈。这段时间称为**旋转延迟**或**等待时间**(lantency time)。第四，真正的读/写。由于电子线路的传输速度比磁道的旋转速度快得多，因此此读/写速度实际上取决于磁盘的转速。由此可见，在磁盘旋转一周的时间内，总可以完成对一个磁道数据的读/写。

目前，硬盘读/写的**定位时间**和**旋转延迟时间**都是毫秒级的。

由于磁盘数据读/写的最小单位是扇区，因此一次读/写要读取整个扇区的数据，而不是单个比特。这是与内存读/写完全不同的。

一旦读取了一个扇区，它的信息就存储在内存中，这称为**缓冲**(buffering)或**缓存**(caching)。下次访问时可以从缓存中读取信息。目前几乎所有的操作系统都自动进行扇区级缓冲，而且扇区级缓冲经常直接建立于磁盘存储器的控制器硬件中。一般有两个缓冲区，一个用于输入，一个用于输出。存储在一个缓冲区中的信息经常称为一**页**(page)。进一步地，可以在内存中建立多个缓冲区，称为**缓冲池**(buffer pool)。缓冲池的目的是增加内存中的信息量，使近期常访问的信息尽可能直接从缓冲池读，从而减少磁盘读/写次数。

12.2　文　　件

12.2.1　文件的基本概念

文件是逻辑上相关的记录的集合。通常一个文件的各个记录是按照某种次序排列起来的，这种次序可以是记录中关键字值的大小次序，也可以是各个记录存入文件的时间先后次序。这样，各记录间自然形成一种线性关系。所以一般情况下，文件被看成是一种线性结构。

有两种不同类型的文件：操作系统文件和数据库文件。操作系统文件仅仅是一维的连续的字符序列，无结构无解释，它也可以看成是记录的集合，每个记录仅仅是一个字符组，每组信息称为一个逻辑记录，且可以按顺序编号以方便存取和处理。数据库是用文件组织起来的可共享的数据的集合。文件是数据库的基本成分。数据库文件是带有结构的记录的集合。这类记录本身是由一个或多个数据项组成的。这里的记录同样是逻辑记录。逻辑记录是从用户角度看到的记录，组成的文件称为**逻辑文件**(logical file)。

文件是存在外存储器上的。为了有效分配外存空间，我们可以将多个扇区构成一个**簇**(cluster)。簇是文件的最小分配单位。簇的大小由操作系统决定。**文件管理器**(file manager)是操作系统的一部分，它负责记录一个文件由哪些簇组成。UNIX 操作系统按扇区分配文件空间，并称之为**块**(block)。为了与逻辑文件和文件的逻辑记录相对应，文件存储器上的文件称为**物理文件**(physical file)，一簇或块(物理块)中的信息称为物理记录。用户读/写的记录是指逻辑记录，查找该逻辑记录所在的物理块是操作系统的职责。

12.2.2　文件的组织方式

文件结构(file structure)是用于组织存储在外存上的数据的一种数据表示方法。文件结构的原则是使磁盘访问次数最少。与前面讨论的表一样，文件可以有多种不同的组织方式。主要的文件组织方式(即文件结构)有顺序文件、散列文件、索引文件和倒排文件。

1. 顺序文件

从本质上讲，**顺序文件**(sequential file)就是顺序存放的线性表。顺序文件分两种：串行处理文件和顺序处理文件。其中，串行处理文件中的记录一般不是按关键字值排序，而是按照记录存入文件的先后次序排列的。顺序处理文件中的各记录已按关键字值的大小排列。

(1) 串行处理文件。串行处理文件(见图 12-2)是无序的，对这样的文件按关键字值搜索只能采取顺序搜索的方法进行，即从文件的第一个记录开始，依次将待查关键字值与文件中的记录的关键字值进行比较，直到成功找到该记录，或直到文件搜索完毕，搜索失败为止。顺序搜索通常搜索时间比较长。

	职工号	姓名	性别	职称	其他
100	1231	王海英	女	助　教	…
140	2011	张敏江	男	讲　师	…
180	0567	陈冬生	男	副教授	…
220	1089	李小阳	男	教　授	…
260	2133	刘　山	男	副教授	…
300	1055	庄　勇	男	讲　师	…
340	2313	洪莉萍	女	讲　师	…
380	1002	林　倩	女	工程师	…
420	1611	王　文	男	助　教	…

图 12-2　串行处理文件

与第 7 章的表一样，如果文件是按照记录被访问的频率组织的，即访问频率最高的记录排在文件的最前面，接着是访问频率次高的记录……则在文件中成功搜索一个记录的平均比较次数是 $S_n=1p_1+2p_2+\cdots+np_n$，其中，查找关键字值为 k_i 的记录的概率为 p_i，$p_1 \geqslant p_2 \geqslant \cdots \geqslant p_n$，$p_1+p_2+\cdots+p_n=1$。$S_n$ 有最小值。

对于无法事先知道记录被访问频率的应用，可以按第 7 章介绍的自组织线性表的方式组织成自组织文件。具体方法有：**计数方(count)法**、**移至开头(move-to-front)法**和**互换位置(transposition)法**。

(2) 顺序处理文件。顺序处理文件已按关键字值排序。有序表上的各种搜索方法原则上都可以用于顺序处理文件的搜索，如顺序搜索和二分搜索等。但是由于文件是外存上的数据结构，在考虑算法时，必须尽量减少访问外存的次数，因此顺序处理文件的搜索算法有自己的特点。下面介绍顺序处理文件上的分块插值搜索。

设文件由 n 个记录 R_0, R_1, …, R_{n-1} 组成，并已知记录的关键字值按递增顺序排列：K_0, K_1, …, K_{n-1}。K_0 是最小关键字值，K_{n-1} 是最大关键字值。此 n 个记录顺序存储在 m 个(物理)块中。现要在该文件中搜索关键字值为 K 的记录。

分块插值搜索的做法是首先在 m 个块范围内决定被读入内存进行搜索的块号。第一次被读入内存的块号 i 按下式计算：

$$i = 1 + \left\lceil \left(\frac{K - K_0}{K_{n-1} - K_0} \right)(m - 1) \right\rceil \tag{12-1}$$

设 L_i 和 H_i 分别是第 i 块的最小和最大关键字值。

若 $K<L_i$，则下一次被搜索的块号的范围为 [1, i−1]；

若 $L_i \leqslant K \leqslant H_i$，则 i 即为所求的块，可将该块读入内存，并在该块中去搜索待查关键字值 K；

若 $K>H_i$，则下一次被搜索的块号范围为 [i+1, m]。

事实上，分块插值搜索方法只要求物理块中的记录在块与块之间有序，并不要求每块内记录按关键字值排好序。

一般情况下，设 l 和 u 分别是搜索范围内的最小块号和最大块号，L 和 H 分别是该搜索范围内的最小关键字值和最大关键字值，则下一次读入内存的块号 i 为

$$i = 1 + \left\lceil \left(\frac{K-L}{H-L} \right) \cdot (u-1) \right\rceil \qquad (12\text{-}2)$$

这时：

若 $K < L_i$，则下一次被搜索的块号的范围为 [l, i–1]，并且新的 H 将是 L_i；

若 $L_i \leqslant K \leqslant H_i$，则 i 即为所求的块，可在该块中去搜索待查关键字值 K；

若 $K > H_i$，则下一次被搜索的块号的范围为 [i+1, u]，并且新的 L 将是 H_i。

分块插值搜索是一种比较高效的顺序处理文件的搜索方法，尤其当文件中的关键字值分布比较均匀时，该方法显得更有效，常常一次或两次访问外存即可命中。

2. 散列文件

散列文件(hash file)类似于散列表。与散列表不同的是，对文件来说，记录通常是成组存放的，即若干个记录组成一个存储单位。在散列文件中，这个存储单位叫作**桶**(bucket)。每个桶有一个散列地址。假如一个桶能存放 k 个记录，也就是说，k 个同义词记录存放在同一地址的桶中，那么只有当第 k+1 个同义词出现时才发生"溢出"。处理溢出可采用散列表中处理冲突的各种方法，但对散列文件而言，主要采用拉链的方法。

当发生溢出时，需将第 k+1 个同义词存放到另一个桶中，通常称此桶为"溢出桶"，相应地称存放前 k 个同义词的桶为"基桶"。溢出桶和基桶大小相同，用指针相链接。溢出桶可以有多个。当在基桶中没有搜索到待查关键字值的记录时，就顺着指针链到溢出桶中进行搜索。因此希望同一散列地址的溢出桶和基桶在磁盘上的物理地址不要相距太远，最好在同一柱面上。例如，某文件有 16 个记录，其关键字值分别为 23，05，26，01，18，02，27，16，09，07，04，19，06，12，33，24，桶的容量 k=3，基桶数 b=7，用除留余数法散列函数 h(key)=key % 7，由此得到的散列文件如图 12-3 所示。

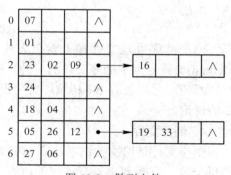

图 12-3　散列文件

在散列文件中删除记录时，一种可能的做法与散列表一样，仅需对被删除的记录作删除标记即可。在散列文件中插入一个关键字值为 K 的记录，可将其插在地址为 h(K) 的最后一个桶(基桶或溢出桶)中，若该桶已装满，则在该桶后新增加一个溢出桶，将新记录插入该新桶中。当然也可以先从基桶查找可用空间(包括被打上删除标记的空间)，如有，则将新记录存于该处，否则再新增溢出桶。

采取以上做法进行多次插入和删除后，可能造成基桶或较前面的溢出桶内多数记录已被删除，而后面的桶则较满的不合理的文件结构，此时需重新组织文件。

在散列文件中删除记录还可采用如下方法：当被删除的记录不在最后一个桶中时，将最后一个桶中的记录移到存放被删除记录的位置。这样插入操作只需在最后一个桶中进行，

若最后一个桶已满，再新增溢出桶。

3. 索引文件

索引表是关键字值和指针的偶对的集合。关键字值和指针的偶对称为索引项。如果数据文件是顺序处理文件，则可对一组记录建立一个索引项，组成索引表(index table)。这时，每个索引项的关键字值是该组记录中的最大关键字值，而指针指向存放该组记录的块的起始地址。这种索引称为稀疏(非稠密)索引。如果数据文件是串行处理文件，则必须对每个记录建立一个索引项，组成索引表，这种索引称为稠密索引。索引表总是按关键字值顺序排列的。如果对一个数据文件建立了索引表，则称该文件为索引文件，如图 12-4 所示。有时，也将索引表称为索引文件。当记录数目较多时，索引表本身比较大，可以为索引表再建立索引，甚至建立索引的索引，再索引。

	职工号	姓名	性别	职称	其他
100	1231	王海英	女	助　教	…
140	2011	张敏江	男	讲　师	…
180	0576	陈冬生	男	副教授	…
220	1089	李小阳	男	教　授	…
260	2133	刘　山	男	副教授	…
300	1055	庄　勇	男	讲　师	…
340	2313	洪莉萍	女	讲　师	…
380	1002	林　倩	女	工程师	…
420	1611	王　文	男	助　教	…

关键字	地址
0576	180
1002	380
1055	300
1089	220
1231	100
1611	420
2011	140
2133	260
2313	340

(a)　　　　　　　　　　　　　　(b)

图 12-4　索引文件

(a) 数据文件；(b) 索引表

一个顺序处理文件加上索引表称为**索引顺序文件**。ISAM(Indexed Sequential Access Method)文件是索引顺序文件的一种。在采用 B+ 树索引之前，IBM 在实现大型数据库时曾经广泛使用它。之后 B+ 树被广泛用于实现文件的索引结构。在 12.3 节中，将对此作较详尽的讨论。

4. 倒排文件

倒排文件是对次关键字建立索引的文件。在一个次关键字的索引表中，对该次关键字的每个值，直接列出具有该值的所有记录的存放地址。例如，图 12-2 中数据文件的次关键字"职称"的索引表如图 12-5 所示。也许因为倒排索引表的第一栏是某个次关键字的所有的值，第二栏才能查到相应的记录，而通常的表格第一栏总是主关键字，因此才得名倒排文件。倒排文件的次索引表称为倒排表。倒排文件的优点是对次关键字值的搜索快。倒排文件的缺点是维护困难，因为在同一索引表中具有不同关键字值的记录数不等，各倒排表的长度不等。

"职称"次索引

教　授	220		
副教授	180	260	
讲　师	140	300	340
工程师	380		
助　教	100	420	

图 12-5　图 12-2 的数据文件的倒排文件次关键字索引表

12.2.3 C 语言文件

1. C 语言文件概述

C 语言将文件称为**流**(stream)。术语"流"一词指字节序列的源和目标。C 语言没有其他高级语言所提供的格式记录文件。如何按记录(相当于结构)形式进行输入/输出是程序员的责任。

2. 标准设备的输入/输出

C 语言将键盘和显示器作为标准设备文件处理。键盘的标准设备文件指针是 stdin，显示器是 stdout 和 stderr。标准设备文件 stdin 和 stdout 可以由操作系统的换向功能换向到其他设备输入/输出，而 stderr 作为出错信息的输出流不能换向。标准设备文件由系统管理，不需要用户进行打开和关闭操作。

使用标准设备文件可以进行字符串的输入和输出，还可以进行格式化输入和输出。

3. 数据文件的输入/输出

与标准设备文件不同，数据文件必须遵循"打开—读写—关闭"的操作过程。在数据文件的输入/输出中，系统提供字符、字符串输入/输出和格式化输入/输出函数，以及数据块和整数(字)输入/输出函数。在使用这些函数时，都要求包含头文件 stdio.h。

程序 12-1 是 C 语言格式化读/写的例子。它从键盘读入 10 个整数，存入磁盘数据文件 test.dat 中，然后再从该磁盘文件中读/出，在显示器上显示这 10 个整数。

【程序 12-1】 C 文件读/写。

```
#include <stdio.h>
#include <stdlib.h>
void main( )
{
    int i, k; FILE *f;
    printf("Create a file.\n");
     if (f=fopen("C:\\test.dat", "wb+"))
       for ( i=0; i<10; i++){
          scanf("%d", &k); fprintf(f, "%d ", k);
     }
    fclose(f);
    printf("\nDisplay the file just created.\n");
    if (f=fopen("C:\\test.dat", "rb+") )
      for ( i=0; i<10; i++){
          fscanf(f, "%d", &k); printf("%d ", k);
     }
     printf("\n\n");
    fclose(f);
}
```

12.3 文件的索引结构

12.3.1 静态索引结构

在 12.2.2 节中，我们介绍了索引文件结构。这是一种静态的索引结构。由于索引表总是有序的，因此每当数据文件更新时，通常需要移动索引表中各索引项的位置，这是一项负担很重的处理。当数据文件很大时，索引表本身也很大，在内存中放不下，可以建立多级索引：2 级索引，3 级索引……这种多级索引形成一种静态的 m 叉搜索树结构。所谓静态 m 叉搜索树，是指树的叉数 m 是固定不变的。同样，静态的多叉树索引结构也不利于记录的频繁插入和删除。

前面提到的 ISAM 文件(见图 12-6)正是这种静态索引结构的一个例子。这种方法是解决需要频繁更新的大型数据库的一个早期尝试。要想了解 ISAM 文件的更详细的内容，可查阅有关书籍。

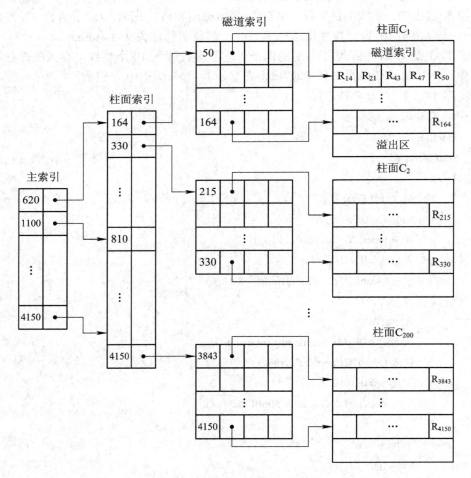

图 12-6 ISAM 文件结构示意图

12.3.2　动态索引结构

前面我们已经讨论了 B-树，认为 B-树可用于组织磁盘文件，适合外搜索，但这实际上几乎从来没有实现过。最普遍实现的是 B-树的一个变体，称为 B+树。B+树用于建立多级索引。图 12-7 是 B+树的示意图。

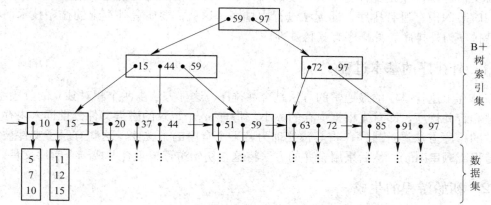

图 12-7　B+树索引的文件结构示意图

B+树与 B-树的最显著的区别是 B+树只在叶结点中存储记录，非叶结点存储索引项。每个索引项为：(关键字值，指向子树的指针)。叶结点中可能存储多于或少于 m 个记录，只是简单地要求叶结点的磁盘块存储足够的记录，以保持该块至少半满。B+树的叶结点组成数据文件。

一棵 m 阶 B+树或者是空树，或者是满足下列特性的树：

(1) 每个非叶结点最多有 m 个孩子；

(2) 除根结点以外的非叶结点至少有 $\lceil m/2 \rceil$ 个孩子；

(3) 有 n 个孩子的非叶结点必须有 n 个关键字值；

(4) 根结点至少有两个孩子；

(5) 所有叶结点均在同一层上。

因此，每个 B+树结点的结构如下：

$$n，(P_0, K_0)，(P_1, K_1)，\cdots，(P_i, K_i)，(P_{n-1}, K_{n-1})$$

其中，P_i 是指向子树的指针，K_i 是子树 P_i 上的最大关键字值，$0 \le i < n < m$，$K_i < K_{i+1}$，$0 \le i < n$。

B+树的搜索、插入和删除操作的算法基本上与普通 B-树的相应操作一致。

在 B+树上插入一个记录首先搜索应当包含该记录的叶结点。如果该叶结点未满，则直接将该记录插入后操作结束。如果叶结点已满，则叶结点应进行分裂，建立一个新叶结点，先将前一半记录复制到新结点中，然后将指向新结点的指针和前一半记录的最大关键字值构成一个索引项，插到上一层结点中。在父结点中插入一个索引项的过程与上面相同，同样也可能引起结点分裂，而且结点分裂可能向上传播，最坏情况下可能到达根结点，从而造成整个 B+树的层数增高。

从 B+树中删除一个结点的情形类似于 B-树的删除。从叶结点中删除一个记录后，如果该结点的关键字值数目仍在许可范围内，则删除操作结束。即使此时被删除的关键字值是当前结点的最大关键字值，即它也同时出现在其父结点中，我们也不必修改其父结点中的该关键字值，因为它并不影响索引作用。

*12.4　外　排　序

对文件进行排序是文件上十分重要的操作。当文件很大时，就无法把整个文件的所有记录同时装入内存进行排序，即无法进行内排序。这就需要研究外存上的排序技术，我们称这种排序为外排序。外排序有其特殊性。

12.4.1　外排序的基本过程

在外存上进行排序的最通常的方法是合并排序。这种方法由两个相对独立的阶段组成：预处理和合并排序，即首先根据内存的大小，将有 n 个记录的磁盘文件分批读入内存，采用有效的排序方法进行排序，将其预处理为若干个有序的子文件，这些有序子文件被称为**初始游程**或顺串(run)，然后采用合并的方法将这些初始游程逐趟合并成一个有序文件。

12.4.2　初始游程的生成

一般来说，为了得到初始游程，可选择一种有效的内排序方法，将待排序的磁盘文件中的记录尽可能多地读入内存进行排序。如果内存能够容纳 p 个记录，则初始游程的长度不超过 p。为了从一个磁盘文件创建尽可能大的初始游程，可采用**置换选择**(replacement selection)方法。这种方法是堆排序方法的一个变体。这种算法可以得到平均长度为 2p 的初始游程。

设内存可容纳 p 个记录，整个预处理过程分为以下几步。

1. 建立初始堆

(1) 从输入文件中输入 p 个记录，建立大小为 p 的堆。

(2) 为第一个初始游程选择一个适当的磁盘文件作为输出文件。

2. 置换选择排序

内存中会同时存在两个堆：当前堆和新堆。

(1) 输出当前堆的堆顶记录到选定的输出文件中。

(2) 从输入文件中输入下一个记录。若该记录的关键字值不小于刚输出的关键字值，则由它取代堆顶记录，并调整当前堆。若该记录的关键字值小于刚输出的关键字值，则由当前堆的堆底记录取代堆顶记录，当前堆的体积减小。新输入的记录将存放在原当前堆堆底的位置上，成为新堆的一个元素。这时，如果新堆的记录个数超过 $\lceil p/2 \rceil$，则应着手调整新堆，并且如果新堆中已有 p 个记录，表示当前堆已输出完毕，当前的初始游程结束，应当开始创建下一个初始游程，因此必须另为新堆选择一个磁盘文件作为输出文件。

(3) 重复(2)，直到输入文件输入完毕。

3. 输出内存中的剩余记录

(1) 输出当前堆中的剩余记录，并边输出边调整。

(2) 将内存中的新堆作为最后一个初始游程输出。

置换选择排序的具体实现是借助于输入和输出缓冲区进行的，如图 12-8 所示。

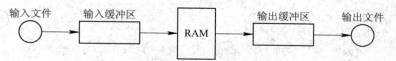

图 12-8　输入和输出缓冲区

设内存中堆的大小 p=5，现有输入文件为(503, 87, 512, 61, 908, 170, 275, 154, 509, 426, 523, 289, 456, 329, 77, 135, 500, 266)。图 12-9 至图 12-11 描述了对此例进行置换选择产生初始游程的过程。为与当前堆中的元素相区分，图中用加黑圈来表示新堆中的元素。

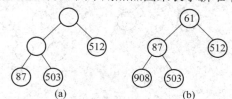

图 12-9　建立初始堆
(a) 依次输入⌈p/2⌉个元素；(b) 建立的堆

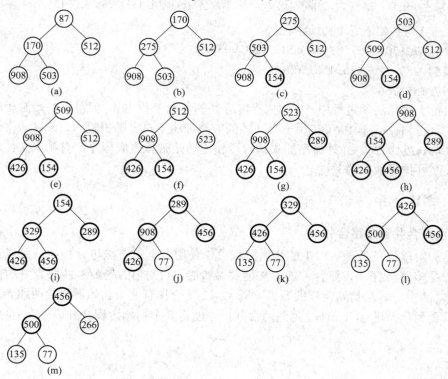

图 12-10　置换选择

(a) 输出 61，输入 170，并调整后；(b) 输出 87，输入 275，并调整后；(c) 输出 170，输入 154，并调整后；
(d) 输出 275，输入 509，并调整后；(e) 输出 503，输入 426，并调整后；(f) 输出 509，输入 523，并调整后；
(g) 输出 512，输入 289，并调整后；(h) 输出 523，输入 456，并调整后；(i) 输出 908，输入 329，并调整后；
(j) 输出 154，输入 77，并调整后；(k) 输出 289，输入 135，并调整后；(l) 输出 329，输入 500，并调整后；
(m) 输出 426，输入 266，并调整后

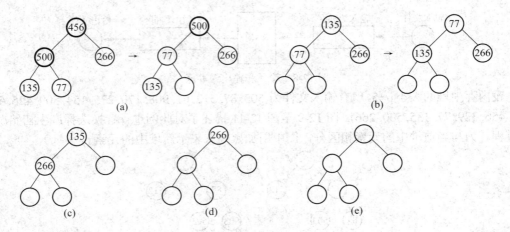

图 12-11 输出剩余记录

(a) 输出 456，500 取代 456，77 取代 500；(b) 输出 500，135 取代 500，并调整之；

(c) 最后一个游程：输出 77，266 取代 77，并调整之；(d) 输出 135，266 取代 135；(e) 输出 266

算法最终得到如下三个初始游程：

(1) 61, 87, 170, 275, 503, 509, 512, 523, 908；

(2) 154, 289, 329, 426, 456, 500；

(3) 77, 135, 266。

在执行上述算法的过程中，虽然内存能容纳的记录个数为 p，但每个初始游程的长度却可大于 p。E.F.Moore 于 1961 年用一个巧妙的方法证明了对于随机输入，该算法得到的初始游程的平均长度为 2p。在外排序的最初阶段使用初始游程生成程序，对输入文件进行预处理，是提高外排序效率的关键之一。

12.4.3 多路合并

1. 两路合并和多路合并

对第一阶段的预处理所产生的初始游程可以使用合并的方法进行排序。可以是两路合并也可以是多路合并。多路合并的方法能够减少合并(扫描)的趟数。两路合并树的高度是 $\lceil lb\ m \rceil +1$，其中，m 是初始游程的数目。图 12-12 是一棵有 8 个初始游程的两路合并树。从图中可以看到，需进行 $\lceil lb\ m \rceil =3$ 趟两两合并，才能将 8 个初始游程合并成一个有序文件。

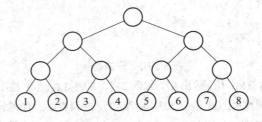

图 12-12 两路合并树

对文件扫描一遍，意味着文件中的每个记录被读/写一次，即从磁盘上读入内存一次，在内存中完成合并后，再写到磁盘一次。由此看来，扫描的遍数对于合并排序的时间起着决定性作用。预处理时先产生初始游程能提高外排序的效率，很重要的原因是减少了对磁盘数据的扫描遍数。下面采用多路合并而不是两路合并进行排序，其目的也是减少扫描遍数。

在 K(K > 2)路合并中，为了要在 K 个初始游程的第一个记录中找出具有最小关键字值的记录，可以用最简单的方法，即做 K−1 次比较求最小关键字值。但这样做代价比较大。若记录总数是 n，每遍要比较 n·(K−1)次，合并 $\lceil \log_k m \rceil$ 趟，总的比较次数为

$$n \cdot (K-1) \cdot \lceil \log_K m \rceil = n \cdot (K-1) \cdot \left\lceil \frac{\lg m}{\lg K} \right\rceil$$

由上式可见，若 m 不变，随着 K 的增大，(K−1) / $\lceil lbK \rceil$ 将增大。这就是说，内部合并的时间将随之增大，因而抵消了由于增大 K 而减少合并趟数带来的好处。

采取下面介绍的竞赛树方法可减少从 K 路中找出最小关键字值所需的比较次数。

2．竞赛树

竞赛树是一棵完全二叉树。有两种竞赛树：**胜方树**和**败方树**。虽然胜方树更直观，但败方树效率较高。

图 12-13(a)显示了 8 路合并的胜方树。其中，各叶子结点存放各路初始游程在合并过程中的当前记录的关键字值，其余结点具有其左右两个孩子中较小的关键字值。因此，根结点包含树中最小的关键字值。这种树的构造就像一次比赛，获胜者即是较小的关键字值。根结点代表全胜者。

当根结点所指示的记录输出后，从第 4 路输出关键字值为 6 的记录，之后 15 将成为第 4 路的当前记录进入胜方树的叶结点。这时，胜方树需重构。重构胜方树只需沿着从 15 到根结点的路径重新进行比赛。比赛在兄弟之间进行。重构后的胜方树如图 12-13(b)所示。

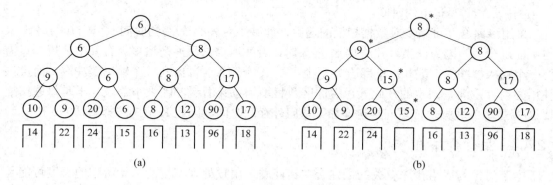

(a)   (b)

图 12-13 胜方树

(a) 胜方树；(b) 重构后的胜方树

重构胜方树需要付出代价，当全胜者输出后，胜方树中从根到输出记录的路径上所有的关键字值都必须修正。图 12-13 中在改动的关键字值旁加上了"∗"。

采用败方树可以减小重构竞赛树的代价。所谓败方树，就是在竞赛树的每个非叶结点中，均存放其左右子树上两个最小值中较大的那个关键字值。用一个额外的结点保存全胜

者。例如，图 12-14(a)中，关键字值为 9 的非叶结点中存放的是它的左子树的最小关键字值 9 和右子树的最小关键字值 6 之间较大的那个，即两棵子树的优胜者中的败方。

重构败方树的过程如下：将新进入败方树的关键字值与其双亲的关键字值比赛，将败者放在双亲结点中，再把胜者与上一级的双亲进行比赛，直到根结点。最后将全胜者放在那个额外添加的结点中。重构后的败方树见图 12-14(b)。

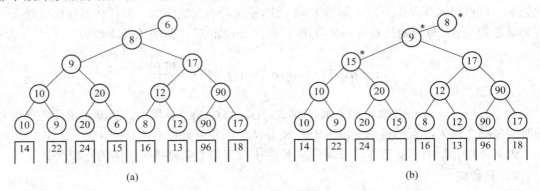

图 12-14   败方树

(a) 败方树；(b) 重构后的败方树

用竞赛树完成从 K 个关键字值中选择最小者的工作，其主要时间代价花费在竞赛树的重构上。每输出一个记录后需重构竞赛树，重构最多需进行 $\lceil \text{lb } K \rceil$ 次比较。进行一趟合并需处理全部 n 个记录，并且 K 路合并 m 个初始游程的合并趟数为 $\lceil \log_K m \rceil$。合并所需的比较次数为 $O(n \text{ lb } m)$，该式与 K 无关。

一般地，外排序的时间由三部分组成：

(1) 预处理时间；

(2) 内部合并的时间；

(3) 外存读/写记录的时间。

采用多路合并可减少对数据扫描的遍数，即减少对外存读/写的时间。但合并的路数 K 也不能过分大。因为，当合并路数 K 增大时，合并所需的缓冲区增多。合并中，每一路需要一个输入缓冲区。因此，K 路合并至少需要 K 个输入缓冲区和一个输出缓冲区，而可供使用的内存空间是固定的。此外，缓冲区数目增加意味着缓冲区大小缩减，于是每遍扫描要读/写更多的数据块，这同样也增加了访问外存的时间，因此 K 值的选择要适当。

12.4.4   最佳合并树

本节讨论与磁盘排序有关的最佳合并树问题。由预处理产生的初始游程的长度可能是不相等的，这对合并会带来什么影响呢？

假定有 9 个初始游程，它们的长度(即记录数)依次为 9, 30, 12, 18, 3, 17, 2, 6, 24。现在进行三路合并，其合并树如图 12-15(a)所示。结点中的数字是初始游程的长度，需要进行两遍扫描才能完成合并排序。假如每个记录占一个物理块，则在两遍扫描中对外存进行读/写的总的物理块数是(9 + 30 + 12 + 18 + 3 + 17 + 2 + 6 + 24) × 2 = 242。读和写算一次。如果把初始游程的长度看成是合并树上叶结点的权值，那么，这棵三叉树的带权路径长度正好是

242。显然，合并的方案不同，所得的合并树不同，树的带权路径长度也不同。合并树的带权路径长度正好是合并所需的访问外存的次数（读和写合计一次）。因此，我们希望求得带权路径长度最小的合并树。在第 6 章中我们讨论过有 m 个叶结点的带权路径长度最短的二叉树是哈夫曼树，同理，有 m 个叶结点的带权路径长度最短的 K 叉树也称为哈夫曼树。可以对长度不一的 m 个初始游程以 K 叉哈夫曼树的方式进行 K 路合并，使得在合并过程中所需的对外存读/写的次数最少。例如，对图 12-15(a)中的 9 个初始游程以哈夫曼树的方式进行合并，得到的最佳合并树见图 12-15(b)，其带权路径长度为 223，即需 223 次读/写。

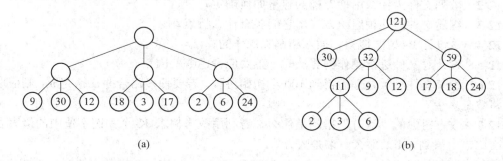

图 12-15　三路合并树

(a) 三路合并树；(b) 三路合并的最佳合并树

　　假如初始游程的数目 m−1 不是合并的路数 K−1 的整数倍，则需要附加长度为零的"虚游程"。按照哈夫曼树的构造原则，权为零的叶结点应离树根最远。若(m−1)%(K−1)≠0，则需附加(K−1)−(m−1)%(K−1)个虚游程。图 12-16 是只有 8 个初始游程的三路合并树，最下层补了一个虚游程，虚游程未画在图上。

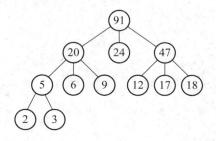

图 12-16　8 个初始游程的最佳合并树

小　结

　　本章重点讨论了文件的概念和文件的组织方式，以及适合对磁盘文件进行排序的外排序方法。

　　文件可以组织成顺序文件、散列文件、索引文件和倒排文件等多种不同的形式，适合于不同的应用场合。

　　外排序一般分两步：首先使用置换选择排序对磁盘文件进行预处理，得到多个有序子文件(初始游程)，然后采用竞赛树(胜方树和败方树)进行多路合并，将初始游程合并成一个有序文件。为了提高排序效率，多路合并时，应按最佳合并树的合并方案进行。

习 题 12

12-1 比较顺序文件和索引顺序文件的优、缺点。

12-2 散列文件为什么用桶？桶的容量如何确定？

12-3 综述文件的几种组织方式，它们各有什么特点？

12-4 试设计 B+树的搜索、插入和删除操作的算法。

12-5 设计对文件进行操作的算法时，主要应考虑哪些因素？

12-6 设某文件经预处理后得到 100 个初始游程，若要使多路合并三趟完成，则应取合并的路数是多少？

12-7 败方树中的"败方"指的是什么？若利用败方树求 K 个关键字值中的最大者，在某次比较中得到 a>b，那么，谁是败方？

12-8 设有关键字值为 20, 40, 30, 50, 24, 26, 42, 60，请构造一棵胜方树和一棵败方树。

12-9 已知文件经预处理后，得到 8 个长度为 47, 9, 39, 18, 4, 12, 23, 7 的初始游程。试为三路合并设计一个读/写次数最少的合并方案。

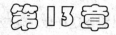

实习指导和实习题

　　理论性和实践性结合紧密是计算机学科的特征之一。算法设计和程序设计是计算机类专业学生的基本技能。学习数据结构的原理和方法，仅仅依靠课堂教学是远远不够的。只有通过上机实习，才能加深对所学方法和算法的理解，培养运用数据结构和算法知识解决实际问题的能力，使数据结构课程真正起到计算机学科基础课的作用。

　　本章为课程实习提出了实习目的和要求，给出了实习步骤，还给出了与教材内容配套的实习题以及必要的提示。每个上机实习题完成后要求书写实习报告。本章给出了一个实习报告范例，其目的是使实习报告书写规范化，减少随意性。

13.1　实习目的和要求

13.1.1　实习目的

　　"数据结构"是一门计算机类专业的基础课，该课程的目标之一是使学生学会如何从问题出发，分析数据，构造求解问题的数据结构和算法，培养学生进行较复杂程序设计的能力。"数据结构"是一门实践性较强的课程，为了学好这门课程，实现课程目标，要求每位学生完成一定数量的上机作业。通过上机作业，一方面使学生加深对课内所学的各种数据的逻辑结构、存储表示、运算以及算法等基本内容的理解，学习如何运用所学的数据结构和算法知识处理应用问题的方法；另一方面也使学生在程序设计方法(如抽象数据类型、结构化分析、模块化设计和结构化程序设计)、C 语言编程环境以及程序的调试和测试方面得到必要的训练。

13.1.2　实习要求

　　实习题是与理论知识单元的学习配套的，因此在实习之前有必要先熟悉相关的理论知识。在实习的过程中有以下要求：

　　(1) 仔细审题，明确题意，确定问题的要求是什么，而不要急于考虑如何做。

　　(2) 按照抽象数据类型原则选择和设计数据结构，并定义运算。对每个 ADT 或运算必须给出它们完整的规范。

　　(3) 所设计的 C 语言函数和程序要求结构清晰，可读性好。

　　(4) 学会分析所设计的算法的时间和空间复杂度。

　　(5) 上机前还应对程序进行仔细的静态检查，合理选择足够的测试用例进行测试，在

TC 2.0 调试环境下诊断和纠正错误。

(6) 一般需要对所设计的数据结构和算法(函数)进行逐步求精，如果需要这样做，还应重复前面的步骤。

(7) 上机实习结束后，认真整理所编写的源程序代码和可执行程序，递交实习报告和程序代码。报告的具体格式请参考 13.3 和 13.5 节。

13.2　实 习 步 骤

数据结构上机实习应体现附录 A.1 介绍的结构化方法的思想，分以下步骤进行：

(1) 问题分析：充分地分析和理解题目本身，明确题意，切实弄清题目要求做什么，限制条件是什么。这时不要急于考虑怎样做的问题。

(2) 模块设计：采用自顶向下结构化设计方法划分模块，设计程序的层次结构，使用附录 A.2 的结构图描述程序结构。

(3) 确定抽象数据类型：定义数据的逻辑结构；定义运算的功能，确定输入和输出参数的个数和类型。使用附录 A.2 的结构图描述函数间的调用关系，包括调用方式和数据传递方式。

(4) 数据的存储表示和算法设计：设计数据的存储表示和实现运算的算法。使用示意图和 C 语言数据类型描述数据的存储结构；算法可采用附录 A.2 的流程图描述，也可采用自然语言和 C 语言相结合的伪代码描述。伪代码描述的详细程度建议为：按照该描述能准确无误地翻译成 C 程序。

(5) 分析算法的时间和空间复杂度。

(6) 设计简单的人机界面，如文本菜单等。

(7) 使用附录 A.3 的方法设计测试用例，应包括正确的输入及预期的输出结果，以及有错误的输入及其输出结果。

(8) 编写 C 语言程序代码。

(9) 应当对数据结构和算法进行逐步求精，如果这样，还需重复前面的步骤。

(10) 使用测试用例测试程序，发现、诊断和纠正错误；运行程序，分析整理运行结果；测试一个程序的实际运行时间。

(11) 认真整理文档，完成实习报告。

13.3　实 习 报 告

实习报告应包括以下各项内容。

1. 问题陈述和需求分析

(1) 以简洁明了的语言说明程序设计的任务和目标。

(2) 给出程序规范，包括程序的功能、程序的输入和输出数据的形式和值的范围。

(3) 给出系统测试数据，包括程序正确的输入数据和预期的输出结果，以及错误的输入和可能的结果。

2．系统设计

(1) 划分模块，给出各模块(抽象数据类型、函数)的功能说明。

(2) 使用附录 A.2 的结构图描述主程序(或菜单驱动程序)和各模块间的层次调用关系。

(3) 给出模块测试数据：输入数据和预期的输出结果。

3．详细设计

(1) 描述数据结构，包括逻辑结构和存储结构。

(2) 使用附录 A.2 的流程图和/或伪代码描述核心算法。

(3) 描述函数间的调用关系。

4．算法分析

分析主要算法的时间复杂度，必要时分析空间复杂度。

5．程序清单

给出带有注释的 C 程序源代码和编译连接后的可执行程序，用学号作为文件名。

6．测试用例和运行结果

列出所用的测试用例和相应的程序运行结果。

7．用户使用说明

必要时，编写程序使用说明书，说明如何使用你所编写的程序。

8．分析和体会

总结本次实习，包括对测试结果的分析、测试和调试过程所遇问题的回顾与分析、软件设计与实现的经验和体会以及进一步改进的设想。

实习报告样例见本章 13.5 节。

13.4　实　习　题

实习 1　数组操作

1．实习目的

(1) 复习 C 语言程序设计，加深对 C 语言基本要素的理解。

(2) 掌握数组的构造方法以及操作。

2．实习内容和要求

(1) 一维数组操作：

① 设有长度为 n 的一维整型数组 A，设计一个函数，将数组中所有的负数存放在数组的前部，所有的正数存放在数组的后部。

② 设有长度为 n 的一维整型数组 A，设计一个函数将原数组中的元素以逆序排列。

③ 设计主函数，验证①和②两个算法。

(2) 二维数组操作。

"井"字棋游戏的规则是：从一个空的棋盘开始，白子先行，执黑、白子两方轮流放置棋子，若某一游戏者有三枚棋子占据了一横行或一竖行或一对角线，则该游戏者获胜；若直到整个棋盘被占满时还没有一方获胜则为和局。棋盘结构如图 13-1 所示。设计一个游戏主程序，由黑、白双方在计算机键盘(或鼠标)上输入棋步下棋，白子先行，黑、白两方轮流输入各自的棋步，直到出现胜局或和局为止。

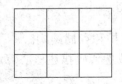

图 13-1   "井"字棋棋盘

实习 2   链表操作

1. 实习目的
(1) 复习 C 语言程序设计，加深对 C 语言基本要素的理解。
(2) 掌握链表的构造方法及其操作。

2. 实习内容和要求
设带表头的单循环链表中的每个结点存放一个字符。
(1) 设计一个函数，从键盘输入元素，建立一个链表。
(2) 设计一个函数，打印(1)所建立的链表。
(3) 设计一个函数，按字母、数字和其他字符将一个链表拆成三个链表(利用原来的结点)。
(4) 设计一个函数，将数字链表链接到字母链表的尾部；将其他字符组成的链表链接到数字链表的尾部，形成一个带表头结点的单循环链表。要求回收多余的表头结点。
(5) 设计主函数，测试(1)、(2)、(3)和(4)中设计的四个函数的功能。

实习 3   表达式计算

1. 实习目的
(1) 理解栈的后进先出特性，学习使用栈处理应用问题的方法。
(2) 学习和理解栈，实现将中缀表达式转化为后缀表达式后对后缀表达式求值的算法。

2. 实习内容和要求
设计一个计算器程序，它具有下列功能：
(1) 接收用户输入的中缀表达式。中缀表达式以"#"号结束，只允许包括 +、-、*、/、^(乘方)五种运算符，操作数可为正双精度型，表达式允许出现嵌套的圆括号。
(2) 将中缀表达式转化为后缀表达式。
(3) 计算后缀表达式的值。
(4) 输出表达式的计算结果。
(5) 程序包括简单的错误检查功能，如缺少操作数、缺少运算符、括号不匹配等，并给出相应的提示信息。

实习 4　队列运算和用户界面设计

1．实习目的

(1) 理解队列的先进先出特性。

(2) 掌握队列的顺序和链接存储表示方法。

(3) 掌握在不同的存储结构上实现队列运算的算法。

2．实习内容和要求

(1) 使用循环队列实现队列 ADT 上定义的运算。

(2) 使用带表头的单循环链表实现队列运算。要求只使用一个队列指针，且要求入队列和出队列运算的时间复杂度都是 O(1)。

(3) 编写用于测试循环队列和链式队列的菜单方式的测试驱动程序，分别测试(1)和(2)的队列运算。

实习 5　线性表运算及应用

1．实习目的

(1) 理解线性表数据结构。

(2) 掌握线性表的顺序和链接这两种存储表示方法。

(3) 熟练掌握顺序表和链表的各种基本操作。

(4) 学习使用线性表解决应用问题的方法。

2．实习内容和要求

(1) 顺序表操作。假定顺序表是有序的(设表中元素已按非递减次序排列)，编写函数，实现下列运算：

① int Search_Insert(List *lst，T x)

在有序顺序表中搜索元素 x。若 x 在表中，则返回 x 在表中的位置。否则，若表未满，则在表中插入新元素 x，并且插入后线性表仍然是有序的，返回新元素 x 的位置；若表已满，无法插入新元素，则返回 –1。

② void Search_Delete(List *lst,T x,Ty)

设 x≤y，删除有序顺序表中元素值在 x 和 y 之间(含 x 和 y)的所有元素。

(2) 单链表应用。约瑟夫(Josephus)环问题描述如下，设 n 个人围圆桌坐一圈，从第 s 个人开始报数，数到第 m 个人就离座，然后从离座的下一个人开始重新报数，数到第 m 个人再离座……如此反复，直到所有的人全部离座为止。使用不带表头结点的单循环链表存储在座人，并设计和实现按离座顺序输出离座人的算法。

实习 6　一元多项式的相加和相乘

1．实习目的

(1) 深入理解线性表结构，熟练掌握链表的基本操作。

(2) 学会使用线性表解决应用问题的方法。

2．实习内容和要求

(1) 建立一个多项式。

(2) 打印(显示)一个多项式。

(3) 实现两个多项式相加。

(4) 实现两个多项式相乘。

(5) 多项式采用带表头的非循环链表存储。

提示：可将乘数多项式的每一项与被乘数多项式的所有项分别相乘(即系数相乘，指数相加)，得到中间多项式后累加。

实习 7　对称矩阵的压缩存储

1．实习目的

(1) 理解对称矩阵的压缩存储方法。

(2) 掌握使用压缩存储的对称矩阵的存储和输出显示的算法。

2．实习内容和要求

(1) 以行优先方式将对称矩阵的下三角元素保存在一维数组中。

(2) 以普通方阵的形式输出由(1)所生成的一维数组中的对称矩阵。

(3) 以列优先方式将对称矩阵的上三角元素保存在一维数组中。

(4) 以普通方阵的形式输出由(3)所生成的一维数组中的对称矩阵。

实习 8　稀疏矩阵的三元组表

1．实习目的

(1) 理解稀疏矩阵的压缩存储方法。

(2) 掌握使用三元组表的稀疏矩阵的转置算法。

(3) 掌握使用三元组表的稀疏矩阵的加法和乘法算法。

(4) 掌握使用三元组表的稀疏矩阵的输出和显示算法。

2．实习内容和要求

(1) 输入稀疏矩阵，并将其保存在行三元组表中。

(2) 在行三元组表方式下实现矩阵转置运算。

(3) 在行三元组表方式下实现矩阵相加运算。

(4) 在行三元组表方式下实现矩阵相乘运算。

(5) 以普通矩阵的形式显示和输出稀疏矩阵。

提示：稀疏矩阵相加和相乘算法本质上与普通矩阵是完全相同的，必须在行三元组表上确定被加数(被乘数)和加数(乘数)的行、列号。

实习 9　稀疏矩阵的正交链表

1．实习目的

(1) 理解稀疏矩阵的压缩存储方法。

(2) 掌握使用正交链表的稀疏矩阵的算法。

2．实习内容和要求

(1) 输入稀疏矩阵，建立正交链表存储结构。

(2) 在正交链表方式下实现矩阵相加运算。

(3) 以普通矩阵的形式显示和输出稀疏矩阵。

提示：设稀疏矩阵采用教材所示的正交链表存储。从键盘读入稀疏矩阵的行数、列数和非零元素个数，并按行读入稀疏矩阵中的非零元素，建立一个正交链表。以矩阵的一般形式，按行输出一个稀疏矩阵。要求补上原矩阵中的 0。

实习 10　字符串运算和文本处理

1．实习目的

(1) 理解字符串的定义和运算。

(2) 掌握字符串的存储方式。

(3) 掌握顺序表示下串运算的算法。

(4) 学会使用串运算解决简单文本处理问题。

2．实习内容和要求

事先创建磁盘文本文件 original.txt，实现对该文本文件的查找、删除和替换。

(1) 设字符串采用如下定义的结构存储，在此存储结构上实现字符串 ADT 上定义的所有运算。

```
typedef struct string{
        char chs[MaxSise];
        int Length,MaxSise,Current;
    }String;
```

(2) 编写主函数，以菜单方式选择执行如下操作：

① 读入磁盘文件。

② 查找：输入待查找的子串，从主串的当前位置开始查找子串第一次出现的位置；若存在，则显示该子串出现的位置，否则显示"未发现所查子串"。

③ 删除：输入待查找的子串，从主串的当前位置开始查找子串第一次出现的位置；若存在，则删除该子串，并显示结果文本，否则显示"未发现所查子串"。

④ 替换：输入待查找的子串和一个替换串，从主串的当前位置开始查找子串第一次出现的位置；若存在，则以替换串替换之，并显示结果文本，否则显示"未发现所查子串"。

⑤ 全部替换：输入待查找的子串和一个替换串，在主串中查找子串；对子串的每次出现都以替换串替换之，并显示全部替换后的结果文本。

提示：使用 current 指示文本处理中的当前位置，以便从当前位置开始查找下一个子串。

实习 11　二叉树的基本运算和应用

1．实习目的

(1) 理解二叉树的数据结构。

(2) 掌握二叉链表上实现二叉树基本运算的方法。

(3) 学会设计基于遍历的、求解二叉树应用问题的算法。

2．实习内容和要求

(1) 实现二叉树 ADT 的各基本运算。

(2) 设计递归算法：

① 删除一棵二叉树。

② 求一棵二叉树的高度。

③ 求一棵二叉树中叶子结点数。

④ 复制一棵二叉树。

⑤ 交换一棵二叉树的左右子树。

(3) 设计算法，按自上而下、自左向右的次序，按层次遍历一棵二叉树。

(4) 设计 main 函数，测试上述每个运算。

提示：二叉树的按层次遍历需要利用队列作为辅助的数据结构，队列的元素类型是指向二叉树中结点的指针类型。

实习 12　哈夫曼编码和译码系统

1．实习目的

(1) 理解哈夫曼树的定义。

(2) 掌握哈夫曼树的构造以及哈夫曼编码和译码算法。

2．实习内容和要求

所设计的系统能重复显示以下菜单项：

(1) B——建树：读入字符集和各字符频度，建立哈夫曼树。

(2) T——遍历：先序和中序遍历二叉树。

(3) E——生成编码：根据已建成的哈夫曼树，产生各字符的哈夫曼编码。

(4) C——编码：输入由字符集中字符组成的任意字符串，利用已生成的哈夫曼编码进行编码，显示编码结果，并将输入的字符串及其编码结果分别保存在磁盘文件 textfile.txt 和 codefile.txt 中。

(5) D——译码：读入 codefile.txt，利用已建成的哈夫曼树进行译码，并将译码结果存入磁盘文件 result.txt 中。

(6) P——打印：在屏幕上显示文件 textfile.txt、codefile.txt 和 result.txt。

(7) X——退出。

实习 13　B – 树检索

1．实习目的

(1) 理解 B-树的定义。

(2) 设计 B-树的数据结构。

(3) 掌握 B-树的搜索、插入和删除运算的算法。

2. 实习内容和要求

设有电话号码本，每个记录包含下列数据项：电话号码、用户名称、地址。现使用B-树形式将其存储在磁盘文件中。试设计一个系统使之具有下列功能：

(1) 从键盘输入各记录，建立B-树，并保存在磁盘文件中。

(2) 搜索某用户的电话号码，显示相关信息。

(3) 增加一个新用户。

(4) 取消一个用户。

(5) 按电话号码顺序打印号码本。

提示：使用B-树实现集合ADT上的各基本运算，系统调用这些基本运算实现(1)~(5)的功能。

实习14 散列表检索

1. 实习目的

(1) 理解散列表的定义。

(2) 掌握除留余数法散列函数、开地址法解决冲突的散列表的基本运算的算法。

(3) 学习使用散列表解决应用问题的方法。

2. 实习内容和要求

设有学生情况表，每个记录包含下列数据项：学号、姓名、性别、年龄。现使用散列表表示该学生情况表，并采用双散列法解决冲突。试设计一个系统使之具有下列功能：

(1) 从一个文本文件中输入各记录(记录项用空格分隔)，建立散列表。

(2) 搜索并显示给定学号的学生记录。

(3) 插入一个学生记录。

(4) 删除一个学生记录。

(5) 在多次删除后，重新整理学生情况表。

(6) 打印学生情况表。

提示：使用散列表实现集合ADT上的各基本运算，系统调用这些基本运算实现(1)~(6)的功能。

实习15 图运算及其应用

1. 实习目的

(1) 理解图数据结构。

(2) 掌握图的邻接矩阵和邻接表存储结构。

(3) 掌握实现图的基本运算的算法。

(4) 学习使用图算法解决应用问题的方法。

2. 实习内容和要求

(1) 设以邻接表表示有向图，求有向图中从顶点u到顶点v的所有简单路径。

① 设计一个函数实现从键盘输入边集，建立邻接表结构。

② 设计一个函数显示该邻接表结构。

③ 设计算法求有向图中从顶点 u 到顶点 v 的所有简单路径。

(2) 求解飞机最少换乘次数问题。

设以邻接矩阵表示有向图，现有 n 个城市，编号为 0~n-1，m 条航线的起点和终点由用户输入提供。寻找一条换乘次数最少的线路方案。

提示：可以使用有向图表示城市间的航线；只要两城市间有航班，则图中这两点间存在一条权为 1 的边；可以使用 Dijkstra 算法实现。

思考：如果是城市公交车的最少换乘问题，将如何解决？假如希望使用以上类似算法，则图中的边如何设置？

实习 16　内排序算法及其性能比较

1. 实习目的

(1) 理解和掌握各种排序算法。

(2) 比较和改进排序算法的性能。

2. 实习内容和要求

(1) 验证教材的各种内排序算法。

(2) 分析各种排序算法的时间复杂度。

(3) 使用随机数发生器产生大数据集合，运行上述各排序算法，使用系统时钟测量各算法所需的实际时间，并进行比较。

(4) 改进教材中的快速排序算法，使得当子集合小于 10 个元素时改用直接插入排序。测量算法的时间，并与改进前作比较。

实习 17　外排序

1. 实习目的

(1) 熟练掌握 C 语言的文件操作。

(2) 掌握采用置换选择和 K 路合并的外排序算法。

2. 实习内容和要求

设由记录类型的元素组成的数据文件中，每个记录包含一个可以比较大小的关键字域。设计的系统重复显示以下菜单项：

(1) I：从磁盘文件中输入记录，构造初始堆，并显示之。

(2) R：从磁盘文件中输入记录，使用置换选择算法产生初始游程，每个初始游程保存为一个磁盘文件。

(3) M：产生最佳合并方案。

(4) S：使用败方树进行 K 路合并，完成外排序。

(5) P：给定磁盘文件名，在屏幕上显示磁盘文件的内容。

(6) X：退出。

提示：内存中堆的大小 p 由用户输入，磁盘文件可以用编号命名。

13.5　实习报告范例

13.5.1　实习题：表达式计算

1．实习目的

(1) 深刻理解栈的后进先出特性，学习使用栈处理应用问题的方法。

(2) 学习和理解栈，实现将中缀表达式转化为后缀表达式后对后缀表达式求值的算法。

(3) 设计测试用例并进行测试，学习使用调试器诊断和修正错误。

2．实习内容和要求

设计一个计算器程序，它具有下列功能：

(1) 接收用户输入的中缀表达式。中缀表达式以 "=" 号结束，只允许包括 +、-、*、/、^(乘方)五种运算符，允许的操作数为正数(整型、浮点和双精度型)，表达式允许出现嵌套的圆括号。

(2) 将中缀表达式转化为后缀表达式。

(3) 计算后缀表达式的值。

(4) 输出表达式的计算结果。

(5) 程序包括简单的错误检查功能，如缺少操作数、缺少运算符、括号不匹配等，并给出相应的提示信息。

13.5.2　实习报告

1．问题描述

设计一个计算器，使用户可以重复输入中缀表达式，并显示表达式的计算结果。

2．概要设计

程序包括 Calculator.c、InfixtoPostfix.h、Eval.h、CStack.h 和 FStack.h，共 5 个模块，它们之间的关系如图 13-2 的模块结构图所示[①]。

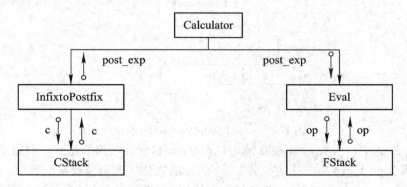

图 13-2　计算器模块结构图

---

① 结构图的画法可参考本书附录 A.2。

　　图中，Calculator 为主程序模块，它调用下层模块 InfixtoPostfix 和 Eval 实现计算器功能。模块 InfixtoPostfix 的功能是从键盘输入中缀表达式，并将其转换成后缀表达式后输出。Eval 模块的功能在于计算给定的后缀表达式并输出计算结果。模块 InfixtoPostfix 需要使用运算符堆栈模块 CStack，其数据元素是运算符。Eval 模块需要使用操作数堆栈模块 FStack，其数据元素是操作数。图 13-2 的模块结构图说明了模块间的层次调用关系，也指明了模块间的数据传递关系。标识符 post_exp 是后缀表达式，它是模块 InfixtoPostfix 的输出数据，经模块 Calculator 传递给模块 Eval。模块 InfixtoPostfix 与模块 CStack 之间传递的数据是运算符，即将运算符 c 进栈或出栈。模块 Eval 接收后缀表达式，将操作数 op 进栈或出栈。

3．详细设计

1）数据结构设计[①]

　　(1) 算法需要使用两个堆栈，其中，模块 InfixtoPostfix 需要使用数据元素为运算符的堆栈，而模块 Eval 需要使用数据元素为操作数的堆栈。为此需设计两个元素类型不同的堆栈：CStack 和 FStack，其中 CStack 的元素类型是字符，而 FStack 的元素类型是双精度。

　　(2) 在 C 语言环境下，也可设计数据元素为 viod* 的堆栈，这样做，可使模块 InfixtoPostfix 和模块 Eval 使用具有相同元素类型的两个堆栈。

　　本教材采用设计两个不同元素堆栈的做法。

2）模块设计

　　(1) 模块 CStack 和 FStack 的实现算法见教材。

　　(2) 模块 Calculator 中只有一个 main 函数，它调用函数 InfixtoPostfix 和 Eval 实现计算器功能。

　　(3) 模块 InfixtoPostfix 中，函数 InfixtoPostfix 调用模块内部函数 icp 和 isp，并使用模块 CStack 的堆栈数据和函数，完成从键盘输入中缀表达式，转换成后缀表达式后输出至模块 Calculator 的功能。函数 icp 和 isp 分别返回一个运算符 c 的栈外或栈内优先级。模块 InfixtoPostfix 的结构如图 13-3 所示。

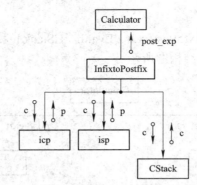

图 13-3　模块 InfixtoPostfix 的结构图

　　(4) 模块 Eval 中，函数 Eval 接收模块 Calculator 传递的后缀表达式，调用函数 GetItem 从后缀表达式串 post_exp 中的指定位置 i 开始，读取表达式的一个双精度数项，将其存入堆栈。函数 DoOperation 接收函数 Eval 传递的运算符 c，调用函数 GetOperands 从堆栈读取两

---

① 如果需要设计新的数据结构，则数据结构的逻辑结构和存储结构的表示方法见本书 1.3 节。

个双精度操作数 op1 和 op2，执行 op1 <c> op2 的双目运算，并将计算得到的中间操作数进
栈。模块 Eval 的结构如图 13-4 所示。

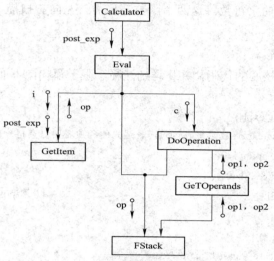

图 13-4　模块 Eval 的结构图

3) 算法流程图[①]

图 13-5 是函数 Eval 的程序流程图。post_exp 是为以字符串形式保存的后缀表达式。一
个合法的后缀表达式包括允许的运算符和双精度操作数，并以 "#" 结束。此处，假定以空
格符分隔这些项。还应给出其他主要算法的程序流程图，例如函数 InfixtoPostfix 的程序流
程图，但限于篇幅，本样例此处省略其他流程图。

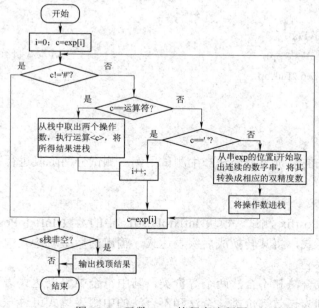

图 13-5　函数 Eval 的程序流程图

---

① 算法可采用格式化的自然语言描述，必要时可使用程序流程图描述。程序流程图的标准符号参见附录 A.2。

4) 算法分析

主要算法 InfixtoPostfix()和 Eval()的时间复杂度和空间复杂度均为 O(n)，这里的 n 是输入的中缀表达式中包含的字符数。这两个函数都只需自左向右扫描一遍以字符串形式表示的表达式即可。

4. 程序代码

报告中应当给出最核心的代码，并作详细注释。限于篇幅，下面仅给出函数 Eval 的程序代码。

```
void Eval(char post_exp[])
{ /*字符数组 post_exp 存放后缀表达式，表达式的各项之间以空格分隔*/
    char c;double op;int i=0;                    /*c 为运算符，op 为操作数*/
    CreateStackF(&s,Size);                       /*创建存放操作数的堆栈 s*/
    c=post_exp[i];                               /*取 post_exp 的首字符复制到 c*/
    while(c!='#'){                               /*若 c 不是 '#'*/
        switch(c) {
        case '+':case '-':case '*':case '/':case '^':    /*若 c 是运算符*/
                DoOperation(c);i++;break;        /*从栈中取两个操作数，执行运算 c*/
            case ' ':i++;break;                  /*若 c 是空格，则跳过*/
            default: op=GetItem(post_exp,&i);    /*若为操作数，取位置 i 开始的操作数*/
                    PushF(&s,op);break;          /*修改 i，指向下一项。操作 op 进栈*/
        }
        c=post_exp[i];                           /*取下一个字符*/
    }
    if (!IsEmptyF(s)) {                          /*如果栈 s 非空*/
        StackTopF(s,&op);                        /*取栈顶操作数，即计算结果*/
        printf(" %6.2f\n",op);                   /*显示计算结果*/
    }
}
```

5. 测试和调试[①]

采用黑盒测试法的等价类划分法产生测试用例。测试分两阶段进行：模块测试和集成测试。

1) 模块测试

(1) 模块 InfixtoPostfix 测试。模块 InfixtoPostfix 中的函数 InfixtoPostfix 接收以字符串形式输入的中缀表达式，将其转换成后缀表达式。输出的后缀表达式中每一项之间以空格分隔。

测试用例可分成合法和不合法两个等价类，其中符合中缀表达式语法规则的表达式列为有效等价类，否则为无效等价类。合法和不合法的中缀表达式可进一步根据不同的情况分别细分成若干种情况，例如，混合数据类型、单层括号、括号嵌套、分母为零、括号非

---

① 软件测试方法参考附录 A.3。

法嵌套、非允许的运算符、非法操作数(操作数不是合法的数)等。表 13-1 为函数 InfixtoPostfix 的测试用例和测试结果。

表 13-1 函数 InfixtoPostfix 的测试用例和测试结果

输入条件		输入的中缀表达式	预期的后缀表达式	运行输出结果	是否正确
合法输入	混合数据类型	2.5+3−7/3.5*2=	2.5 3 + 7 3.5 / 2 * −	2.5 3 + 7 3.5 / 2 * −	√
	混合运算符	3^2−3*2+1=	3 2 ^ 3 2 * − 1 +	3 2 ^ 3 2 * − 1 +	√
	单层括号	3*(3−2)/0.5+(2+1)=	3 3 2 − * 0.5 / 2 1 + +	3 3 2 − * 0.5 / 2 1 + +	√
	两重括号嵌套	9.9− (3−2*(2+1.2))=	9.9 3 2 2 1.2 + * − −	9.9 3 2 2 1.2 + * − −	√
	三重括号嵌套	3+(10((3−1) − (1−2)))=	3 10 3 1 − 1 2 − − +	3 10 3 1 − 1 2 − − +	√
	只有一个正数	3.42=	3.42	3.42	√
不合法输入	只有一个负数	−3.42=	提示操作数为正数	3.42 −	×
	首操作数是负数	−3*2=	提示操作数为正数	3 2 * −	×
	分母为零	9.2/(2−2)=	9.2 2 2 − / #	9.2 2 2 − / #	√
	缺少左括号	5−2+3)−2=	显示适当的错误提示	出现无限循环	×
	缺少右括号	(5−2+3=	显示适当的错误提示	5 2 − 3 + (#(无提示)	×
	括号非法嵌套	((1+2)−3))(+1=	显示适当的错误提示	出现无限循环	×
	非允许的运算符	2%2=	显示适当的错误提示	出现无限循环	×
	非法操作法	@+3=	显示适当的错误提示	出现无限循环	×

(2) 模块 Eval 测试。模块 Eval 中的函数 Eval 接收来自模块 Calculator 输出的后缀表达式。函数 Eval 的测试用例同样可分为合法和非法两个等价类。由于本模块通常接收合法后缀表达式，因此可以重点测试输入为合法的后缀表达式时的情形。表 13-2 显示函数 Eval 的测试用例和测试结果，运行结果取两位小数。

表 13-2 函数 Eval 的测试用例及测试结果

输入条件		输入的后缀表达式	预期的计算结果	运行输出结果	是否正确
合法输入	混合数据类型	2.5 3 + 7 3.5 / 2 * − #	1.5	1.50	√
	混合运算符	3 2 ^ 3 2 * − 1 + #	4.00	4.00	√
	单层括号	3 3 2 − * 0.5 / 2 1 + + #	9.00	9.00	√
	两重括号嵌套	9.9 3 2 2 1.2 + * − − #	13.30	13.30	√
	三重括号嵌套	3 10 3 1 − 1 2 − − + #	13.00	13.00	√
	只有一个正数	3.42 #	3.42	3.42	√
不合法输入	只有一个负数	−3.42 #	提示操作数为正数	Missing operand!	×
	首操作数是负数	−3 2 * #	提示操作数为正数	Missing operand!	×
	分母为零	9.2 2 2 − / #	Divide by 0!	Divide by 0!	√
	非允许的运算符	2 2 % #	显示适当的错误提示	系统非法终止	×
	非法操作法	@ 3 + #	显示适当的错误提示	系统非法终止	×

2) 集成测试

集成测试是测试模块 Calculator 中的 main 函数，它调用函数 InfixtoPostfix 和 Eval 实现输入和计算中缀表达式的值。其测试用例和测试结果见表 13-3。

表 13-3   主函数的测试用例及测试结果

输入条件		输入的中缀表达式	预期的计算结果	运行输出结果	是否正确	
合法输入	混合数据类型	2.5+3−7/3.5*2=	1.50	1.50	√	
	混合运算符	3^2−3*2+1=	4.00	4.00	√	
	单层括号	3*(3−2)/0.5+(2+1)=	9.00	9.00	√	
	两重括号嵌套	9.9−(3−2*(2+1.2))=	13.30	13.30	√	
	三重括号嵌套	3+(10((3−1)−(1−2)))=	13.00	13.00	√	
	只有一个正数	3.42=	3.42	3.42	√	
不合法输入	只有一个负数	−3.42=	提示操作数为正数	Missing operand!		×
	首操作数是负数	−3*2=	提示操作数为正数	Missing operand!		×
	分母为零	9.2/(2−2)=	Divide by 0!	Divide by 0!	√	
	缺少左括号	5−2+3)−2=	显示适当的错误提示	出现无限循环		×
	缺少右括号	(5−2+3=	显示适当的错误提示	52−3+(#(无提示)		×
	括号非法嵌套	((1+2)−3))(+1=	显示适当的错误提示	出现无限循环		×
	非允许的运算符	2%2=	显示适当的错误提示	系统非法终止		×
	非法操作法	@+3=	显示适当的错误提示	系统非法终止		×

3) 结果分析

上述测试结果表明程序的如下情况：

(1) 当输入允许的正确的中缀表达式时，程序能输出正确的后缀表达式，并得到正确的运算结果。

(2) 在输入不合法的情况下，程序只提供了简单的查错功能。例如，程序未考虑负数，一旦输入负数，将显示 "Missing Operand!"。在缺少右括号时，程序也能给出某个输出，但并不能正确提示。如果缺少左括号，程序在遇到右括号时将不断弹出栈中元素，因栈中无左括号，程序在栈空的情况下仍执行出栈操作，程序将进入无限循环。如果输入不允许的运算符或操作数，程序会非法终止。测试结果表明，这一程序健壮性差，需进一步改进。

6. 实习小结

(1) 对教材介绍的算法加以改进使之可以计算操作数是双精度数的中缀表达式，此时需要解决在输入的字符串中提取双精度操作数的问题，对转换而成的后缀表达式可以在表达式的各项(操作数和运算符)之间添加空格作为项与项之间的分隔符，还需将字符串形式的双精度数转换成 double 类型的数。

(2) 一个可靠的程序要求在合法输入时产生预期的输出，还应当考虑当输入不合法时，如何作适当处理,使之不会导致系统异常。本程序对健壮性考虑较少。

(3) 理解了科学和合理选择测试用例对开发可靠软件的重要性。熟练使用调试环境能较快诊断程序存在的语法和逻辑错误。

13.6 上 机 考 核

1. 考核目的

数据结构和算法原理是程序设计的基础,设计程序实现求解简单问题的数据结构和算法并上机测试运行,有助于学生加深对所学数据结构和算法原理的理解。实行上机考核意在强调此项内容的重要性。

2. 考核目标

掌握基本数据结构及其常用算法,并能将其用于解决简单应用问题;熟练运用 C 语言程序设计技术和技巧。

3. 考核要求

考核环境提供部分必要的支持数据结构和函数,独立编写函数实现符合考核目标的上机考试题。

4. 软件环境

Turbo C。

5. 考核方式

闭卷考试,时间为 1 小时,完成基本和应用两道试题。每个考生从基本和应用两组试题编号中分别随机选取一个编号,根据所选题编号应用相应的支持环境,学生根据试题要求编写函数或应用程序,并运用测试数据进行测试。所有自编函数必须以函数原名+学号来命名。

6. 试题样例

编写函数 PrintTree 显示所构造的二叉树,编写函数 IsBiTree 判定一棵任意给定的二叉树是否二叉搜索树。编写驱动函数 Main 调用相关函数完成试题所要求的功能。设计和运用测试用例来测试所编程序。要求:

(1) 使用 C 语言的函数原型规定所编函数的使用格式,包括函数名称、输入参数、输出参数和返回值;使用自然语言描述函数的条件和运行结果。

(2) 每个函数的代码都必须给出详细注释。

(3) 编译源程序,设计测试用例的运行和测试程序。

(4) 列表给出测试用例和相应的测试结果。

上机支持环境可提供如下代码:

```
BTNode* NewNode()
{
    BTNode *p=(BTNode*)malloc(sizeof(BTNode));
```

```
    if (IS_FULL(p)){
        fprintf(stderr,"The memeny is full\n");
        exit(1);
    }
    return p;
}
void CreateBT(BTree *Bt)
{
    Bt->Root=NULL;                                      /*创建一棵空二叉树*/
}
void MakeBT(BTree *Bt,T x,BTree *Lt,BTree *Rt)
{
    BTNode *p=NewNode();            /*构造一个新的根结点，指针 p 指向该新结点*/
    p->Element=x;                            /*置根结点*p 的元素值为 x */
    p->LChild=Lt->Root;          /*将 Lt->Root 所指示的二叉树作为*p 的左孩子*/
    p->RChild=Rt->Root;          /*将 Rt->Root 所指示的二叉树作为*p 的右孩子*/
    Lt->Root=Rt->Root=NULL;                  /*将二叉树*Lt 和*Rt 置成空树*/
    Bt->Root=p;                      /*令 Bt->Root 指向新构造的二叉树的根结点*/
}
```

软件工程概述

A.1　软件开发方法

1．开发大系统和软件工程

当设计一个小程序时，我们可以运用已有的程序设计语言知识，利用语言的数据结构和控制结构，加上必要的算法，就能完成程序的编写。但如果开发的是一个实际的应用系统，单凭这些是无法设计出正确、可靠、高效，并且性能满足要求的系统的。当项目规模较大时，我们必须遵循某些软件工程的原理和程序设计原则，才能设计和实现一个高质量的软件系统。软件工程是在 20 世纪 60 年代末提出，70 年代以后逐步发展起来的一门指导计算机软件开发和维护的工程科学。它采用工程的概念、原理、技术和方法来开发和维护软件，把经过时间考验并证明是正确的管理技术和技术措施(方法和工具)结合起来。软件工程的研究和实践有助于开发和维护大型软件系统。

2．系统生命周期

软件工程(software engineering)将软件开发和维护过程分成若干阶段，称为**系统生命周期**(system life cycle)。系统生命周期法要求每个阶段完成相对独立的任务；各阶段都有相应的方法和技术；每个阶段有明确的目标，要有完整的文档资料。这种做法便于各种软件人员分工协作，从而降低了软件开发和维护的困难程度，保证了软件质量，提高了开发大型软件的成功率和生产率。

通常把软件的生命周期划分为**分析**(analysis)、**设计**(design)、**编码**(coding or programming)、**测试**(testing)和**维护**(maintenance)5 个阶段。前 4 个阶段属于开发期，最后一个阶段处于运行期。

3．系统开发方法

系统开发的方法很多，这些方法都使用生命周期的概念，并可归入我们熟悉的两类系统开发**方法学**(methodology)：**结构化方法**(structured approach)和**面向对象方法**(object-oriented approach)。

结构化方法是目前软件开发的主要方法之一，它包括结构化分析、结构化设计和结构化程序设计，简称SA、SD和SP。面向对象方法是完全不同的另一种系统开发方法，它包括面向对象分析、面向对象设计和面向对象程序设计，简称OOA、OOD和OOP。

4．结构化方法

"结构化"的含义是指用一组标准的准则和工具从事某项工作。结构化分析适用于系统分析阶段，结构化设计被用于系统总体设计阶段，结构化程序设计则被运用于系统详细设计和编码阶段。

(1) 需求分析。在设计软件系统之前，首先必须确定用户要求软件系统做什么。在这一需求分析阶段，系统分析员应分析系统的**功能需求**(functional requirements)、**数据需求**(data requirement)、**性能需求**(performance requirements)、**运行需求**(running requirements)和**将来需求**(future requirements)及**用户界面规范**(specification of user interfaces)，然后建立一个能够反映用户主要需求的**原型**(prototype)**系统**，让用户试用，通过与原型的交互，及早发现需求的缺陷。这一阶段的目标是形成系统的**需求规范**(requirement specification)。

一个具体的系统原型有助于精确、完全地分析系统，特别是用户界面，并有利于各类人员理解规范，这就是**快速原型法**(rapid prototype approach)。

系统分析往往是软件生命周期中最困难的阶段。

(2) 系统设计。系统设计阶段通常分两步：一是系统的**概要设计**(preliminary design)，也称**总体设计**，即确定系统的软件结构；二是**详细设计**(detailed design)，即进行各模块内部的具体设计。详细设计应采用结构化程序设计的方法进行。

结构化设计的任务是根据系统的分析资料，确定系统应由哪些**子系统**(subprogram)和**模块**(module)组成，模块的功能如何；模块间应采用什么方式连接，接口如何；怎样的软件结构才是一个好的软件结构；以及如何用恰当的方法把设计结果表达出来等。因此，结构化设计是进行系统总体设计的方法。结构化设计采用**自顶向下设计**(top-down design)，是将一个复杂系统分解成由子程序和模块组成的**层次**(hierarchy)**结构**。这种模块间的层次结构可以使用被称为**结构图**(structure chart)的模型来表示。

模块独立性指每个模块只完成系统要求的独立的子功能，并且与其他模块的联系最少且接口简单。衡量模块独立性有两个基本评价原则：耦合度和内聚度。耦合度是指程序中各模块之间相互关联的程度，内聚度是指一个模块内部各个元素彼此结合的紧密程度。一个内聚程度高的模块应当只完成一个单一任务。一个完成多个功能的模块的内聚度就比完成单一功能的模块的内聚度低。内聚度和耦合度之间是相互关联的。在程序中，各模块的内聚程度越高，模块间的耦合程度就越低。模块设计应遵循低耦合(loosely coupled)和高内聚(highly cohesive)原则。

(3) 编码实现。结构化程序设计用于详细设计和编码阶段。一个**结构化程序**(structured program)是具有单入口和单出口的程序，它只允许使用三种基本的控制结构：**顺序**(sequence)、**选择**(selection)和**迭代**(repetition)。结构化程序设计使用**自顶向下逐步求精**(top-down refinement)的方法。使用上述三种基本控制结构，以实现结构程序的分解，产生较低层次的结构，直至细化到能使用高级语言的语句表达为止。结构化程序设计规范了程序设计的过程，这是一种成功的程序设计方法。

(4) 选择数据结构和设计算法。一般来说，将数据组织成某种结构，设计求解问题所需的算法的工作主要在设计阶段进行。在设计阶段考虑如何组织数据以及设计算法，得到抽象数据类型和算法规范，而在编码阶段再实现它们。

5．面向对象方法
面向对象方法是在抽象数据类型的基础上发展起来的软件开发方法学。面向对象方法力图用更自然的方式反映客观世界。面向对象方法将世界看成由对象组成，各个对象都包含反映对象特征的属性，对象之间是通过消息相互通信的一个复杂系统。面向对象软件系统由对象组成，对象内的数据结构用于描述对象属性，对象对于所接收的消息的响应由处理过程描述。所以面向对象程序设计方法将数据结构和对数据结构的操作封装在一起。面向对象软件开发可以分成若干个阶段，包括**初始规范**(preliminary specification)、**系统分析**(analysis)、**系统设计**(design)、**系统实现**(implementation)、**系统测试**(testing)等阶段。

A.2　软件文档写作

在软件开发的各个阶段都要形成阶段性文件，软件文档记录软件开发过程，描述阶段性成果和结束标志。软件不仅仅指程序，而是包括关于程序要达到的系统目标、设计思想、实现方法以及使用维护等内容的一整套详细的书面描述和说明，这就是软件文档。由于软件文档在软件开发和使用过程中具有重要的地位和作用，因此，对软件文档的编写应有严格要求。软件文档、程序的标准化有助于提高软件的一致性、完整性和可理解性。根据标准制定的机构和标准适用范围的不同，软件文档分为 5 级标准：国际标准、国家标准、行业标准、企业规范和项目规范。

现行国家标准 GB/T 8567—2006(计算机软件文档编制规范)中给出了软件开发过程中 25 种文档的编制格式要求，这些文档是：可行性分析(研究)报告、软件开发计划、软件测试计划、软件安装计划、软件移交计划、运行概念说明、系统/子系统需求规格说明、接口需求规格说明、系统/子系统设计(结构设计)说明、接口设计说明、软件需求规格说明、数据需求说明、软件(结构)设计说明、数据库(顶层)设计说明、软件测试说明、软件测试报告、软件配置管理计划、软件质量保证计划、开发进度月报、项目开发总结报告、软件产品规格说明、软件版本说明、软件用户手册、计算机操作手册、计算机编程手册。

软件设计的图形表示在软件文档编制中起着重要作用，下面仅具体介绍结构化设计的两种图形表示：结构图和流程图。它们用于结构化方法的概要设计和详细设计阶段。在本书的实习报告中，将这两种图形作为程序的模块设计和算法设计的描述工具。

1. 结构图

Yourdon 提出的结构图是描述软件结构的有效的图形表示。图中每个方框代表一个模块，框内注明模块的名字或功能，方框之间的箭头表示模块的调用关系。因为一般情况下总是上方的模块调用下方的模块，所以即使只用直线而不用箭头也不会产生二义性。结构图使用 6 种元素(如图 A-1 所示)，表达 3 种模块和模块之间的基本调用关系：顺序、选择和循环(如图 A-2(b)～(d)所示，图 A-2(a)可以视为图 A-2(b)的特殊情况)。

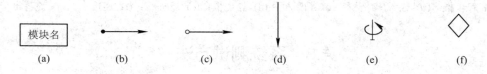

图 A-1　结构图组成元素

(a) 模块；(b) 控制信息；(c) 数据；(d) 调用；(e) 循环调用；(f) 判断调用

图 A-2(a)中，模块 A 调用模块 B。图 A-2(b)表示模块 A 调用模块 B、C 和 D。需要注意的是，结构图只表明一个模块调用哪些模块，并不表示模块间的调用次序，但习惯上按从左到右的次序调用。结构图也不指明上层模块何时调用下层模块。结构图给出两种特殊符号(图 A-1(e)和图 A-1(f))表明上层模块循环调用某个下层模块和根据条件有选择地调用下层模块。图 A-2(c)表示模块 A 根据判定条件，决定调用模块 B 或 C。图 A-2(d)表示模块 A 循环调用模块 B。

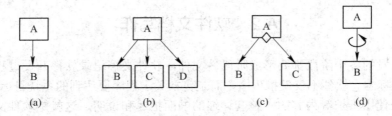

图 A-2　模块间的基本调用方式

(a) A 调用 B；(b) A 先后调用 B，C，D；(c) A 判断调用 B，C；(d) A 循环调用 B

结构图中使用带注释的箭头表示模块之间传递的信息，包括数据信息和控制信息。尾部是空心圆的箭头表示传递的是数据信息，尾部是实心圆的箭头表示传递的是控制信息。模块间传递信息的调用关系见图 A-3。图中，模块 A 向模块 B 发送控制信息，模块 B 向模块 A 返回数据信息。

图 A-3　A 和 B 传递信息

2. 流程图

流程图是用一些图框表示各种操作的算法和程序描述的图形表示，形象直观，易于理解。图 A-4 给出了目前普遍采用的程序流程图符号。

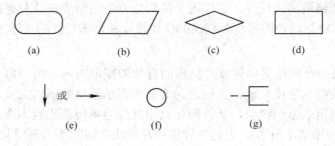

图 A-4　程序流程图符号

(a) 起止框；(b) 输入/输出框；(c) 判断框；(d) 处理框；(e) 流程线；(f) 连接点；(g) 注释框

A.3　系统测试方法

程序编码之后，一般应对程序的正确性进行人工检查，尽量发现和改正程序中存在的语法错误和逻辑错误。然而即使经过严格审查的程序也不可避免地会存在各种各样的错误，必须通过测试去发现和改正这些错误。应当注意的是，测试的目的在于"发现错误"，而不是"证明程序正确"。

程序测试是对模块和程序输入事先准备好的**测试数据**，检查该程序的输出，以发现程序错误，以及判定程序是否满足设计需求的一项积极活动。在测试前需要预先设计测试数据，测试过程中输入测试数据，并将程序输出与预期结果进行比较。事实上，测试活动贯穿于系统生命周期的各阶段。在系统前期的各阶段都需着手准备测试用例为测试所用。

1．测试步骤

一个系统的测试一般分几步进行，其过程如下：

(1) **单元测试**(unit testing，**也称模块测试**)。单元测试的对象是模块，其目的是尽可能地发现模块内部的错误。测试内容应包括模块内部的数据结构、模块间的接口、模块内部的重要通路特别是错误处理的通路，以及影响上述各方面的边界条件。一般情况下，模块测试常常是与代码编写工作同时进行的。在完成了程序编写、复查和语法正确性验证后，就可以进行模块测试。

系统中的一个模块可能需调用其他下层模块，也可能被上层模块所调用。所以，为了进行模块测试，常常需要编写两种辅助模块：**驱动**(driver)**模块和桩**(stub)**模块**。驱动模块用来模拟被测模块的上层模块。驱动模块调用被测模块，并向其传递测试数据，接收并输出由被测模块返回的信息。桩模块用来模拟由被测模块调用的下层模块。桩模块一般只是简单地打印被测模块向它传递的数据，以及向被测模块提供所需的信息，以便检查被测模块与下层模块(由桩模块模拟)的接口。

(2) **集成测试**(integrated testing，也称**组装测试**)。经过测试未发现错误的模块，装配之后仍可能出现各种问题。这些错误必须通过集成测试才能发现。集成测试的基本方法是边装配边测试，又可分为**自顶向下**和**自底向上**两种途径。自顶向下测试是从主控模块开始，沿着模块层次，边装配边测试已装配部分的功能。在这种方法的测试过程中，上层模块需调用还未完成的下层模块，此时，也需使用"虚模块"，即桩模块。自底向上测试与此相反，先装配最底层模块，向上逐步装配，每装配一个模块，便测试由该模块及其下层模块组成的子功能。在这种方法的测试过程中，为了测试下层模块，需要调用上层模块，因此，必须使用用于测试的驱动程序，以后再用实际的上层模块代替驱动程序。

(3) **确认测试**(validation testing，也称验收测试、有效性测试)。确认测试的目的是检查系统的功能和性能是否达到规范提出的设计指标，是否满足用户需求，检查文档是否齐全等。

2．测试方法

测试的基本出发点是使用最少的测试，暴露尽可能多的错误。因此，一次成功的测试应当发现一个或多个至今尚未发现的错误。常用的测试方法有两种：**黑盒测试**(black-box testing)和**白盒测试**(white-box testing)。

1) 黑盒测试

黑盒测试将测试对象看作一个黑盒子。测试人员不考虑程序内部的逻辑结构和特性，只依据被测程序(或模块)的需求和功能的规格说明，检查程序是否符合它的功能要求。黑盒测试是在程序的接口处进行的测试，它检查程序能否正确地接收合法输入，能否正确地输出预期的结果。

　　黑盒测试一般不可能进行穷举测试。所谓穷举测试，是指产生程序允许的各种可能的输入，作为测试数据对程序进行测试。这在通常情况下是行不通的。因此黑盒测试一般采取抽样测试方式进行。产生黑盒测试的测试数据(称为**测试用例**)的最常用的方法有**等价类划分法**和**边界值分析法**。

　　所谓等价类，是指根据函数的功能将可能的输入数据分成若干类，每一类包含的输入数据在程序执行中的处理方法大体相同。原则上每个等价类中的一个典型值在测试中发现错误的作用是相同的，即如果该典型值在测试中不能发现错误，使用该类中的其他值也一样不能发现。有时还需根据程序的输出划分等价类。

　　等价类划分可有两种基本情况：有效等价类和无效等价类。有效等价类是程序的合理的、有意义的输入数据的集合，用来检验程序是否实现了预期的功能和性能。无效等价类是程序的不合理的或无意义的输入数据的集合，用来检验程序对无效或不合法数据的处理能力。至少应有一个无效等价类，也可能有多个。

　　在设计测试用例时，要同时考虑这两种等价类。因为一个软件不仅要能接收合理的数据，也要能经受意外的考验，这样的测试才能确保软件具有更高的可靠性。正确性和健壮性是相互补充的。一个程序，常常无法奢望它是"完全正确"的，但要求它是健壮的，其含义是当程序万一遇到意外时，能按某种预定的方式作出适当的处理。

　　等价类划分有下列原则：

　　(1) 如果输入条件规定了取值范围或者值的个数，则可以确立一个有效等价类和两个无效等价类。例如，若数据 x 的范围是 1~50，则可划分一个有效等价类为"$1 \leqslant x \leqslant 50$"。两个无效等价类为"$x < 1$"和"$x > 50$"。

　　(2) 如果输入条件是一个布尔量，则可以确立一个有效等价类和一个无效等价类。

　　(3) 如果规定了输入数据的一组值，而且程序要对每一个输入值分别进行处理，这时要对每一个规定的输入值确立一个有效等价类，而对于这组值之外的所有值确立一个无效等价类。例如输入为学历，可为专科、本科、硕士、博士 4 种之一，则分别取这 4 个值作为 4 个有效等价类，把 4 种学历之外的任何学历作为无效等价类。

　　(4) 如果规定了输入数据必须遵守的规则，则可以确立一个有效等价类(即遵守规则的数据)和若干无效等价类(从不同角度违反规则的数据)。例如：测试口令域，要求口令必须是数字或字母，有效等价类为"口令是数字和字母的组合"，无效等价类为"口令包括其他符号"等。

　　(5) 如果确知已划分的等价类中的各元素在程序中的处理方式不同，则应进一步划分成更小的等价类。

　　边界值分析法是对等价类划分法的补充。所谓边界值分析法，是指取各等价类的边界值。这是因为等价类中的值很难在实际上做到完全等价。经验表明，程序在输入和输出等价类的边界处容易出错，测试用例除了选择等价类中的典型数据外，还应包括边界值。

　　例如，测试一个"在单链表中第 $i(0 \leqslant i \leqslant n)$ 个元素之前插入一个新元素"的函数(设 i=n 表示在表尾插入)，可以将单链表分为空表和非空表两种情况。其中，每一种可细分为：将新元素插在表头处，新元素插在表尾，以及将新元素插在表的中间位置。每一种情况可视为一个等价类。对于空表和非空表，如果 $i < 0$ 或者 $i > n$，则可视为两个无效等价类。当然，我们也可认为在表头或表尾插入新元素、在空表插入新元素是边界情况。

对于测试用例和测试结果，可以建立表 A-1 所示的文档。

表 A-1 黑盒测试用例和输出结果

输入条件		输入数据	预期的输出	运行结果	结果是否正确
合法输入	空表	i=0			
	非空表				
不合法输入	空表	i=1			
	n=3 的表	i=-1			

2) 白盒测试

白盒测试根据程序(模块)内部的结构和处理过程，检验这些内部处理是否按规定正确进行。白盒测试又称为**逻辑覆盖法**，它把程序看成是装在一个透明的白盒中，这就要求完全了解程序内部的结构和处理过程，根据程序的逻辑通路来设计测试用例，测试各通路是否工作正常。关于白盒测试以及测试技术的更详细的内容，请参考软件工程的相关书籍。

附录 B

考研大纲和教材内容

2021 年全国硕士研究生招生考试

计算机科学与技术学科联考

计算机学科专业基础综合考试大纲(数据结构部分)

Ⅰ. 考试性质

计算机学科专业基础综合考试是为高等院校和科研院所招收计算机科学与技术学科的硕士研究生而设置的具有选拔性质的联考科目，其目的是科学、公平、有效地测试考生掌握计算机科学与技术学科大学本科阶段专业基础知识、基本理论、基本方法的水平和分析问题、解决问题的能力，评价的标准是高等院校计算机科学与技术学科优秀本科毕业生所能达到的及格或及格以上水平，以利于各高等院校和科研院所择优选拔，确保硕士研究生的招生质量。

Ⅱ. 考查目标

计算机学科专业基础综合考试涵盖数据结构、计算机组成原理、操作系统和计算机网络等学科专业基础课程。要求考生比较系统地掌握上述专业基础课程的基本概念、基本原理和基本方法，能够综合运用所学的基本原理和基本方法分析、判断和解决有关理论问题和实际问题。

Ⅲ. 考试形式和试卷结构

一、试卷满分及考试时间

本试卷满分为 150 分，考试时间为 180 分钟。

二、答题方式

答题方式为闭卷、笔试。

三、试卷内容结构

数据结构　　　　　　　　45分

计算机组成原理　　　　　45分

操作系统　　　　　　35分

计算机网络　　　　　25分

四、试卷题型结构

单项选择题　　　　　80分(40小题，每小题2分)

综合应用题　　　　　70分

Ⅳ. 考查内容

数　据　结　构

【考查目标】

1. 掌握数据结构的基本概念、基本原理和基本方法。

2. 掌握数据的逻辑结构、存储结构及基本操作的实现，能够对算法进行基本的时间复杂度与空间复杂度的分析。

3. 能够运用数据结构基本原理和方法进行问题的分析与求解，具备采用C或C++语言设计与实现算法的能力。

一、线性表

(一) 线性表的基本概念

(二) 线性表的实现

1. 顺序存储

2. 链式存储

(三) 线性表的应用

二、栈、队列和数组

(一) 栈和队列的基本概念

(二) 栈和队列的顺序存储结构

(三) 栈和队列的链式存储结构

(四) 多维数组的存储

(五) 特殊矩阵的压缩存储

(六) 栈、队列和数组的应用

三、树与二叉树

(一) 树的基本概念

(二) 二叉树

1. 二叉树的定义及其主要特征

2. 二叉树的顺序存储结构和链式存储结构

3. 二叉树的遍历

4. 线索二叉树的基本概念和构造

(三) 树、森林

1. 树的存储结构

2. 森林与二叉树的转换

3. 树和森林的遍历

(四) 树与二叉树的应用

1. 二叉搜索树

2. 平衡二叉树

3. 哈夫曼(Huffman)树和哈夫曼编码

四、图

(一) 图的基本概念

(二) 图的存储及基本操作

1. 邻接矩阵法

2. 邻接表法

3. 邻接多重表、十字链表

(三) 图的遍历

1. 深度优先搜索

2. 广度优先搜索

(四) 图的基本应用

1. 最小(代价)生成树

2. 最短路径

3. 拓扑排序

4. 关键路径

五、查找

(一) 查找的基本概念

(二) 顺序查找法

(三) 分块查找法

(四) 折半查找法

(五) B树及其基本操作、B+树的基本概念

(六) 散列(Hash)表

(七) 字符串模式匹配

(八) 查找算法的分析及应用

六、排序

(一) 排序的基本概念

(二) 插入排序

1. 直接插入排序

2. 折半插入排序

(三) 起泡排序(bubble sort)

(四) 简单选择排序

(五) 希尔排序(shell sort)

(六) 快速排序

(七) 堆排序
(八) 二路归并排序(merge sort)
(九) 基数排序
(十) 外部排序
(十一) 各种排序算法的比较
(十二) 排序算法的应用

参 考 文 献

[1] SAHNI S. Data Structures, Algorithms, and Applications in C++[M]. 北京：机械工业出版社，1999.

[2] PREISS B R. 数据结构与算法：面向对象的 C++设计模式[M]. 胡广斌，王崧，惠民，等，译. 北京：电子工业出版社，2000.

[3] KRUSE R L. 数据结构与程序设计：C 语言[M]. 敖富江，译. 北京：清华大学出版社，1997.

[4] KRUSE R L. Data Structures and Program Design in C++[M]. 北京：高等教育出版社，1999.

[5] BAASE S. Computer Algorithms[M]. 北京：高等教育出版社，2001.

[6] CORMEN T H. Introduction to Algorithms[M]. 北京：高等教育出版社，2001.

[7] HOROWITZ E. Computer Algorithms/C++[M]. New York: W. H. Freeman Press, 1997.

[8] HOROWITZ E, et al. Fundamentals of Data Structures in C[M]. New York: Computer Science Press, 1993.

[9] FORD W, et al. 数据结构：C++语言描述[M]. 北京：清华大学出版社，1997.

[10] SHAFFER C A. 数据结构与算法分析[M]. 张铭，刘晓丹，译. 北京：电子工业出版社，1998.

[11] STUBBS D F. Data Structures with Abstract Data Types and Pascal[M]. Monterrey: Brooks Cole Publ.Co.，1985.

[12] 潘金贵，顾铁成，曾俭，等. 现代计算机常用数据结构和算法[M]. 南京：南京大学出版社，1994.

[13] 陈慧南. 算法设计与分析[M]. 北京：电子工业出版社，2006.

[14] 陈慧南. 数据结构与算法[M]. 北京：高等教育出版社，2005.

[15] 陈慧南. 数据结构：使用 C++语言描述[M]. 2 版. 北京：人民邮电出版社，2008.

[16] 谢楚屏，陈慧南. 数据结构[M]. 北京：人民邮电出版社，1994.

[17] 严蔚敏，吴伟民. 数据结构(C 语言版)[M]. 北京：清华大学出版社，1997.